彩图3-1 除虫菊的形态特征

彩图3-2 万寿菊的形态特征

彩图3-3 藿香蓟的形态特征

彩图3-4 猪毛蒿的形态特征

彩图3-5 金腰箭的形态特征

彩图3-6 印楝的形态特征

彩图3-7 苦楝的形态特征

彩图3-8 川楝的形态特征

彩图3-9 鱼藤的形态特征

彩图3-10 苦豆子的形态特征

彩图3-11 苦参的形态特征

彩图3-12 雷公藤的形态特征

彩图3-13 苦皮藤的形态特征

彩图3-14 烟草的形态特征

彩图3-15 黄杜鹃的形态特征

彩图3-16 博落回的形态特征

彩图3-17 水蓼的形态特征

彩图3-18 羊角拗的形态特征

彩图3-19 瑞香狼毒的形态特征

彩图3-20 马缨丹的形态特征

彩图3-21 番荔枝的形态特征

彩图3-22 巴豆的形态特征

彩图3-23 紫背金盘的形态特征

彩图3-24 白雪花的形态特征

彩图3-25 乌头的形态特征

彩图3-26 骆驼蓬的形态特征

彩图3-27 大蒜的形态特征

彩图3-28 穿心莲的形态特征

彩图3-29 荆芥的形态特征

彩图3-30 海红豆的形态特征

彩图4-1 水盆式诱捕器

彩图4-2 性诱剂诱杀斜纹夜蛾

彩图4-3 性诱剂诱杀柑橘小实蝇

彩图4-4 瓢虫捕食蚜虫

彩图4-5 草蛉捕食害虫

彩图4-6 食蚜蝇

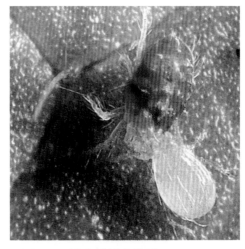

彩图4-7 捕食螨捕食害螨

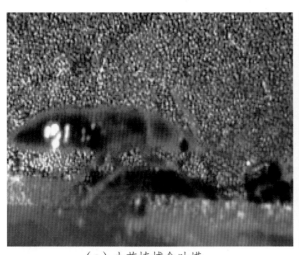

（a）小花蝽捕食叶螨

（b）小花蝽捕食蚜虫

彩图4-8 小花蝽捕食叶螨和蚜虫

彩图4-9 赤眼蜂

（a）管氏肿腿蜂释放　　　　　　　（b）管氏肿腿蜂成虫

彩图4-10　管氏肿腿蜂防治锈色粒肩天牛

彩图4-11　金小蜂

彩图4-12　平腹小蜂

彩图4-13　蚜茧蜂防治蚜虫

彩图4-14　绒茧蜂

高职高专"十二五"规划教材

★ 农林牧渔系列

生物农药与肥料

SHENGWU NONGYAO

YU FEILIAO

欧善生　张慎举　主编

化学工业出版社

·北京·

本教材分为生物农药部分和生物肥料部分，其中生物农药部分包括生物农药概述、微生物农药、植物源农药、动物源农药、生物农药的规范管理及 11 个生物农药实训项目；生物肥料部分包括生物肥料概述、微生物肥料、生物有机肥、海藻肥、生物肥料的规范管理及 12 个生物肥料实训项目。教材精心设计的具有生产应用价值的实训和实例可使学生的实际操作能力得到锻炼和延伸，为今后推广应用无公害的生物农药与肥料、指导广大农民生产无公害绿色农产品奠定基础。

本教材适用于生物技术专业及植物保护、生态农业、现代农艺、种子生产与经营、园艺、城市园林等种植类专业的教学，也可以供生物工程等其他专业师生和从事生物技术的科技人员参考使用。

图书在版编目（CIP）数据

生物农药与肥料/欧善生，张慎举主编.—北京：
化学工业出版社，2011.2（2024.2重印）
高职高专"十二五"规划教材★农林牧渔系列
ISBN 978-7-122-10340-6

Ⅰ.生… Ⅱ.①欧…②张… Ⅲ.①微生物农药-
高等学校：技术学校-教材②有机肥料-高等学校：技术
学校-教材 Ⅳ.①S482.3②S141

中国版本图书馆 CIP 数据核字（2011）第 002537 号

责任编辑：李植峰 梁静丽 文字编辑：向 东
责任校对：陈 静 装帧设计：史利平

出版发行：化学工业出版社（北京市东城区青年湖南街 13 号 邮政编码 100011）
印 装：北京科印技术咨询服务有限公司数码印刷分部
787mm×1092mm 1/16 印张 14 字数 357 千字 彩插 4 2024 年 2 月北京第 1 版第 8 次印刷

购书咨询：010-64518888 售后服务：010-64518899
网 址：http://www.cip.com.cn
凡购买本书，如有缺损质量问题，本社销售中心负责调换。

定 价：39.00 元

《生物农药与肥料》编写人员

主　　编　欧善生　张慎举

副 主 编　马铁山　周晓舟　弓建国　王爱武

参编人员（按姓氏笔画排序）

　　　　　　弓建国（集宁师范学院）

　　　　　　马铁山（濮阳职业技术学院）

　　　　　　王中武（吉林农业科技学院）

　　　　　　王爱武（商丘职业技术学院）

　　　　　　苏桂花（广西农业职业技术学院）

　　　　　　张慎举（商丘职业技术学院）

　　　　　　欧善生（广西农业职业技术学院）

　　　　　　易庆平（荆楚理工学院）

　　　　　　周晓舟（广西农业职业技术学院）

　　　　　　周晓欢（广西农业职业技术学院）

　　　　　　郝改莲（濮阳职业技术学院）

　　　　　　钟莉传（广西农业职业技术学院）

主　　审　曾东强（广西大学）

前言

　　《生物农药与肥料》是为高等职业技术学院高职层次学生编写的教材，适用于生物技术专业及植物保护、生态农业、现代农艺、种子生产与经营、园艺、城市园林等种植类专业的教学，也可以供生物工程等其他专业师生和从事生物技术的科技人员参考使用。

　　将生物农药与肥料的必备专业知识及应用技能介绍给学生，是编写这本教材的主要宗旨。为此，在编写过程中凸显以下四大特色。

　　1. 突出高职教育特色。高等职业教育的目标是面向生产和技术服务的第一线，培养具有较强综合素质的高素质技能型人才。因此，我们在编写本教材的过程中，注重学生应用技能的培养，适当地降低理论知识深度而增加其广度，各部分内容都配套了相应的实训供教学和自学使用。

　　2. 坚持"必需、够用"原则，对生物农药与肥料教学内容进行编排和取舍。在编写过程中，我们力求本书既涵盖学科的基础性、应用性知识和技能，又融入与时俱进的相关新知识、新技术和新进展。按照课程标准编排内容，使学生获得必备的基本理论知识和够用的实践技能。

　　3. 注重实用性和创新性，培养学生的实际操作和创新能力。本教材注重选择一些具有生产应用价值的实训和实例供实训教学和生产上应用，使学生的实际操作能力得到锻炼和延伸。

　　4. 便于学生自主学习。本教材的每章均有学习目标、能力目标、本章小结、复习思考题，并配有实训项目，有利于学生对系统知识和技能的掌握及巩固。通过本课程的学习，使学生了解生物农药与肥料的主要种类、主要成分、作用机理和主要原理，熟练掌握生物农药与肥料的施用技术，为今后推广应用无公害的生物农药与肥料，指导广大农民生产无公害绿色农产品奠定基础。

　　本教材共分生物农药部分和生物肥料两大部分，其中生物农药篇的第一章、第五章由欧善生编写；第二章及第六章实训八由弓建国编写；第三章、第四章及第六章实训三～七由马铁山编写；第六章实训二、十、十一由郝改莲编写；第六章实训一、实训九由苏桂花编写；生物肥料篇的第七章由王中武编写；第八章及第十二章实训一～七由王爱武编写；第九章第一、三节和第十二章实训八～十由钟莉传编写，第九章第二节和第十二章实训十一由周晓欢编写；第十章及第十二章实训十二由易庆平编写；第十一章由周晓舟编写。全书由欧善生、张慎举主编进行编写大纲拟定并对全书统稿和补充，广西大学曾东强教授对全书进行了审阅。

　　由于编者水平有限、经验不足，本书难免存在疏漏之处，恳请广大师生、同行和读者在使用过程中提出宝贵意见，以便修正。

编　者
2011 年 1 月

第一篇

生物农药

【学习目标】
　　1. 了解生物农药的概念、分类及其特点。
　　2. 理解生物农药的作用。
【能力目标】
　　熟悉生物农药的作用。

第一节　农药与生物农药的概念

　　什么是农药（pesticide）? 农药主要是指用来防治危害农林牧业生产的有害生物（害虫、害螨、线虫、病原菌、杂草及鼠类）和调节植物生长的化学药品，但通常也把改善农药有效成分的物理、化学性状的各种助剂包括在内。需要指出的是，对于农药的含义和范围，不同的时代、不同的国家和地区有所差异。如美国，早期将农药称之为"经济毒剂"（economic poison），欧洲则称之为"农业化学品"（agrochemicals），还有的书刊将农药定义为"除化肥以外的一切农用化学品"。但关于生物农药的概念则存在着许多争议，概括起来主要有下述三种看法。

　　1. 认为不应该把生物农药和生物源农药混为一谈

　　生物农药是指用来防治农林牧业有害生物的活的生物体，可分为三大类：天敌昆虫（寄生性天敌、捕食性天敌），天敌微生物［细菌、病毒、菌物（即真菌）、线虫、原生动物等］和遗传工程生物（转基因植物、遗传工程微生物、遗传工程昆虫等）。而生物源农药则主要是指生物代谢产生的具有农药活性的物质，包括植物源农药，微生物源农药（抗生素类），外激素（性外激素、聚集外激素、报警外激素、标迹外激素等）及昆虫生长调节剂（蜕皮激素类似物、保幼激素类似物等）。

　　2. 认为不应该将生物农药和生物防治混为一谈

　　生物农药即生物源农药，指来自动物、植物或微生物的代谢产物（主要指植物提取物、抗生素、昆虫信息素等）。农药、医药和兽药等药物是具体的化学物质，有固定的元素组成和分子结构，正是其分子结构决定了药物的理化性质和生物活性。农药作为药物有其确定的作用机制（无论是否被人类认识），而这种药物的作用机制主要表现为药物小分子和靶标大分子的相互作用。然而，可以用来防治农林有害生物的活体生物，如昆虫天敌，无论是寄生性的还是捕食性的昆虫天敌，都不具备药物的上述两个基本特征，它们对有害生物的防治不是像药物那样的分子间相互作用，而是一种生命活动中的行为反应；又如某些天敌微生物对植物病害的防治，是依赖天敌微生物竞争性地占据空间、争夺营养而抑制病原菌的生长，表现为一种生态效应。这些有生命的生物体和无生命的化学物质之间差异太悬殊，其研究、开发的思路和使用方法各不相同，不宜都归于农药的范畴，而应归为生物防治的一种手段。生物农药和传统的化学农药同属于农药的范畴，其最大的区别在于前者是生物合成的，后者是人工化学合成的。但随着社会的进步、科学的发展，两者的界限会越来越模糊。

3. 认为生物农药既包括活体生物，又包括生物体的代谢产物

活体生物即天敌动物、天敌微生物、转基因植物等，生物体的代谢产物是指植物提取物、抗生素、信息素等。不同国家的农药管理部门对生物农药的概念和内涵亦有不同的界定，OECD（国际经济合作与发展组织）提出的生物农药的定义包括：①信息素；②昆虫和植物生长调节剂；③植物提取物；④微生物；⑤大生物（主要指捕食性和寄生性昆虫天敌）。OECD 没有将抗生素列入生物农药范畴。欧洲经济和货币联盟（简称欧盟）农药登记指令 91/414/EEC 虽然采用 OECD 关于生物农药的定义，但在登记时仍将信息素、植物提取物等视作化学农药，而且不允许转基因植物登记。EPA（美国环境保护局）界定的生物农药包括：①微生物农药（指活体微生物）；②生物化学农药（包括信息素、激素、天然的昆虫或植物生长调节剂、驱避剂以及作为农药活性成分的酶）；③转基因植物。其中"生物化学农药"还必须具备两个条件：①对防治对象没有直接毒性，而只有调节生长、干扰交配或引诱等特殊作用；②必须是天然产物，如果是人工合成的，其结构必须和天然产物相同（允许异构体比例的差异）。显然 EPA 没有将抗生素列为生物农药，也没有笼统地将植物提取物列为生物农药（除非植物提取物符合生物化学农药的条件）。我国农药管理机构对生物农药的界定类似于 EPA，在正式文件中将微生物农药和生物化学农药视为生物农药。

在 20 世纪 80 年代之后，L. G. Copping 主编的"The Biopesticide Manual"中关于生物农药的界定，包括：①微生物农药（病毒、细菌和真菌）；②昆虫致病性线虫；③植物源农药（植物提取物）；④微生物的次生代谢产物（抗生素）；⑤昆虫信息素；⑥转移到植物中可表达抗虫抗病及耐受除草剂的基因。此外，本书将天敌昆虫也纳入了生物农药的范畴。

综上所述，生物农药主要是指以植物、动物、微生物等产生的具有农用生物活性的次生代谢产物为原料开发的农药。广义的生物农药还应包括活的生物体，如各种捕食性天敌、寄生性天敌以及转基因植物，它包括微生物农药、植物源农药、动物源农药等。

第二节　生物农药的分类及特点

一、生物农药的分类

1. 按来源来分

生物农药可分为：微生物源农药、植物源农药和动物源农药。

微生物源农药可分为：真菌杀虫剂、细菌杀虫剂、病毒杀虫剂、原生动物杀虫剂、病原线虫杀虫剂、真菌杀菌剂、细菌杀菌剂等。

植物源农药可分为：从植物茎叶提取的植物源农药、从植物根部提取的植物源农药、从植物的花朵提取的植物源农药、从植物的果实提取的植物源农药等。

动物源农药可分为：昆虫内源激素、昆虫信息素、原生动物、昆虫驱避剂、节肢动物毒素和天敌昆虫。

2. 按防治对象来分

生物农药可分为：生物杀虫剂、生物杀菌剂、生物除草剂、生物杀鼠剂等。

微生物源农药可分为：微生物杀虫剂、微生物杀菌剂、微生物除草剂。

植物源农药可分为：植物源杀虫剂、植物源杀菌剂、植物源植物生长调节剂、植物源杀鼠剂、植物源除草剂和具有农药作用的转基因植物。

据最新的《农药登记公告》资料统计，在我国研究较多并已形成商品化的生物农药有以下几类。

1. 微生物源农药

（1）微生物源杀虫剂　微生物源杀虫剂是目前应用最多的生物农药，占整个生物农药的90％以上。我国进行过深入研究和工业化生产的杀虫、杀螨抗生素有：杀螨素、阿维菌素、潮霉素 B（hygromycin B）、越霉素 B（destomycin B）和密比霉素（milbemycin）、除虫菊素及其衍生物、沙蚕毒素及其衍生物、鱼藤酮、菸碱、毒扁豆碱、浏阳霉素、白僵菌素、绿僵菌素、核型多角体病毒和颗粒体病毒。

苏云金芽孢杆菌杀虫剂（Bt），是目前世界上用途最广、开发时间最长、产量最高、应用最成功的生物杀虫剂，占生物防治剂总量的90％以上，已有 60 多个国家登记 120 个品种，广泛用于防治农业、林业、贮粮害虫以及医学昆虫，我国年产量达 3 万吨左右。第二代细胞工程杀虫剂和第三代基因工程杀虫剂即将问世，它可以克服杀虫谱窄、持效期短、药效慢等弊端。

阿维菌素是由日本北里研究所与美国默克公司联合开发的一种大环内酯杀虫素，具有优异的家畜驱虫、杀线虫作用，对多种为害农作物的刺吸式口器害虫、害螨也有极高的毒杀活性，成为防治害螨和美洲斑潜蝇等害虫的高效抗生素类生物杀虫剂。

（2）微生物源杀菌剂　这是一类称为农用抗生素的物质，已经商品化的有灭瘟素、春雷霉素、多氧霉素、公主岭霉素、农抗 120、农抗 5102 等，是应用面积最大的。上海农药所分离筛选的对水稻纹枯病有显著防效的农用抗生素，已使用 30 多年，至今尚未发生水稻纹枯病菌对井冈霉素有明显抗药性。

（3）微生物源除草剂　从微生物中发现了许多具有除草活性的物质，主要有杂草菌素、细交链孢霉素、茴香霉素。近年来，从微生物代谢产物开发新型除草剂最成功的有双丙氨膦和草胺膦，双丙氨膦（又称为双丙氨酰膦）为一含有机磷用于除草的抗生素，由链霉菌（*Streptomyces hydrossopius*）中发酵产生的一种有机磷双肽化合物，德国赫司物公司又以双丙氨膦为模板，人工合成研制出草胺膦，双丙氨膦和草胺膦都为非选择性内吸输导型高效除草剂，广泛用于果园、苗圃、橡胶园等防除多种一年生和多年生禾本科杂草及阔叶杂草。

2. 植物源农药

植物源农药具有杀虫、杀菌、除草活性植物毒素，生物碱类、香豆素类的噻吩的聚炔类、萜烯类、植物中的昆虫拒食剂和忌避剂及植物内源激素，应用较多的为苦参碱、烟碱、鱼藤酮、茶皂素、木烟碱、印楝素、赤霉素、脱落酸、吲哚乙酸、乙烯等。除此之外，当前有些基因工程作物本身就具有抗虫、抗病、耐除草剂的作用，那就是转基因抗性作物。它可分为：抗虫转基因工程作物、抗病转基因工程作物、耐除草剂转基因工程作物。

3. 动物源农药

（1）昆虫内源激素

① 保幼激素　由昆虫咽侧体分泌，抑制昆虫器官正常生长发育使其保持幼虫形态特征的激素。化学家已合成了上千种具有保幼激素活性的物质，作为农药注册登记并实际投入大面积使用的有烯虫酯、蒙-512、双氧威等。

② 包蜕皮激素　由昆虫胸腺分泌，可控制昆虫的蜕皮过程，1954 年从家蚕肾中分离出第一个蜕皮激素，至今已从昆虫中分离鉴定了 10 余种蜕皮激素，如近年来 RhomHass 公司开发成功的抑食肼（RH-5849）。

（2）昆虫信息素　信息素的种类很多，通过信息素的释放向昆虫的种内和种间传送各种信息，其中主要有：性信息素、产卵忌避素、报警激素、集合信息素及跟踪信息素。其中用来诱杀和干扰昆虫正常行为的昆虫性信息素成为害虫防治中一个重要的手段，如巴基斯坦通过使用棉铃虫性信息素防治棉铃虫达到100％干扰交配、节省农药50％的效果，中国科学院动物研究所应用棉铃虫性引诱剂大面积防治棉铃虫，可使雌蛾交配率下降40％～70％，效果十分显著。

（3）原生动物　在原生动物中，微孢子虫作为微生物杀虫剂使用量广泛，它的宿主范围广，包括鳞翅目、直翅目、鞘翅目、半翅目、膜翅目和蜉蝣目等多种昆虫。常用的有蝗虫微孢子虫、行军虫微孢子虫和云杉卷叶蛾微孢子虫等。近几年来在我国采用蝗虫微孢子虫饵剂防治东亚飞蝗、亚洲际小东蝗、宽须蚊蝗、白边痂蝗、皱膝蝗等优势种蝗虫，每年防治面积达 $8～10hm^2$。

（4）昆虫忌避剂　目前，昆虫和其他节肢动物产生的昆虫忌避剂有296种，但昆虫忌避剂目前仅限于卫生害虫的防治，如避蚊胺、避蚊醇，在农业方面迄今未有成功的报道。

（5）节肢动物毒素　这一类型毒素是节肢动物（包括昆虫）产生的用于保卫自身、抵御敌人、攻击猎物的天然产物，如沙蚕毒素、斑蝥素、蜂毒肽、蜂毒明肽、蝎毒等。在这一方面最著名的例子是从异足索蚕中分离的沙蚕毒素，以此为先导化合物，开发出如杀螟丹、杀虫双、杀虫单、巴丹等一系列沙蚕毒素类商品化杀虫剂。

（6）天敌昆虫　在自然界中，生物与生物之间相互制约，对天敌资源的保护和利用，是传统的生物防治方法。我国天敌资源丰富，自20世纪50年代以来，还引进了多种天敌来防治农林害虫，如防治吹绵蚧的澳洲瓢虫和孟氏陷唇瓢虫、防治温室粉虱的丽蚜小蜂、防治李始叶螨的西方盲走螨、防治储粮害虫的黄色花蝽、防治松突圆蚧的花角蚜小蜂等。目前世界上正在开展天敌昆虫人工饲养大量繁殖技术工厂化商品生产工艺和抗药性天敌昆虫培育的研究。国际上天敌昆虫公司已发展到80余家，北美已经商品化生产的天敌昆虫有130余种，英国的BCP天敌公司年创汇100万英镑，荷兰Koppert公司生产的天敌昆虫商品已占据欧洲大部分市场，广泛应用于果园、温室及园艺作物。在美国，10％的温室、8％的苗圃和19％的果园及时散放了天敌昆虫。

我国开展了人工卵繁殖赤眼蜂和平腹小蜂的研究，目前已成功地研制出人工卵机械化生产的赤眼蜂和平腹小蜂，大面积应用于防治多种害虫。每年人工卵机械化生产的赤眼蜂防治玉米螟、甘蔗螟的应用面积约在 $50×10^4～60×10^4hm^2$。生产的平腹小蜂防治荔枝蝽的面积约 $8×10^4hm^2$，从2005年至今，应用古巴引进的古巴蝇防治甘蔗螟虫已在我国广西壮族自治区等地成功推广应用。

二、生物农药的特点

与传统合成的无机和有机化学农药相比，生物农药具有自身的特点，具体表现在以下方面。

1. 生物农药活性高、用量少，对哺乳动物毒性较低，使用后对人、畜比较安全

生物农药中的活体生物（包括微生物）、信息素等对靶标有明显的选择性，乃至专一性，因而基本上不对哺乳动物构成威胁。生物农药的植物提取物和抗生素往往具有不同于化学农药的作用机制或具有特异的靶标，因而对哺乳动物毒性较低，如印楝素，对昆虫主要表现为拒食作用和干扰生长发育，对大鼠急性经口 LD_{50} 值大于 $5000mg/kg$，对兔急性经皮 LD_{50} 值大于 $2000mg/kg$；鱼藤酮对大鼠急性经口 LD_{50} 值大于 $132mg/kg$，对兔急性经皮 LD_{50} 值大于 $1500mg/kg$；除虫菊素Ⅰ和除虫菊素Ⅱ对大鼠急性经口 LD_{50} 值为 $340mg/kg$；急性经皮 LD_{50} 值大于 $600mg/kg$。也有少数抗生素毒性较高，如阿维菌素，对大鼠急性经口 LD_{50} 值大于 $10.06mg/kg$；但急性经皮 LD_{50} 值大于 $360mg/kg$，而且因其活性极高，一般稀释 $4000～6000$ 倍喷雾防治害虫和害螨，较低浓度就可以达到很好的防治效果。其制剂有效成分含量

很低，如 1.8% 爱力螨克（阿维菌素）乳油含阿维菌素仅 1.8%，对大鼠急性经口 LD_{50} 值为 650mg/kg，对兔急性经皮 LD_{50} 值大于 2000mg/kg，因而在使用中仍然对人畜安全。

2. 防治范围相对较小，因而具有明显的选择性

大多数生物农药，特别是昆虫天敌、活体微生物以及昆虫信息素对靶标有明显的选择性，有时甚至表现为专一性，即只对部分靶标生物有效，而大多数杀虫剂具有广谱活性，会影响有机体如鸟类和昆虫以及哺乳动物。以昆虫天敌为例，棉田、麦田的异色瓢虫、七星瓢虫、龟纹瓢虫等主要捕食棉蚜、麦蚜、松毛虫赤眼蜂和螟黄赤眼蜂，主要寄生棉铃虫卵、松毛虫卵、玉米螟卵；以活体微生物为例，即使是目前广泛使用的 Bt 制剂，其株系或品种之间的专一性也是很强的，如有的株系主要对某些鳞翅目幼虫有效，布氏白僵菌主要防治天牛、金龟子，玖烟色拟青霉主要防治白粉虱，淡紫拟青霉主要防治根结线虫，胶孢炭疽菌孢子专一性地寄生菟丝子；以植物提取物为例，苦皮藤素主要用于防治某些鳞翅目害虫如小菜蛾、小地老虎，而对甘蓝夜蛾、银纹夜蛾等根本无效；银杏酚酸主要用于防治某些同翅目害虫如蚜虫等；再以抗生素为例，杀菌范围具有明显的选择性，井冈霉素对水稻纹枯病、小麦纹枯病高效，对稻曲病也很有效，但对水稻其他病害防效却很差，甚至根本无效。

3. 对环境污染较轻，对非靶标生物比较安全

生物农药用于防治害虫时表现出用量少、分解快，从而避免了环境遭受严重污染，这是因为生物农药中的活体生物（微生物和天敌昆虫等）本身就是自然环境存在的生物体。这些生物体死亡后很快就被其他微生物分解，不可能对环境产生不利影响。植物提取物、抗生素则是植物和微生物的次生代谢产物，亦是天然产物，在环境中容易通过光解、水解、酶解等途径进行降解，在自然界参与能量和物质的循环，不会像一些化学农药那样引起残毒、生物富集等问题。

许多生物农药对靶标生物具有选择性，乃至专一性，而作用方式往往又多是非毒杀性的，因而对非靶标生物，特别是对鸟类、兽类、蚯蚓、害虫天敌及有益微生物影响较小。吴文君、高希武等曾对 0.2% 苦皮藤素乳油进行过系统的非靶标生物安全评估，结果表明：鹌鹑急性经口 LD_{50} 值 2880.6～2885.6mg/kg，对鸟类低毒；红鲫鱼的 LC_{50}（72h）值为 171.1mg/L，对鱼类低毒；对蜜蜂低毒；对家蚕 LC_{50}（触杀）值为 3277.3mg/L，低毒；对蚯蚓 LC_{50}（3d）值为 2178.8mg/L，低毒；对七星瓢虫、异色瓢虫等 LC_{50}（触杀）值为 1893.2～1948.7mg/L，低毒；对土壤微生物群落无明显的不利影响。

生物农药对环境污染较轻，对非靶标生物比较安全，不仅有利于保护生态平衡，而且有利于有害生物综合治理（IPM）方案的实施，生物源农药的使用将会使传统化学农药的用量减少，而作物的产出率仍然保持很高，而且由于生物农药导致的有毒物质残留极少。

4. 对靶标生物作用缓慢

和传统化学农药作用的速效性相比，大多数生物农药尤其是活体微生物及某些植物提取物和抗生素对靶标生物作用缓慢。如细菌杀菌剂 Bt 制剂防治小菜蛾，施药后 1d 基本上不表现防效，往往要 3d 后才表现出明显的防治效果；病毒、真菌杀虫制剂，因病毒或真菌孢子首先要对寄主侵染，然后在寄主体内大量繁殖，害虫从被感染到死亡大约要 3～5d。植物杀虫剂印楝素制剂、苦皮藤素制剂防治小菜蛾，大田施药 3d 后防治效果才有 80% 以上。抗生素制剂如阿维菌素，在推荐浓度下防治小菜蛾，施药后 1d 防效往往达不到 60%，3d 后方达 90% 以上。生物农药的这种缓效性，在遇到有害生物突然暴发时，往往不能及时有效地控制危害。

5. 可以导致害虫致病

一些生物农药品种（昆虫病原真菌、昆虫病毒、昆虫微孢子虫、昆虫病原线虫等），具

有在害虫群体中的水平或经卵垂直传播、导致害虫致病的能力，在野外一定的条件下，这些生物制剂具有繁殖、扩散和发展流行的能力。不但可以对当年当代的有害生物发挥控制作用，而且对后代或者翌年的有害生物种群起到一定的抑制，具有明显的后效作用。

6. 可利用农副产品生产加工

目前国内生产加工生物农药，一般主要利用天然可再生资源（如糖厂的甘蔗渣、农副产品的玉米、豆饼、鱼粉、麦麸或某些植物体等）原材料，来源十分广泛、生产成本比较低廉。因此，生产生物农药不会与化工合成产品争夺原材料。

第三节　生物农药的现状及发展方向

一、生物农药的应用实例

1. 生物杀线虫剂应用实例

以淡紫拟青霉 IPC 菌株为活性成分的灭线宁中试粉剂不仅对烟草根结线虫有较好的防治效果，并具有一定的促进烟草生长发育的作用。在烟苗移栽时和移栽后，20d 左右时，每亩（1 亩＝666.67m²）分 2 次施用灭线宁 1kg。"灭线宁"在云南省 7 个市州 19 个示范区进行了田间试验示范及推广应用，累计面积达 18 万多亩，对烟草根结线虫病的防治效果在 63.6％左右，与化学杀线虫剂涕灭威、铁灭克的防效相近，好于呋喃丹、克线磷等杀线剂。

2. 生物杀虫剂应用实例

以阿维菌素为主要成分的生物杀虫剂"灭虫宁"，产品在云南玉溪、红河、保山、大理等烟区进行了田间小区试验、大田示范及推广应用，累计面积达 30 万亩。1％"灭虫宁"2000 倍液对烟蚜、烟青虫的试验、示范及推广应用中防效达 90％以上。阿维菌素是近几年发展最快的一种大环内酯抗生素，它具有很强的触杀活性和胃毒活性，能防治柑橘、林业、棉花、蔬菜、烟草、水稻等作物上的多种害虫。

苏云金杆菌（Bt）：用于防治粮、棉、果、蔬、林等作物上的 20 多种害虫，使用面积达 8000 多万亩。用于防治蚊及蚊幼虫的 Bt 的研究也获得进展，正在办理农药登记。目前，Bt 的开发工作正在向改善工艺流程和提高产品质量方向发展，同时继续寻找自然存在的 Bt 新菌系和利用分子生物学技术将已确定的菌系基因形成转合的 Bt 菌系。

核型多角体病毒（NPV）：该类杀虫剂专一性较强，发展很快。目前已开发出 10 多种产品，包括用于棉铃虫、菜青虫、斜纹夜蛾、茶尺蠖等的产品，已有 10 多种产品获得登记，有代表性的开发单位是中科院武汉病毒所、武大绿洲生物技术公司，年产量超过千吨。

3. 生物杀菌剂应用实例

生物杀菌剂灭霉宁以 1000 倍兑水稀释灌施，每亩用量 600～800mL，对照药剂按常规浓度施用。结果表明灭霉宁对烟草黑胫病有较好的防治效果，防效在 80％以上，优于对照药剂的防治效果。

在福建省清流、宁化、泰宁 3 县示范使用 B-9605 制成的菌剂液防治烟草青枯病，田间控制效果在 57％～84.4％，有效地抑制了烟草青枯病的发生危害。

广西北海国发股份有限公司利用微生物技术研制开发出无公害农药 OS-施特灵。OS-施特灵是病原微生物的代谢产物，以免疫学机制诱导植物产生抗性因子，可有效地防治真菌、细菌病害，同时对植物病毒具有强烈的吸附和钝化作用，对各种花叶病毒有较好的抑制增殖和抗感病等作用。

另外，生物农药 EB-82、灭蛾灵以及多种抗生素也在多地应用，收到较好的效果。

二、生物农药的应用现状

生物农药在我国的发展有两个高潮，即 20 世纪 60～70 年代和 20 世纪 90 年代以后。前一阶段由于当时生物技术、手段、水平相对较低，满足不了生物农药对工艺、储藏、运输要求的条件，除井冈霉素外，未形成有影响的产品。进入 90 年代以后，由于生物技术尤其是微生物技术的进步为其开发提供了便利。无公害、无污染、无残留、成本低且不易产生抗性的优点使生物农药重获青睐，年销售额并以 10%～20% 增长速度迅速发展。

三、生物农药应用存在问题

生物农药在我国虽有很大的发展，但在思想观念、基础研究、产品开发、生产管理、质量控制、市场流通等诸多环节还有待改进。主要表现在：对生物农药的认识不够，投入经费不足，研究力量分散，低水平的重复开发；研究项目虽然不少，但真正能进入产业化的不多；仿制产品多，有知识产权的少；基础研究薄弱，新产品开发的后劲不足。在产业化中，企业规模小，重复建设多，多数厂家技术落后，产品质量不稳定，市场混乱，缺少严格的质量监督体系，劣质产品鱼目混珠，影响了生物农药的信誉。

目前，生物农药在农业生产中的普及和应用步伐十分滞缓；生物农药的开发生产热与应用滞缓冷淡呈现出强烈的反差。当前农民冷淡生物农药存在各种心态，它严重制约和阻碍着生物农药的推广、应用和普及。由此可见，生物农药应用存在着种种问题，具体表现在以下 8 个方面。

1. 生产工艺落后、技术力量等条件不具备

绝大多数生物农药企业均由化学农药生产厂转化而来，或在原化学农药生产企业中设立生物农药车间、分厂，大多数是一些产量较低的小厂，生产工艺落后，技术力量等条件不具备，产品质量不稳定，体现不出生物农药技术的优势。以生产 Bt 的 80 家企业为例，除了康欣农用药业有限公司和武汉科诺等几家公司有较高的知名度外，绝大多数处于停产、半停产状态，生产工艺多种多样，产量很少，质量可信度低。有关单位曾组织一次 Bt 制剂产品质量抽查。6 个产品中有 4 个不合格，有的有孢子无生物活性，有的生物活性达到标准而晶体毒素蛋白的含量相差甚远。

2. 生物农药稳定性差

特别是以活体微生物为有效成分的产品，生物活性下降很快，产品的质量保证期短，必须在制剂中加入适宜的助剂和选用合适的剂型，来增强这类农药抵御外界环境如温度、湿度、光照等的影响，延长产品的使用寿命，保证其防治效果。

3. 以化学农药来冒充生物农药

由于生物技术的兴起和过分渲染，使生物农药企业出现鱼目混珠的现象，加上国家管理上出现真空，这种现象愈演愈烈。许多非生物农药产品被冠以生物农药、绿色农药、环保农药的名称。许多企业在其申报的生物农药登记后，在生产的产品中加入大量的化学农药成分，甚至没有生物农药成分，纯粹以化学农药来冒充，更有甚者，两类成分都不含有，为了自身的利益而欺骗消费者。如某企业的一产品，氯氰菊酯为 3%，辛硫磷为 18%，但仍标明为生物农药产品。值得注意的是，近几年来，大量的化学农药与生物农药混配的制剂出现，其增效作用和增效机理不甚明确，也对生物农药的健康发展带来影响。

4. 防治效果缓慢

生物农药防治效果缓慢，品种专一性强，杀虫、杀菌范围窄，在一定程度上也限制了生物农药的快速发展。目前，农业技术服务体系不健全、经费短缺，不可能及时对一家一户农

民进行防治指导，往往植物病虫害发生以后才进行防治，致使生物农药体现不出良好的防治效果。售价偏高，也影响了消费者使用的积极性。

5. 使用技能未掌握

生物农药是近年来开发生产的富含高新科技的新农药，由于生物农药防虫治病的药理效能及使用技术比较严格，许多农民因缺乏基本的使用技能而影响生物农药的使用效果和普及推广。缺乏生物农药基本使用技能是制约生物农药推广普及的第一道"栏杆"。

6. 种田成本难"降低"

生物农药与高毒农药价格相比有一定的差距。若使用生物农药防虫治病，势必增加种田成本，而种田成本的增加又会增加农民的"经济负担"，因此，农民为了降低成本和自行"减负"，大多数农民不愿意使用生物农药。

7. 产品价格无优势

当前农产品市场存在着同价不同值，部分消费者不接受绿色农产品优质优价的这一现象，在某种程度上也抵制和挫伤了农民使用生物农药的积极性，这是影响生物农药快速推广普及的又一"桎梏"和"樊篱"。

8. 效益提高不明显

近年来，随着市场化及农业产业化进程的不断加快，在经济利益驱动这一市场规律的作用下，生物农药在农业生产中的推广和应用也难免不受冲击。在农业生产中，使用高毒并不会减产减收，而使用生物农药也并不见得能增产增收；使用生物农药生产的"绿色"农产品在市场上并不一定能卖出好价钱，这也是制约生物农药推广普及的"栏杆"。

四、生物农药存在的必要性

绿色环保农业，离不开生物农药。农作物病虫草鼠的发生与危害，严重制约着高优农业及可持续农业的发展。据联合国粮农组织（FAO）统计，世界粮食产量每年因病虫草鼠害造成的损失大约占总产量的 $20\%\sim35\%$，其中虫害 14%，病害 10%；而长期以来，部分种植户均是采用化学防治为主，部分农产品中有毒物质残留量超标，导致人体产生"三致"（即"致癌、致畸、致基因突变"），引起了一系列的环境和社会问题。由于生物农药对有害生物高效，对人畜及非靶标生物安全，不污染环境，在有害生物可持续治理中起着非常重要的作用。因此，生物农药的研究与开发利用具有十分广阔的发展前景。

近年来，由于滥用农药及气候反常，部分作物的有害生物暴发成灾。需要解决农业系统工程中植物有害生物的暴发问题，仅依赖农业生产系统中各组分及其环境之间自然调控，目前并不是行之有效的方法，要从根本上解决植物有害生物的暴发问题，必须依靠以生物农药为主的多项措施综合治理。

五、生物农药发展策略

为了使生物农药健康有序地发展，应着力从以下 4 个方面着手。

1. 加强环保意识，发展生物合成的防治制剂

化学防治目前仍是有害生物防治中的一个重要措施，在防治有害生物和保障农业增产方面起了积极作用，但大量不合理使用化学农药，引起了一系列的环境和社会问题，即"三R"（抗性 Resistance，再猖獗 Resurgence，残留 Residue）问题。随着人类对生存环境的日益重视，要求减少化学农药使用量的呼声越来越高涨，在美国，60% 的人对农药污染问题的关注大大强于 5 年前，其中 92% 的人愿意使用相对无害的农药，71% 的人希望少用农药，66% 的人则赞成严惩滥用农药者。为此，美国、欧盟等许多国家和地区，制定了相应的法律法规，严格限制或停止使用一些化学农药，同时制订出保护环境、无公害、无残留的农产品和食品管理政策。丹麦和荷兰也分别制订了减少化学农药使用量50％的"行动计划"和"长期作物保护规划"。我国也制订了"农药管理条例"、"农药管理条例实施办法"及"环境保护法"，建立了绿色食品生产基地、农业无公害生产基地，实行绿色食品登记制度。

与此同时，对人畜及生态环境相对安全的生物农药每年以10％～20％的速度递增。随着各国政府对生态环境保护的重视，为生物农药在农业可持续发展中发挥重要作用创造了良好的机遇，并成为有害生物可持续性治理中不可缺少的一项重要措施。

2. 重视基础研究，鼓励新产品开发

在重视环境保护的新形势下，对农药性能的要求愈来愈高，品种的淘汰速度加快，近年来，化学农药以每年2％左右的比例下降，而生物农药以20％的速度递增，由于生物农药中产品开发方面有明显的优势，因此世界各国都争相投资，加强研究和开发生物农药。我国也把生物农药的研制和开发列为国家重点科技攻关和高新技术发展计划。

随着我国加入WTO，我国企业将面临全球一体化的市场，农药市场的竞争将更加激烈。市场需要更多、更好的生物农药新产品。国家应重视基础研究，加强科技创新力度，大力开发有自己知识产权的新品种，并加快科研成果产业化，提高产品质量，建立我国自己的产品质量标准。同时，还要加强对生物农药产品质量的监督和管理，加大对生物农药研究、开发和资金的投入，对创新产品给予重奖，并在税收、价格等方面实行优惠政策。

3. 加大宣传力度，提高农民的生态环境保护意识和植保水平

我国已将发展生物农药列入《中国21世纪议程》，然而对生物农药宣传还很不够。特别是应加强对农民的宣传工作。农民既是生产者，又是农事操作、病虫草防治活动的决策者，即农业生态系统的管理者。因此必须提高农民科技素质，重视对农民的培训，使其掌握科学、合理的农药使用方法，充分认识生物农药在农业可持续发展中的地位和作用。

4. 积极开展转基因作物安全性评价和抗性风险评估

转基因作物由于具有节省杀虫剂和杀菌剂的作用，将成为有害生物综合防治中的一个重要手段。但是必须加强转基因作物生态风险评价和抗性风险评估，使转基因植物既抗病虫害，又不影响人类的身体健康。

六、发展生物农药的措施

从目前农业的现状及其长远发展来看，生物农药的发展，应采取以下措施。

1. 科研上：增加投入，突出重点

根据我国的实际情况，借鉴国外生物农药研究与开发经费大都来自政府拨款的做法，有关部门应加大对生物农药科研单位的投入，建立国家生物农药重点开发实验室，同时对生物农药研究课题的立项和经费给予倾斜，以促进更多的生物农药品种问世。

2. 产业上：提高认识，规模发展

21世纪是生物技术时代，我国在此方面基础较好，可以利用生物技术产业带动我国21世纪经济的发展，而其中生物农药是生物技术领域中最接近产业化的一个重要组成部分。因此，有关部门应把推进生物产业发展作为新的经济增长点来抓，作为一项事关保障人民身体健康、保护环境和生态免遭破坏、促进农业可持续发展的大事来抓。另外，我国已有一批上规模的生物农药生产企业，对这些企业应给予积极扶持，使其进一步上规模、上档次。同时积极鼓励更多的企业和外资加入到生物农药的研究和生产中来，使各种生物农药的生产形成规模效益，以增强其市场竞争力。

3. 应用上：政策引导，规模发展

首先应制定相关政策，对化学农药的使用制定严格的标准，严禁滥用、乱用化学农药，违者实行罚款直至法律制裁；其次应加强宣传，使人们对食品安全有更清楚的认识，使尽量使用生物农药成为农民的自觉行为；最后，应广泛建立绿色食品生产基地，大力发展有机农业、无公害蔬菜、放心菜工程等，使生物农药的应用领域得到稳步拓展。

［本章小结］

生物农药即生物源农药，指来自动物、植物或微生物的代谢产物（主要指微生物源、植物源、动物源等）的农用药剂。生物农药的特点：①对哺乳动物毒性较低，使用后对人、畜比较安全；②防治范围相对较窄，因而具有明显的选择性；③对环境压力小，对非靶标生物比较安全；④对靶标生物作用缓慢。

按来源来分，生物农药包括：微生物源农药、植物源农药和动物源农药；微生物源农药可分为真菌杀虫剂、细菌杀虫剂、病毒杀虫剂、原生动物杀虫剂、病原线虫杀虫剂、真菌杀菌剂、细菌杀菌剂等；植物源农药可分为从茎叶提取的植物源农药、从根提取的植物源农药、从花提取的植物源农药、从果实或种子提取的植物源农药等；动物源农药可分为昆虫内源激素、昆虫信息素、原生动物、昆虫忌避剂、节肢动物毒素和天敌昆虫。

按照防治对象分，生物农药可分为生物杀虫剂、生物杀菌剂、生物除草剂、生物杀鼠剂等。其中，微生物源农药可分为微生物杀虫剂、微生物杀菌剂、微生物除草剂等；植物源农药可分为植物源杀虫剂、植物源杀菌剂、植物源植物生长调节剂、植物源杀鼠剂、植物源除草剂和具有农药作用的转基因植物等。

生物农药具有自身的优点，它不但适应现代农业发展的需要，而且是无公害农业生产中防治植物病虫害的手段之一，发展生物农药要从科研上、产业上、应用上着手。

［复习思考题］

1. 生物农药的定义是什么？
2. 生物农药包括哪些种类？
3. 生物农药具有哪些主要特点？

【学习目标】

　　1. 了解微生物农药的特性及种类。

　　2. 理解微生物农药的作用机理。

【能力目标】

　　掌握微生物农药的使用方法和注意事项。

第一节　微生物农药的定义及分类

一、微生物农药的定义

　　在我国农业生产实际应用中，微生物农药泛指可以进行大规模工业化生产的活体微生物及其代谢产物加工而成的具有杀虫、灭菌、除草、杀鼠等活性的物质。能够用于制备微生物农药的微生物类群包括：细菌、真菌、病毒、原生动物、线虫等。

二、微生物农药的种类

　　微生物农药可以分为原生动物型、线虫型、真菌型、细菌型、病毒型以及农用抗生素型等。细菌制剂以苏云金杆菌为代表，真菌制剂主要有白僵菌、绿僵菌、赤僵菌、蚧生轮枝菌、汤姆生多毛菌等。病毒制剂主要有核型多角体病毒（NPV）和质型多角体病毒（CPV）。线虫研究和应用主要有斯氏线虫、异小杆线虫属的线虫等。原生动物目前研究应用最多的是微孢子虫；而农用抗生素是一种广泛应用、品种众多的微生物农药，它是由微生物产生的次生代谢产物，在低浓度时即可抑制或杀灭作物的病、虫、草害或调节作物生长发育。常见品种有：春雷霉素、灭瘟素、多氧霉素、有效霉素、灭孢素、杀螨霉素、井冈霉素、阿维霉素、公主岭霉素、浏阳霉素、韶关霉素、农抗120、中生菌素、武夷菌素等。

　　按照微生物农药的防治对象，将微生物农药分为微生物杀虫剂、微生物杀菌剂和微生物除草剂、微生物生长调节剂、微生物杀鼠剂、微生态制剂等类别。

第二节　微生物杀虫剂

一、微生物杀虫剂的研究进展

　　微生物杀虫剂是通过筛选昆虫病原体或病菌拮抗微生物，用人工培植、收集、提取而成的。当这些病原体和拮抗微生物或其他产物被昆虫吞食、接触或病菌感染后，通过微生物的活动和毒素的作用而使害虫机体新陈代谢受影响，破坏虫体的器官，影响虫体的发育、繁殖或变态，使虫体发生病变而死亡，或者产生畸形，从而达到灭虫的目的。

1. 微生物杀虫剂的应用状况

利用微生物防治害虫的研究始自 19 世纪，到 20 世纪上半期才逐渐进入开发实用阶段，杀虫剂工业化生产始于 50 年代。我国苏云金杆菌制剂研制始于 20 世纪 60 年代，在菌株选育、发酵生产工艺、产品剂型和应用技术等方面均有突破。70 年代以来发展较快，大量生产的杀虫剂有青虫菌、杀螟杆菌等。研究应用的品种除苏云金杆菌、青虫菌外、还有日本金龟子芽孢杆菌和球形芽孢杆菌，其中苏云金杆菌是最具有代表性的品种。因苏云金杆菌有很多变种，是昆虫寄主谱较广的重要昆虫病原菌，是一种胃毒性杀虫剂。大量的试验和实际应用表明，苏云金杆菌对多种农业害虫有不同程度的毒杀作用，这些害虫有棉铃虫、烟青虫、银纹夜蛾、斜纹夜蛾、甜菜夜蛾、小地老虎、稻纵卷叶螟、玉米螟、小菜蛾和茶毛虫等，尤其对森林害虫松毛虫有较好效果。另外，还可用于防治蚊类幼虫和储粮蛾类害虫。同时第二代细胞工程杀虫剂和第三代基因工程杀虫剂即将问世，它可以克服杀虫谱窄、持效期短、药效慢等弊端。

（1）真菌杀虫剂　昆虫病原真菌是昆虫病原微生物中的最大类群，已发现的杀虫真菌约 100 多个属 800 多种，其中以白僵菌、绿僵菌、拟青霉的应用面积最大。白僵菌对多种农林害虫具有致死作用，已知的寄主昆虫达 707 种，大面积用于防治松毛虫、玉米螟和水稻叶蝉等害虫。绿僵菌主要用于防治地下害虫等。淡紫拟青霉具有较高的杀虫活性，其发酵液含有类似生长素和细胞分裂素的成分，主要用于防治大豆孢囊线虫和烟草根结线虫。还有蚧生轮枝菌、汤姆生多毛菌的商品制剂。20 世纪 70 年代至今，先后分离出防治稻黑尾叶蝉的白僵菌高效品系、汤姆生多毛菌，对蚊幼虫有高毒效的绿僵菌株，在分离和培养费雷生虫霉上做了大量工作，培养出高效杀蚜虫的菌株，并进行了田间试验。用菌治虫的研究，其治虫范围不断扩大，菌种品系增多，并发展到多菌种高效品系的应用。

（2）昆虫病毒杀虫剂　目前，用棉铃虫核型多角体病毒杀虫剂防治棉铃虫，效果与化学农药相当，而且比化学农药成本低。另外还用核型多角体病毒杀虫剂防治茶叶、柑橘、油桐、水杉等害虫，均取得了较好效果。在林业方面，赤松毛虫质型多角体病毒（CPV）、文山松毛虫 CPV 杀虫剂防治马尾松毛虫也都取得良好效果。迄今已从 61 种森林害虫中找到病毒，其中杨尺蠖、舞毒蛾和木麻毒蛾的核型多角体病毒（NPV）均有高效杀虫效果。国外许多国家已广泛使用茶粉蝶颗粒体病毒（GV）防治多种害虫，均取得较好的防治效果。目前有 20 多个国家的 30 多种病毒杀虫剂进行了登记、注册、生产应用，中国也有 20 多种病毒杀虫剂进入大田试验。

（3）昆虫病原线虫杀虫剂　中国近年来用线虫防治桃小食心虫、小木蠹蛾、荔枝拟木蠹蛾、龟背天牛、桑天牛、叶蜂、蛴螬等害虫，特别是斯氏线虫发酵罐液体繁殖生产研究获得成功，为中国昆虫病原线虫工厂化生产提供了新途径。

（4）原生动物杀虫剂　当前用于农林害虫防治的有三种微孢子虫：蝗虫微孢子虫、行军虫微孢子虫和云杉卷叶蛾微孢子虫。美国已生产微孢子杀虫剂，对 60 多种蝗虫和蟋蟀有控制作用。微孢子虫对害虫致病性强，对钻蛀性和隐藏性害虫有特效，目前的研究工作侧重于液体发酵、产品储藏和寻找新的目标害虫方面。

2. 微生物杀虫剂的生产

生产微生物杀虫剂有离体和活体培养两种生产方法。离体法是将菌种在发酵罐中用液体深层通空气发酵，在发酵液中产生大量孢子，经沉淀、浓缩、干燥等处理后，再加入、配制成含一定浓度孢子的各种剂型，如液剂、粉剂、可湿性粉剂、颗粒剂等，即可作产品销售使用。而活体法要用活体害虫寄主来繁殖微生物，加之这种制剂含有活体孢子，对包装和储存条件要求比较严格。目前，利用生物工程的细胞培养技术进行生产已取得了很大的进展。

3. 微生物杀虫剂产业的重点内容

微生物杀虫剂是生物科学与工程技术结合发展的产物，随着现代生物工程的迅速发展，微生物杀虫剂将有很大的开发前景。根据农作物病虫草害发生频率且防治的实际，以棉铃虫、稻飞虱、小菜蛾、叶螨、蝗虫、甜菜夜蛾、蛴螬、稻瘟病、白叶枯病、灰霉病、疫病、枯萎病、轮纹病、线虫病等作为防治目标，重点研究内容如下。

（1）筛选和构建新型芽孢杆菌杀虫制剂 以叶甲类鞘翅目害虫和甜菜夜蛾等鳞翅目害虫为主要防治对象，进行高效广谱芽孢杆菌制剂的研制和应用研究。同时对芽孢杆菌杀虫晶体蛋白的结构应用基因进行重组等高新生物技术，筛选和构建一批特异毒力菌株和工程新菌株，进一步提高杀虫毒力，扩大杀虫谱。

（2）加强转基因抗虫作物的研究 主要是利用苏云金芽孢杆菌在繁殖过程中产生的伴孢晶体有毒蛋白的基因导入某些作物的种质内，变成新的抗虫作物，如抗虫棉、抗虫玉米、抗螟稻等，加强转基因抗虫作物在生物防治中的作用和地位。

二、细菌杀虫剂

细菌杀虫剂是利用对某些昆虫有致病或致死作用的杀虫细菌所含有的活性成分或菌体本身制成的用于防治和杀死目标昆虫的杀虫制剂。

（一）苏云金芽孢杆菌杀虫剂

1. 苏云金芽孢杆菌杀虫作用机理

（1）苏云金杆菌致病机理 苏云金杆菌对昆虫的致病作用是通过它所产生的毒素和芽孢而引起的。一般是伴孢晶体的毒素使昆虫发生毒血症而死亡，由于晶体毒素对昆虫中肠上皮有破坏作用，使肠壁受损，中肠的碱性、高渗内含物进入昆虫血腔，使血液 pH 升高导致染病幼虫麻痹而死亡。而芽孢是在肠道中萌发为菌体通过由晶体毒素破坏的中肠肠壁进入血腔，菌体在血腔中进行繁殖从而引起昆虫败血症的发生，造成染病昆虫的死亡。而 β-外毒素是 RNA 聚合酶的竞争抑制剂，可干扰昆虫有关激素的合成，从而导致幼虫发育畸形或不能正常化蛹。苏云金芽孢杆菌虽然有较强的杀虫能力，但它必须经吞食过程进入体内才能杀死昆虫。因此，在实际应用中，将其与吸引昆虫的物质一起喷洒，可以增加昆虫吞食的可能性。

（2）苏云金芽孢杆菌在害虫防治上的应用 苏云金芽孢杆菌类的各变种对鳞翅目、膜翅目、直翅目、双翅目、鞘翅目等 350 余种昆虫有不同程度的防治效果，但主要应用于防治下列害虫。

① 经济作物类 棉铃虫，红铃虫，造桥虫，烟青虫。

② 蔬菜类 菜青虫，小菜蛾，菜螟。

③ 粮食作物类 二化螟，三化螟，稻苞虫，稻纵卷叶螟，玉米螟等。

④ 果树类 松毛虫，桃小食心虫，尺蠖，大袋蛾，卷叶蛾等。

（3）苏云金芽孢杆菌的使用方法 苏云金芽孢杆菌杀虫剂效果对虫龄越小防治效果越好，使用时必须掌握好时机和用量。苏云金芽孢杆菌农药药效较慢，一般害虫进食 30min 后停止为害作物，24h 开始死亡，48h 达到死亡高峰，72h 死亡率达 95％以上。

① 单用 喷粉，喷雾均可。

② 混用 为提高药剂的防治效果，特别是在害虫大发生和多种害虫混合发生时，可与非碱性的杀虫双、杀虫单、甲胺磷、三唑磷等常用化学杀虫剂混用，作用互补，效果更佳。但必须现配现用，最好不和其他杀菌剂混用，以免影响防治效果。

③ 与其他生物农药混用 可与白僵菌，小菜蛾 GV 等混用。

（4）苏云金芽孢杆菌使用注意事项：

① 温度　使用苏云金芽孢杆菌制剂的适宜温度在25℃以上，温度过低完全失去杀虫作用；在25～30℃时使用，其防治效果比10～15℃时高出1～2倍，温度低于20℃时最好不使用。

② 湿度　环境湿度越大，其防效发挥越好。因此，宜在早晚有露水时喷施粉剂，利于菌剂黏附在茎叶上，并促进芽孢繁殖。较湿润的土壤有助于菌剂的吸附，从而提高杀虫效果。

③ 阳光　为了避免阳光中紫外线对苏云金芽孢杆菌芽孢的破坏作用，最好在阴天或晴天下午4时以后使用，如能在苏云金芽孢杆菌中加入粗糖蜜、玉米糖浆或洗衣粉，其防效更佳。

④ 雨水　中到大雨会冲刷喷洒在茎叶上的药液，降低防效。如果喷后5h下毛毛细雨，有增加防效作用。

2. 常见品种

（1）棉丰杀虫剂

① 产品特点及防治对象　棉丰杀虫剂是一种防治棉铃虫的新型苏云金杆菌制剂。其生产菌株是从多个菌株中用棉铃虫初孵幼虫筛选出来的，与国内外现有的生产菌株不同，含一新基因型。防治试验结果表明，该药剂对棉铃虫有特异性高毒力，防治效果达到92.4%，同时对其他多种鳞翅目害虫也有毒效，表现出优良性能。该药剂采用发酵法生产，可采用来源广泛、价格低廉的农副产品作原料，无需特殊添加成分，生产过程容易控制，生产成本较低。该产品无公害，不杀伤天敌昆虫，对人畜及作物无毒，有利于环境保护。

② 施用方法　棉铃虫产卵盛期，百株卵量20粒开始施药，以后每隔3～4d施药一次，防治每代棉铃虫施药2～3次。菜青虫在卵孵化盛期至1龄幼虫期施药，则药效高达92%。用Bt剂防治二化螟，在卵孵化前1～3d施药，防效为79.4%～85.3%。防治玉米螟应在心叶末期施药，每亩用颗粒剂700～750g，幼虫死亡率高达97.9%，为害率下降91.5%。烟青虫、豆天蛾、造桥虫、玉米螟、松毛虫及果树害虫，可在产卵盛期或幼龄期施药。

（2）虫死定（菌杀敌）

① 联产品特点及防治对象　虫死定主要是胃毒作用，可用于防治直翅目、鞘翅目、膜翅目害虫，特别是鳞翅目的多种幼虫，对动物、鱼类和蜜蜂安全。

理化性状：原药为黄褐色固体，属好气性蜡状芽孢杆菌群，在芽孢内产生伴孢晶体。常用制剂8000U/mg可湿性粉剂、16000U/mg可湿性粉剂、2000U/μL悬浮剂、4000U/μL悬浮剂。

② 使用方法

a. 各种松毛虫等森林食叶害虫。在2～3龄幼虫发生期，用8000U/mg可湿性粉剂800～1200倍液均匀喷雾，2000U/μL悬浮剂200～300倍均匀喷雾，飞机喷雾每公顷用菌量$6×10^6$～$12×10^6$U。

b. 茶毛虫、枣尺蠖、金纹细城等果树食叶类害虫。用8000U/mg可湿性粉剂600～800倍液均匀喷雾，2000U/μL悬浮剂150～200倍均匀喷雾。

c. 菜青虫、小菜蛾。菜青虫在卵孵化盛期，每亩用8000U/mg可湿性粉剂50～100g，小菜蛾在低龄幼虫高峰期用8000U/mg可湿性粉剂100～150g，或用2000U/μL悬浮剂150～200mL，兑水均匀喷雾。

d. 玉米螟。每亩用8000U/mg可湿性粉剂100～200g，或用2000U/μL悬浮剂150～300mL，兑水均匀喷雾。

（3）杀螟杆菌　杀螟杆菌属蜡状芽孢杆菌群的细菌，是从中国染病稻螟虫尸体内分离的菌株，经人工发酵生产制成。制剂为白色或灰黄色粉状物，有鱼腥味，对高温有较强的耐受性。杀虫机理同苏云金杆菌。杀螟杆菌对鳞翅目害虫有很强的毒杀能力，但毒杀速度较慢。如对稻苞虫和菜青虫等，施药 24h 后才开始大量死亡；对小菜蛾、松毛虫等害虫，施药 24～48h 死亡可达高峰。对老熟幼虫的防效比幼龄虫好，有的老熟幼虫染病后虽不能立即死亡，但能提前化蛹，最终仍死亡。防治效果受温度影响，20℃以上效果较好。其毒性基本上同苏云金杆菌。常用剂型为 100 亿活孢子/g 粉剂。

① 使用方法　本剂主要用于防治水稻、玉米、蔬菜、茶叶等作物的鳞翅目害虫。包括：稻苞虫、稻纵卷叶螟、玉米螟、菜青虫、小菜蛾、茶毛虫、刺蛾、灯蛾、大蓑蛾、甘薯天蛾等。施药方法因害虫种类不同而异。

a. 喷雾。对在作物叶面为害的害虫均可采用。每亩用药粉 100～150g，兑水 40～50L，喷雾。如在稀释后的药液中加入 0.1％洗衣粉或茶籽饼粉，可提高防效。

b. 收集死虫使用。在施药后的田间将中毒死亡的虫尸收集起来，加水浸泡、揉搓后，将渣滤出，利用滤液喷雾。一般将 50～100g 虫尸的滤出液，兑水 50～100L。

c. 配制颗粒剂防治玉米螟。按 1：20 的比例，将菌粉与细砂或炉灰渣细粒拌匀，在玉米 5％抽雄期将药粒投入玉米心叶内，每株 1～2g。因死亡虫体散发出菌体，在玉米螟种群内传播，当年施药第 2 年也有后效，连年施药可较好地控制玉米螟危害。

② 注意事项

a. 本剂为活体细菌制剂，不能与杀菌剂混用。

b. 因杀虫速度慢，应在害虫发生初期施药。

c. 在养蚕区不宜使用。

d. 储存时放置在阴凉、干燥处，防止受潮。

e. 不能使用过期失效药剂。

（二）球形芽孢杆菌杀虫剂

1. 球形芽孢杆菌杀虫机理

球形芽孢杆菌的杀虫范围仅限于蚊虫的幼虫，它通过害虫的取食过程进行感染，蚊子的幼虫在取食 8～12h 后，即可发生死亡。幼虫吞入球形芽孢杆菌后，菌体在肠道中被消化，其细胞壁破裂，菌体内的毒素释放出来，从而杀死蚊虫的幼虫。球形芽孢杆菌在害虫死后，还可以在虫尸中重新增殖，增加芽孢的数目。由此可见球状芽孢杆菌的芽孢和伴孢晶体在环境中持效期较长，并有可能在环境中再循环。

2. 常见品种

（1）球形芽孢杆菌 BS-10　球形芽孢杆菌 BS-10 是蚊幼虫的一种病原体，对库蚊等蚊幼虫具有极高的毒杀作用。其生理生化特性与世界卫生组织推荐的 1593、2362 菌株相似，但其毒力比 1593 菌株高 1.78～3.2 倍，比 2362 的发酵毒力提高 1.79 倍。BS-10 的杀蚊毒素蛋白主要分布于孢子囊、芽孢壁内，并有菱形的伴孢晶体毒素。当幼蚊吞食一定数量的芽孢后即中毒死亡，吞食数与死亡速度成正相关。最快 6h 可毒杀，但对蚊幼的龄期越小越敏感。它的杀蚊谱为：淡色库蚊＞致乏库蚊＞凶小库蚊＞三带喙库蚊＞中华按蚊＞埃及伊蚊。BS-10 灭幼剂使用量为每平方米投药 3～5mL，24h 幼蚊死亡率为 80％左右，48h 为 95％～100％；随着用药量增加，持效期延长，一般为 15～25d。BS-10 对人、畜、禽及水生生物安全无毒，不污染环境。

（2）球形芽孢杆菌 C3-41 杀幼蚊剂　球形芽孢杆菌（简称 BS）中的某些 H-血清型菌株是蚊幼虫病原菌，C3-41 菌株是分离筛选出的一株对蚊幼虫具有很强毒杀作用的高效 BS 菌株。可应用于多种类型蚊虫孳生地防治城镇蚊虫。

（三）日本金龟子芽孢杆菌杀虫剂

日本金龟子芽孢杆菌能引起日本金龟子等幼虫的乳状病。世界各国从不同金龟子幼虫分离出多种乳状病原细菌，用金龟子芽孢杆菌防治日本金龟子是生物防治最典型的例子之一。第一个日本金龟子芽孢杆菌制剂于 1950 年在美国登记，成为美国政府批准的第一个生物防治制剂。

金龟子芽孢杆菌杀虫机理是利用金龟子幼虫（蛴螬）专性病原菌，主要通过芽孢感染而传播，芽孢当幼虫吞食后，可以在肠道中萌发成杆状的营养细胞，营养细胞能够侵染中肠细胞，随后穿过肠壁进入体腔，并大量繁殖，破坏各种组织，导致幼虫大量死亡，并使幼虫的血淋巴呈乳状，死亡幼虫呈乳白色。

三、真菌杀虫剂

真菌广泛存在于自然界中，其大量发生常常引起昆虫种群的衰落。真菌是最早被发现引起昆虫疾病的微生物，也是首先被研制成杀虫剂的微生物。据统计，昆虫疾病的 60% 是由真菌侵染引起的，但在已知的 700 多种昆虫病原真菌中，目前用于害虫微生物防治的仅有 10 多种。因此，昆虫病原真菌的利用潜能还有待开发。目前世界上已记载的杀虫真菌大约有 100 多个属、800 多种，其中约 50% 集中于半知菌亚门，研究最多的是该亚门中的白僵菌和绿僵菌。白僵菌杀虫剂是发展历史最早，推广面积较大，应用最广的一种真菌杀虫剂。其次是绿僵菌、拟青霉、多毛菌、赤座霉（座壳孢）、虫霉等。

（一）昆虫病原真菌的致病机理

昆虫病原真菌在侵入寄主血腔后，开始大量增殖，且多数真菌的菌丝不限于仅在血腔中繁殖，还能侵入昆虫的许多组织，引起这些组织或器官的破裂或分解，如球孢白僵菌的芽生孢子在血腔中增殖到一定程度后，首先侵入脂肪体细胞，然后侵入表皮、气管、肌肉、马氏管、中肠等组织，菌丝破坏虫体器官。除此之外，许多虫生真菌寄生昆虫后在寄主体内进行营养生长的同时，还分泌一些毒素类代谢物质，可以直接杀死寄主或加快寄主的死亡。

（二）常用真菌

1. 白僵菌

（1）白僵菌制剂种类　白僵菌为低毒类微生物农药。常见制剂：

① 白僵菌粉制剂（8 亿活孢子/g）。

② 白僵菌可湿性粉剂（8 亿活孢子/g）。

③ 白僵菌颗粒剂（50 亿活孢子/g）。

（2）使用方法　白僵菌制剂主要用于防治草坪上的鳞翅目、同翅目、膜翅目、直翅目等昆虫的幼虫。

① 喷粉　直接用白僵菌粉制剂喷粉。

② 喷菌液　用白僵菌可湿性粉制剂直接兑水喷雾。

③ 拌土撒放　用白僵菌颗粒剂按 1∶10 的比例与细土拌匀，撒到草坪上或栽培观赏植物的地面上。

（3）注意事项　注意菌液配好后要在 2h 内用完，以免过早萌发而失去侵染能力。颗粒剂也应随用随拌撒到草坪上。使用时应注意不能与化学杀菌剂混用，应储存在阴凉干燥处。

2. 绿僵菌

绿僵菌是寄生于多种害虫中的一类真菌；它通过体表或取食作用进入害虫体内，在害虫体内不断繁殖，并通过消耗营养、机械穿透、产生毒素不断在害虫种群中传播，使害虫致死。绿僵菌具有一定的专一性，对人畜无害，同时还具有不污染环境、无残留、害虫不会产生抗药性等优点。

（1）绿僵菌的代谢产物 在绿僵菌生长繁殖的同时，分泌绿僵素类的毒素，绿僵素不仅具有强的杀蚊幼虫活性和对昆虫有触杀作用，而且绿僵菌素对哺乳动物有较强的毒性。此外，绿僵菌还产生一些细胞外酶即蛋白质毒素等。

（2）绿僵菌的致病过程 绿僵菌的病理过程与白僵病相似，但分生孢子的发芽及发育均较白僵菌缓慢。当绿僵菌菌丝侵入寄主体腔后，生长繁殖迅速，并随血液淋巴循环侵入各器官组织，直至整个体腔充满菌丝和菌丝体。在绿僵菌生长繁殖的同时，分泌的绿僵素类毒素，使初期聚集于菌丝及菌丝体周围的吞噬细胞失去吞噬作用，致使菌丝体大量繁殖。侵入脂肪体细胞的营养菌丝吸收脂肪体细胞营养物质，使之结构破坏、崩解，故血液出现混浊。毒素是主要影响因素，使组织细胞因失液而严重脱水导致死亡。

（3）绿僵菌致病症状 昆虫被绿僵菌感染后初期无明显病征，后期食欲减退，行动不灵活。从添食到发病及死亡大约 7～10h。在病虫腹侧或背面出现黑褐色不完整形轮状或云纹状病斑，外围褐色较深，中间稍淡，干燥后凹下。眠前发病时，体壁紧张发亮，体色乳白，貌似 NPV 病虫，血液中有豆荚状芽生孢子和营养菌丝，且死后体壁不易破裂，2～3d 后长出气生菌丝及分生孢子，僵化的尸体被覆一层鲜绿色的粉末。

（4）绿僵菌的使用方法 利用绿僵菌防治害虫的方法很多，它可支持粉剂或液剂进行大面积田间撒布，也可拌种或混入肥料内，或制成颗粒剂施用防治害虫。在绿僵菌剂中加入少量化学农药，有增效作用。

① 防治松毛虫 为了充分发挥绿僵菌的最大杀虫效果，应根据绿僵菌生物学特性和虫情消长规律掌握好以下几点。

a. 放菌季节和天气。根据绿僵菌在 24～28℃、相对湿度 80％以上的条件下发育良好的特点，其喷菌季节可选择春季防治越冬代幼虫，即主攻越冬代、控制一二代为好。尤其在放菌后遇上连续 7～10d 的阴雨天气，杀虫效果更为明显。天气对喷菌效果有很大的影响，一般阴雨后初晴空气湿度大时比晴天喷菌好，早晚比中午好，风力 1～2 级比 3 级以上大风好。因此要抓住有利时间放菌，可提高杀虫效果。

b. 喷菌方式和用量。由于绿僵菌有重复感染、扩散蔓延的特点，最大限度地发挥绿僵菌的这些特点，可降低防治成本，因此，在使用方法上首先要准确掌握松毛虫发生地，并根据虫口密度大小，分别采取全面喷菌、带状喷菌或点状喷菌的方式，即可起到控制虫害的作用。为了提高杀虫效率，可适当混合低浓度的化学农药，以降低松毛虫的抵抗力，并使孢子均匀分布水中，提高杀虫效果。除此之外还可采用放活虫法和虫嗜扩散法。

放活虫法：在林间采集 4 龄以上幼虫，带回室内，用 5 亿个孢子/mL 的菌液将虫体喷湿，然后放回林间，让活虫自由爬行扩散，每释放点放虫 400～500 条，此法扩散效果好。

虫嗜扩散法：放菌以后，将绿僵菌感染的死虫捡回，撒在未感染的林地上风口处，或将虫尸研烂，用水稀释 100 倍喷雾等方法杀虫。

c. 选择放菌地区。根据绿僵菌治病条件，一般在山脚、山腰和山谷地，植被较厚、郁闭度大、林间湿度大的林地致病率高，反之则差。

d. 选好喷菌地点。喷菌点选择是否恰当，对绿僵菌的扩散感染力有很大关系。喷菌点应选在山上小盘地或山腰凹处，郁闭度大、植被厚的地方好，以利扩散感染。

② 防治玉米螟 使用方法主要是采用颗粒剂；颗粒剂的制法是将每克含绿僵菌孢子 100 亿个的均粉加 20 倍煤炭渣（或草木灰等）作填充剂，加适量水即制成 5 亿个孢子/g 的颗粒剂。根据虫情调查，在玉米螟孵化高峰期后，玉米植株出现排列状花叶之前第一次用药；在

心叶末期，个别植株出现雄穗时第二次用药，共 2 次。用药时将绿僵菌颗粒剂撒在玉米的喇叭口及其周围的叶腋中，每亩用药量不少于 0.5kg 纯菌粉。也可以用 1:100 倍的绿僵菌浇灌玉米心，每亩用药液 60～80kg。在配制绿僵菌颗粒剂时，加进少量化学农药，能提高杀虫效果。

③ 防治叶蝉和稻飞虱　使用方法如下。

a. 采取撒粉法。根据产品孢子含量不同，每亩用 0.25～0.5kg 加 15kg 干糠头灰（或草木灰）或 25kg 干黄泥（过筛细粉）拌匀。以傍晚撒施为好。

b. 喷雾或泼浇。要求菌液配成含孢子量 1 亿～2 亿个/mL，按水量加入 0.15%～0.2% 的洗衣粉，使成悬浮液。产品、洗衣粉、水三者必须同时加入浸泡。产品浸泡时间 15min～1h 为宜，浸泡后搅匀过滤即可喷雾。每亩必须喷足 60kg 以上菌液，如粗喷或泼浇应再酌情加水稀释。利用绿僵菌可防治早稻和晚稻的黑尾叶蝉，一般在施菌 7d 后虫密度下降 80%～90%，同时能兼治稻螟蛉、稻纵卷叶螟、稻苞虫等多种水稻害虫。

注意事项：绿僵菌对稻叶蝉、稻飞虱等致死速度比化学农药慢，要 6～9d 后才开始大量死亡。故防治稻叶蝉、稻飞虱时，应坚持以防治为主的原则，不宜在害虫暴发危害时匆忙施菌。抓紧阴天、小雨天适时施菌，晴天要在下午 4 时进行。施菌 3d 内保持田间有水，以提高田间湿度。水稻苗期（未封行前）以喷雾为好，气候适宜撒粉亦可。封行后密度高，宜用粗喷或泼浇等法。秧田期宜在傍晚喷雾为好。

④ 防治大豆食心虫　使用方法：在大豆食心虫脱皮入土化蛹前，向地面喷布绿僵菌粉。每亩用 0.5～0.75kg（每克含孢子 100 亿个）。大豆食心虫脱皮在地面爬行、虫体黏附绿僵菌孢子后，在土壤中感染而死亡，一般防治效果为 70%～80%。

⑤ 防治花生田中的蛴螬　使用方法：可采用菌土和菌肥使用方式。菌土就是用绿僵菌制剂 2kg（1g 含孢量 23 亿～28 亿个）拌湿细土 50kg，中耕时均匀撒入土中。菌肥是用 2kg 菌剂和 100kg 有机肥混合拌匀，中耕穴施于田间，然后埋土。豆田每亩用菌剂 3kg，以菌土或菌肥在中耕期使用。

3. 淡紫拟青霉菌（又名线虫清）

淡紫拟青霉菌常用于活体杀线虫剂，能防治孢囊线虫、根结线虫等多种寄生线虫。菌丝能侵入线虫体内及卵内进行繁殖，破坏线虫生理活动而导致死亡。其商品制剂外观为褐色粉状，为高浓缩吸附粉剂。其毒性为极低的生物制剂，大鼠急性经口 LD_{50} 大于 10000mg/kg，对人、畜和环境安全。

（1）使用方法　防治粮豆和蔬菜作物线虫病。包括大豆孢囊线虫病、花生根线虫病、多种蔬菜作物根线虫病，在播种时进行拌种，或定植时拌入有机肥中穴施。具体用法、用量参看产品说明书。连年施用淡紫拟青霉菌对根治土壤线虫有良好效果，并对作物无残毒，也不污染土壤，还对作物有一定刺激生长作用。

（2）注意事项

① 淡紫拟青霉菌不能与杀菌剂混用。

② 拌过药剂的种子应及时播入土中，不能在阳光下暴晒。施用时不宜与水或含水分高的湿土混合。

③ 在保质期内将药剂用完，对过期失效的药剂不能再用。应放在阴凉、干燥处储存。

4. 厚垣轮枝菌

厚垣轮枝菌属于内寄生性真菌，是一些植物寄生线虫的重要天敌，能够寄生于卵中，侵染幼虫和雌虫，可明显减轻多种作物根结线虫、胞囊线虫、茎线虫等植物线虫病的危害。

（1）作用机理　施入土壤后，厚垣轮枝菌孢子能在作物根系周围土壤中迅速萌发繁殖，所产生的菌丝可穿透线虫的卵壳、幼虫及雌性成虫体壁，菌丝在其体内吸取营养，进行繁殖，破坏卵、幼虫及雌性成虫的正常生理代谢，从而导致植物寄生线虫死亡，虫卵不能孵化，停止繁殖。

（2）防治对象　厚垣轮枝菌可防治烟草、花生、豆类、番茄、黄瓜、西瓜、茄子、生姜、香蕉、甘蔗等农作物根结线虫、胞囊线虫。也可用于园林植物、花卉根结线虫的防治。

（3）用法与用量

① 在育苗期　0.5kg/亩与营养土混匀处理苗床或者拌种。

② 移栽期　1～1.5kg/亩，与营养土混匀装袋，移栽时与农家肥混匀施入穴中。

③ 在定植期或追肥期　1.5～2kg/亩，与少量腐熟农家肥混匀施于作物根部，也可拌土单独施于作物根部。

（4）注意事项

① 避光防潮保存；

② 不能与其他杀菌剂混合使用；

③ 使用时需现拌现用，适宜于处理作物根部。

四、病毒杀虫剂

在自然界中昆虫病毒可以感染许多农林业害虫，目前已发现的昆虫病毒大约有1690种，涉及1100多种昆虫和螨类，寄生于农业害虫的病毒已发现约200多种，研究应用较多的是多角体病毒和颗粒体病毒。已被开发作为杀虫剂的病毒，大多属于杆状病毒的核多角体病毒，少数是颗粒体病毒。昆虫病毒有高度的专一寄生性，通常一种病毒只侵染一种昆虫，而对他种昆虫和人无害。因此，病毒杀虫剂不影响生态环境。但病毒杀虫剂的生产只能用害虫活体来培养增殖，使大规模工业化生产受到了限制。目前大约已有50余种昆虫病毒进行过大田防治试验，已列入商品生产的有棉铃虫病毒、甘蓝夜蛾病毒、黏虫病毒、松叶蜂病毒和松毛虫病毒等。

1. 昆虫病毒的基本特征

昆虫病毒是一类能够自我复制并只能在昆虫细胞内寄生的非细胞生物。其主要组成是核酸和蛋白质。

（1）核型多角体病毒（NPV）　核型多角体病毒是一类寄生于昆虫细胞内的病毒。此类病毒具有较大的包含体称为多角体，并因在被感染细胞的核内形成而得名。核型多角体的外观呈六角形、五角形、四角形或不规则形等，因虫种不同而异。

核型多角体病毒对害虫具有胃毒作用，也可经过伤口感染。害虫取食后，经口进入虫体，被碱性胃液溶解，通过中肠上皮细胞进入体腔，在细胞核内增殖，核内染色质凝集成块，核仁增大，数目增多，随后染色质块向核的中央集中，被核内新出现的膜包裹成为成熟的病毒粒子，以后再侵染健康细胞，使害虫化脓死亡。病虫粪便和虫尸，可通过风、雨、天敌进行再传染蔓延扩散，使病毒病流行。

（2）颗粒体病毒（GV）　GV是感染昆虫后体内有颗粒体包含体为特征的病毒。颗粒体病毒属杆状病毒科B亚组，它只侵染鳞翅目昆虫。目前国内外发现GV约130株，中国发现42株，其中26株为首次发现，有8株已进入田间应用，如小菜蛾GV、黄地老虎GV、茶小卷蛾GV、小菜粉蝶GV等。

颗粒体病毒主要通过口服进入易感虫体，颗粒体在中肠中溶解，病毒粒子呈游离态并通过肠道柱形细胞的微绒毛侵入，在这些细胞中增殖，形成新的颗粒体病毒释放于血淋巴中，从而导致对其他组织的继发感染。颗粒体病毒一般在中肠的细胞核中复制，在脂肪组织内则在细胞质中复制，被感染的细胞最终破裂而析出颗粒体于体腔中。虫体外伤和寄生天敌产卵可引起 GV 对皮下的感染，也可经卵垂直传播。侵染初期一般无明显病症，随病情的发展出现反应迟钝和停止取食，而后由于不同组织内颗粒体的大量积累，可以看到外表体色的明显变化，虫体腹面逐渐变为淡白或乳白或带黄色，体壁常出现斑点和变色，脂肪体变为暗白色，以后血液逐渐变乳白。因被感染的组织细胞破坏而释放出大量颗粒体。染病虫体可能膨大或缩小。由于其他细菌的自发感染或虫体中肠病毒的感染可引起泻痢。有时病情发展迅速，大量组织破坏，虫体较早死去。已死幼虫体壁脆弱，破后流出大量颗粒体。有些虫体的感染只局限于脂肪组织，染病幼虫可存活较长时间。此种情况下虫体组织的液化不严重，虫体虽软但不易破裂。病死虫体有时用腹足倒挂枝叶上呈"Λ"形，死后很快变为黑色。染病昆虫常于幼虫期死亡，有时也可活至蛹期或成虫期，从染病到死亡时间因虫而异，一般 4～5d。如黏虫幼虫，也受侵染剂量、温度等因素的影响。

（3）质型多角体病毒（CPV） CPV 是一类寄生昆虫细胞质内有多角体的包含体为特征的病毒。质型多角体病毒的发现比 NPV 和 GV 都晚，这种病毒粒子不同于 NPV 而是球形的，且发现这种球形病毒仅限于中肠上皮细胞质中寄生，细胞核内则不形成多角体，因此，便把这种病毒命名为质型多角体病毒；由它引起的疾病则称为质型多角体病。

CPV 病主要通过昆虫吞食而传染，创伤传染的可能性极小。病毒或多角体随食物一起食下后，经碱性消化液作用，使多角体溶解释放出病毒粒子，然后通过吸附等过程侵入中肠上皮细胞，在细胞质中先形成颗粒状多角体，继而增大增多，最后在细胞质中充满大小不等的多角体。随着病势发展，中肠病变逐渐扩展，以致扩及整个中肠，最后使细胞破裂、脱落，多角体病毒及细胞碎片均散落在肠腔中随粪便排出，成为感染的重要传染源，这也是中肠型脓病排出乳白色黏液粪便的原因。

2. 昆虫病毒的生产

病毒为专性寄生病原，只能在活细胞中增殖。一种途径是用寄主昆虫的活体繁殖昆虫病毒，直接在自然种群中繁殖或从野外采回大量活虫接种繁殖，或在室外条件下饲育大量害虫接种繁殖。另一途径是在细胞系中大量增殖昆虫病毒，例如在无脊椎动物细胞内繁殖，其倍增时间较短，培养的细胞在标准步骤下单层生长。但用组织培养增殖的病毒在致病性、专化性及其他特性方面研究还未达到实用阶段。

3. 昆虫病毒制剂的使用技术和方法

（1）单独使用病毒杀虫剂 直接将感病的死虫捣烂加水喷洒使用或使用生产提纯的商品制剂。

（2）与化学农药的混用 印度谷螟 GV 可与马拉硫磷混用，棉铃虫 NPV 可与西维因/灭幼脲 3 号/菊酯类农药混用等。

（3）与微生物农药的混用 现应用最多的是 Bt 与 NPV 混合使用。病毒的混用应考虑干扰作用和增效作用，如 CPV 和 NPV 的混用，表现干扰作用，GV 和 NPV 混用表现为增效作用等。

4. 影响病毒防治害虫效果的环境因素

（1）温度 田间条件下温度不是影响病毒毒力的主导因素，温度影响疾病潜伏期的长短，NPV 和 CPV 等的传播适温约为 25℃。

（2）光线 紫外线对病毒的致病力有影响，昆虫病毒制剂在田间的失效与日光特别是紫外线关系最大。因此制剂中加入紫外线保护剂或其他辅剂可延长滞留而有助于增效。试用的此类物质有聚乙烯醇、活性炭、二氧化钛聚合物、黑烟灰以及寄主血淋巴、糖浆等。病毒制剂中加入少量硼酸、硫酸铜等可增强活性和侵染能力。

（3）pH 和土壤　病毒的活性与其繁殖环境的 pH 有关；如棉铃虫 NPV 保存在 pH7 以下为宜，病毒在土壤中有很高的稳定性。

5. 昆虫病毒研究趋势

目前，昆虫病毒研究的趋势，主要表现在以下三个方面。

（1）利用有效外源基因在 NPV 基因组中表达　世界范围内杀虫剂总销量中生物制剂仅占 1%，其中 NPV 仅占 0.2%，主要作用因子是经害虫口服后须 4d～2 周后才能见效，在此期间，已被感染的昆虫消耗食物更多。分子生物学和遗传学的研究发展为引入新的外源杀虫基因于 NPV 的基因组提供了新机遇，通过此手段能大大增加杀虫速度和寄主范围。此类有效的外源基因包括昆虫特异性毒素、激素、代谢酶、生长调节物等。

（2）消除 NPV 基因组中某些不利基因　在苜蓿丫纹夜蛾核型多角体的基因组中有一种基因，产生的此种蛋白能阻止寄主昆虫蜕皮而保持取食。这样，害虫被 NPV 感染后被阻止蜕皮和化蛹，并继续取食，使害虫延长危害时间。因此，利用遗传改良消除不利基因，可缩短昆虫致死时间。

（3）利用多价病毒杀虫剂的效应　多价病毒杀虫剂是指一株病毒具有一定的广谱性，它能在为数较多的昆虫宿主中增殖，使多种害虫感病致死，达到持续控制害虫种群的消长。多价病毒杀虫剂包含两层意思：一是从自然界筛选或用遗传工程技术人工建造"工程病毒"，不同单株毒力相差很大，通过虫体连续筛选可以提高毒力，也可通过自然筛选和人工诱变的方法选择高毒力病毒。另一种是用两株以上病毒或以病毒为主综合利用细菌和其他杀虫微生物的特异性及其代谢产物，或者利用某些高效低残留的化学农药等组建成病毒复合杀虫剂，以提高杀虫范围和防治效果。

6. 常见产品介绍

（1）棉铃虫核型多角体病毒（PIB）

① 棉铃虫核型多角体病毒制剂产品特点　外观为黄色粉末，无团块，密度 $1.1g/cm^3$，50℃、15d 的 NPV 活性保留 88.5%。剂型有如下单剂和复配制剂。

a. 可湿性粉剂：含 PIB 数为 10 亿个/g。

b. 悬浮剂：含 PIB 数为 20 亿个/mL 等。

c. 复配制剂：含有 1 亿个/g 棉铃虫核型多角体病毒的 18% 辛可湿性粉剂；1000 万个/mL 棉铃虫核型多角体病毒 $2000U/\mu L$ 苏云金杆菌悬浮剂；2% 高效氯氰菊酯乳油 1 亿个/g 棉铃虫核型多角体病毒可湿性粉剂等。

② 安全性能　本制剂对大鼠急性经口 $LD_{50}>2000mg/kg$（无死亡病变），急性经皮 $LD_{50}>4000mg/kg$。不感染蜜蜂，对瓢虫、草蛉、蜘蛛、家蚕等无伤害作用。忌与碱性或杀菌剂农药混用，可与中性化学农药复配。必须即配即用。储存在阴凉通风处，忌暴晒。

③ 用途　主要用于棉铃虫的防治。

（2）武大绿洲蟑螂病毒制剂（生物灭蟑胶饵）

① 生物灭蟑胶饵产品性能特点　灭蟑胶饵属高选择性生物灭蟑饵剂，产品特异性强，作用持久，不污染环境，家庭使用安全，诱捕范围宽，易于操作，是捕杀蟑螂用品。规格：10mL/支（12g/支）。

② 使用方法　打开胶管前端保护盖，挤涂杀蟑胶饵至蟑螂出没之处。例如，厨房、卫生间、垃圾桶等角落隐蔽处。第一次施杀蟑胶饵后，7～10d 补第二次药，15d 后补第三次药。经过 3～4 次窝内传染，15d 为蟑螂死亡的高峰期。

③ 杀蟑胶饵有效成分　蟑螂病毒 $1\times10^4U/mg$、生物活性剂 1‰、蟑螂信息素 1‰。

④ 杀蟑机理　蟑螂的学名蜚蠊，晚上会离开巢穴寻找食物和水；受到胶饵中的交配信息素诱引前来取食，进食病毒的蜚蠊会慢慢发病，得病的大小蠊会回到洞穴，2～3d病发身亡，并把病毒传染其他蜚蠊。由于蟑螂是群居食腐动物，未染病蟑螂会撕咬病死蟑螂，因此相继染病。雌性蟑螂染病后卵鞘中会将病毒基因带至第二代，产生连锁效应，杀死未孵化的蟑螂。

（3）菜青虫颗粒体病毒农药制剂（武洲1号）　武洲1号为病毒杀虫剂，对害虫有较强的胃毒作用。防治对象主要为菜青虫、小菜蛾和烟青虫，还可用于防治果树鳞翅目害虫、梨小食心虫等。如防治梨小食心虫等钻蛀性害虫，在虫卵高峰期用药最佳。每亩用武洲1号可湿性粉剂40～60g，稀释成750倍液喷雾。

（4）武大绿洲3号A　武大绿洲3号A为病毒杀虫剂，具胃毒和触杀作用，防治对象为甜菜夜蛾，兼治小菜蛾、斜纹夜蛾等。以害虫3龄前施药效果最佳，一般每亩用武大绿洲3号A悬浮剂60mL，稀释成750倍液喷雾。

（5）其他昆虫病毒　苜蓿银纹夜蛾核型多角体病毒用于防治十字花科蔬菜等多种作物甜菜夜蛾。斜纹夜蛾核型多角体病毒可用于防治十字花科蔬菜等多种作物斜纹夜蛾。棉铃虫核型多角体病毒可用于防治为害多种作物的棉铃虫。茶足蠊核型多角体病毒可用于防治茶树茶尺蠖。油桐足蠊核型多角体病毒可用于防治茶树茶尺蠖。小菜蛾颗粒体病毒可用于防治十字花科蔬菜小菜蛾。幕青虫颗粒体病毒可用于防治十字花科蔬菜菜青虫。草原毛虫核型多角体病毒可用于防治草原毛虫。

五、昆虫病原线虫杀虫剂

昆虫病原线虫是一类新型的生物杀虫剂，由于它具有较高的毒力、杀虫范围广、能主动寻找寄主、易于人工培养且成本低廉、使用安全、并能与化学杀虫剂混用等优点，而成为当前国际生物防治领域研究热点之一。目前世界上许多国家正在对这种新型的生物杀虫剂进行深入的研究和应用。

1. 昆虫病原线虫的致病原理

线虫能闻到所喜欢的昆虫气味，并主动地向对方爬去，混进食物中以感染期虫态随寄主食物进入昆虫体内。同时线虫还能从昆虫的自然开口（如肛门或气孔）、节间膜进入昆虫体内而专性寄生，即使坚硬的天牛盔甲也难不倒它；线虫进入体内后释放肠腔中携带的共生细菌，从而导致败血症；最后线虫以及共生菌分泌的毒素导致昆虫患毒血症而亡。

2. 昆虫病原线虫制剂作用特点

① 主动搜寻并迅速灭杀寄主昆虫。
② 寄主范围广泛，对土栖性、水栖性和钻蛀性害虫特别有效。
③ 对非目标生物和环境安全无毒。
④ 线虫在土壤中存活时间长达数月。
⑤ 可与大部分农药（杀线虫剂除外）和其他生物制剂混用。
⑥ 使用方便，可浇灌也可喷雾。

3. 昆虫病原线虫的繁殖

昆虫病原线虫的离体单菌培养中，共生细菌将一系列培养基转化为适宜于线虫繁殖的营养物质，维持线虫的生长繁殖。昆虫病原线虫的工业化培养系统是通过无菌操作技术于人工培养基中加入单一共生菌和无菌线虫来完成的，即线虫的单菌体外培养系统。根据培养基质可分为固体培养和液体发酵培养，固体培养简便，适应性广，但费时费力且占用空间面积较大，排放大量废物，液体发酵培养是比较理想的生产方式。

六、原生动物微孢子虫杀虫剂

微孢子虫是经宿主口或卵感染后，并在其中增殖，使宿主死亡。当孢子被昆虫吞食进入肠道，通过外翻极丝而引起感染。可侵染昆虫消化道和马氏管，或侵染生殖组织甚至全部组织，引起昆虫活力丧失、行为改变、交配减少和产卵率降低。

七、其他杀虫素

杀虫素包括阿维菌素、浏阳霉素、杀蚜素、南昌霉素、韶关霉素、梅岭霉素等。阿维菌素是由日本北里研究所与美国默克公司联合开发的一种杀虫素，它可以抑制无脊椎动物神经传导物质而使昆虫麻痹致死，其杀虫范围广并具内吸性，被认为是农业生产最具潜力的抗生素。

1. 阿维菌素

（1）使用方法

① 防治害螨 棉花害螨，用1%阿维菌素乳油4000～5000倍液；蔬菜害螨，用4000倍液；苹果树害螨，用1%阿维菌素乳油4000～6000倍液；柑橘锈螨，用1%阿维菌素乳油6000～10000倍液；柑橘全爪螨，用1%阿维菌素乳油4000～5000倍液喷雾。

② 防治害虫 小菜蛾，用1%阿维菌素乳油1700倍液；菜青虫，用1%阿维菌素乳油2000倍液；斑潜蝇、桃小食心虫，用1%阿维菌素乳油2500～3000倍液；蚜虫，用1%阿维菌素乳油4000倍液；棉铃虫，用1%阿维菌素乳油800～1200倍液喷雾。

（2）注意事项

① 阿维菌素对蜜蜂有毒，在蜜蜂采蜜期不得用于开花作物。

② 阿维菌素对水生浮游生物敏感，易污染鱼塘和江河。

③ 对其他类杀螨剂产生抗性的害螨，阿维菌素仍有效。

④ 如发生误服中毒，可服用吐根糖浆或麻黄解毒，避免使用巴比妥、丙戊酸等药物。

⑤ 在生产A级、AA级绿色蔬菜和果树产品时，不得使用阿维菌素。

2. 浏阳霉素

浏阳霉素是从中国湖南省浏阳地区土壤中分离出来的灰色放线菌浏阳变种经发酵所产生的抗生素杀螨剂，又名多活菌素，是一种抗生素类速效杀螨剂。属低毒农药。以触杀作用为主，无内吸杀螨作用，对若螨和成螨有明显的防治效果，对螨卵也有一定抑制作用。对蚜虫也有防治效果，对天敌昆虫、植物、蜜蜂较安全。残效期为10d左右，属于专性生物杀螨剂。

（1）产品特点 浏阳霉素纯品为无味、无色或微黄色棱状晶体。熔点111～112℃，易溶于醇类、丙酮等有机溶剂，难溶于水。室温时稳定，在紫外光照射下不稳定。制剂外观为棕黄色油状液体，含水量≤1%，pH5～6，乳油稳定性合格。常用剂型为10%的乳油。

（2）使用方法

① 防治苹果树叶螨 包括山楂叶螨、苹果全爪螨、果苔螨、李始叶螨、二斑叶螨等，用10%乳油1000～2000倍液（有效成分浓度为50～100mg/L），在发生初期喷雾，可有效控制危害，持效期可达20～30d。

② 防治柑橘害螨 在我国南方柑橘产区普遍发生的害螨为柑橘全爪螨，用10%乳油1000～2000倍液，喷雾，持效期为20d左右。

③ 防治蔬菜害螨 包括二斑叶螨、朱砂叶螨，它们广泛分布在豆角、茄子、辣椒、马铃薯、瓜类、苋菜、蚕豆、豌豆等作物上，每亩用10%乳油30～50mL（有效成分3～5g），

兑水 50L 稀释后喷雾，可在 7～10d 内有效地控制危害。

④ 防治棉花叶螨　棉花叶螨为二斑叶螨，每亩用 10％乳油 40～60mL（有效成分 4～6g），兑水 75～100L，均匀喷雾，持效期 10d 左右。

（3）注意事项

① 不能与碱性农药混合使用。

② 主要是触杀作用，喷雾时力求均匀周到。

③ 对眼睛有轻微刺激作用，喷药时若溅入眼睛应立即用清水冲洗，一般 24h 可恢复正常。操作人员应戴防护眼镜。

④ 对桑、黄瓜、木耳菜和十字花科蔬菜较敏感，施药时要按规定药量施用，切勿超量用药，防止药害。

⑤ 药剂应储存在干燥、避光处。

⑥ 本产品在气温 15℃以上使用时，防治效果较理想。

⑦ 该药对鱼有毒，施药时避免污染鱼池、湖泊、河流等水体。

第三节　微生物杀菌剂

微生物杀菌剂是指微生物及其代谢产物和由它们加工而成的具有抑制植物病害的生物活性制剂。微生物杀菌剂主要抑制病原菌能量产生、干扰生物合成和破坏细胞结构，具有内吸性强、毒性低，并兼有刺激植物生长的作用。微生物杀菌剂主要有细菌杀菌剂、真菌杀菌剂、农用抗生素等类型。

一、微生物杀菌剂的研究进展

1. 细菌杀菌剂

中国开发的枯草芽孢杆菌防治甘蓝黑腐病，假单胞杆菌防治水稻纹枯病，蜡质芽孢杆菌防治油菜菌核病；K84 农杆菌系防治果树根癌病，草生欧氏杆菌防治梨火疫病，地衣芽孢杆菌防治黄瓜、烟草炭疽病；沈阳农大研制的拮抗细菌和拮抗木霉混合发酵制成的粉剂，防治保护蔬菜和甜瓜苗期病害等都取得了显著成效。由于细菌的种类多、数量大、繁殖速度快，且易于人工培养和控制，因此，细菌杀菌剂的研究和开发具有较大的前景。

2. 真菌杀菌剂

真菌性杀菌剂中已有 20 多个属的真菌被用于植物病害的生物防治实践。其中木霉菌是植物病害生物防治制剂中开发产品最多的一种。除此之外，以色列开发出一种名为 Trichode 的哈茨木霉制剂，能够防治灰霉病、霜霉病等多种叶部病害。日本山阳公司则开发了用于防治烟草白绢病的木霉菌属以及防治其他病害的黏帚霉、青霉菌、拟青霉、轮枝菌等真菌。如防治玉米苗枯病的球毛壳菌制剂，防治枯萎病的非致病性尖孢镰刀菌制剂，防治作物菌核病的盾壳霉和黏帚霉制剂等。

3. 农用抗生素

农用抗生素主要指用于防治植物病害的微生物代谢产物，它能有选择性地抑制它种微生物生长或杀灭它种微生物。1928 年 Fleming 发现青霉素，投入工业生产后，在防治人类疾病中取得了巨大成功。这一成功极大地促进了抗生素防治植物病害的研究工作。美国、英国、日本等先后把链霉素、土霉素、灰黄霉素等医用抗生素用于植物病害的防治。同时也筛选到了放线菌酮、抗霉素 A 以及一些多烯类抗生素。1958 年日本 Setsuo 等研制成功杀稻瘟素-S，1961 年大面积应用于水稻稻瘟病的防治取得成功。杀稻瘟素-S 被誉为农用抗生素发展过程中的第一块里程碑，此后农用抗生素的研制开发进入了高潮，相继开发出了春雷霉素、多氧霉素等一系列高效、低毒、无公害的农用抗生素。目前，农用抗生素仍是国内外研究、开发的热点之一，是世界农药市场中不可缺少的一部分。

中国农用抗生素的研究处于世界先进行列。最早开始于20世纪50年代，当时主要针对水稻稻瘟病、水稻纹枯病、水稻白叶枯病、白菜软腐病、棉花苗期病害等筛选抗生素。虽然获得了一些有效的菌株，但是由于毒性或药效不稳定等原因，无一大规模生产。60年代开发成功了放线菌酮和灭瘟素，并实现了工业化生产。70年代后，中国农用抗生素的研制进入盛期，相继开发成功了春雷霉素、庆丰霉素、井冈霉素、多抗霉素、公主岭霉素、多效霉素、农抗120等一系列高效抗生素。90年代以来，又陆续研制出了中生菌素、武夷菌素、宁南霉素、华光霉素、嘧肽霉素等。近年来又开发了杀枯肽、磷氮霉素、波拉霉素、白肽霉素、金核霉素、瑞拉菌素等抗生素。

抗生素虽然具有悠久的历史，并且得到全面的开发和广泛的应用，但在目前，其研究、开发、生产和应用中还存在一些问题和困难，如制剂化困难、产品质量不稳定、药效缓慢等，严重影响着微生物杀菌剂的进一步发展，亟待研究解决。

二、微生物杀菌剂的作用机理

微生物杀菌剂可以产生多种抗菌物质，包括脂肽类、肽类、磷脂类、类噬菌体颗粒、细菌素、蛋白类抗菌物质等，这些物质不仅可抑制病原菌对现有的抗生素的抗性问题，而且抑制病原菌能量的产生、干扰生物合成和破坏细胞结构。其防治植物病害的机理随生物防治菌及其代谢产物的种类及植物与病原菌的变化而异，其作用的机制有竞争作用、拮抗作用、重寄生作用和诱导植物抗性，或两种以上机制的协同作用等。

三、细菌杀菌剂的种类

细菌杀菌剂的种类和数量众多，在植物的根际和地上各部分都大量存在；其生长速度以及在不同条件下利用各种类型养料的能力比其他种类微生物都强，这对于它们占领空间和生存竞争十分有利。细菌大都可以人工培养，便于控制。正是细菌有上述优点，使它在植病生物防治上具有无限的潜力。目前用作生物杀菌剂的拮抗细菌主要有以下几类。

1. 枯草杆菌

该菌在北美和欧洲作为土壤病原菌的拮抗剂的应用已经取得了初步成功。枯草杆菌制剂是作为种子处理试剂出售的，商品名有 Gustafson 公司生产的 Kodiak 和 Quantum4000 以及尤尼罗伊公司生产的 System3。该产品可用于多种大田作物，但主要是棉田。AgraQuest 最近推出一种枯草杆菌 QST713 菌株杀真菌制剂，商品名为 Serenade，可以茎叶喷雾。中国由枯草芽孢杆菌经培养发酵后加工成固体状细菌杀菌剂；商品名为"力宝"，对水稻稻瘟病、甘蓝黑腐病等真菌病害有效。还可用于防治黄瓜白粉病、草莓白粉病和灰霉病、水稻纹枯病和稻曲病、三七根腐病和烟草黑胫病等。除了杀菌外，它还具有促进根系生长的作用，可作为水稻生长调节剂。

2. 放射形土壤杆菌

菌株 K84 在 1973 年就被大规模生产，用来防治由根癌病土壤杆菌引起的感染。例如可用于防治桃树根癌病。1979 年在美国环保局注册。菌株 K1026 由澳大利亚科研人员培育。它是一种棒状的、有鞭毛的革兰阴性菌，广泛分布于土壤之中。K84 菌株和 K1026 菌株都能分泌一种抑制物，它能抑制病原菌 DNA 合成。

3. 地衣芽孢杆菌

地衣芽孢杆菌又称为"201"微生物，是一种对人畜十分安全的细菌杀菌剂。对黄瓜及烟草的多种病原菌（如炭疽病菌等）有效。目前市场销售的为1000U的地衣芽孢杆菌发酵液。

4. 假单胞杆菌

通常与蜡状芽孢杆菌混配成制剂上市。此假单胞菌主要用于防治水稻纹枯病等病害。还可防治各种细菌病害，荧光假单胞杆菌可用于防治番茄青枯病、烟草青枯病和小麦全蚀病。

5. 常见细菌杀菌剂产品

（1）枯草芽孢杆菌BS-208　枯草芽孢杆菌BS-208是一种能稳定地在植物表面定殖、产生抗生素、分泌刺激植物产生生长激素并诱导寄主产生抗病性的微生物杀菌剂。BS-208制剂作用方式是以菌治菌，通过芽孢杆菌产生的广谱抗菌物质进行位点竞争和诱导抗性等机制达到防治病害的目的。芽孢杆菌在根、茎、叶等植物体内具有很强的定殖能力，通过位点竞争阻止病原菌侵染植物，同时在植物根际周围和植物体内不断分泌抑制或杀灭病原菌的广谱抗菌物质；它还能诱导植物不仅可产生促生长物质，而且还具有固氮的作用，这是BS-208对植物具有促进生长、增产等药肥作用的重要机理。

BS-208的产业化开发，解决了农作物细菌性病害、土传病害和根部病害的防治技术难题，从而为生物综合防治疑难病害找到了一个新的方法和途径，为农民防治农作物疑难病害带来福音。国内外枯草芽孢杆菌防治植物病害的种类，主要包括土传病害和根部病害、叶部病害、树木果实病害等类。如，美国用Bs处理多种作物种子，平均产量增加39%，根病明显减轻；日本用Bs及其分泌物防治西红柿立枯病获得良好防效；北京大学和河南省农科院报告Bs对小麦赤霉病、西瓜枯萎病、烟草青枯病、棉花枯萎病等多种病害有良好的田间防治效果，并有明显增产效应。

（2）洋葱球茎病假单胞菌　主要用于种子处理或移栽前土壤处理试剂，防治各种土生性真菌和线虫病原体。它能侵入植物根围，阻止病原菌在植物根系周围的生长。

（3）胡萝卜软腐欧文菌　它是由日本推广的一种非致病性菌株，商品名为Biokeeper，可以阻止病原菌株侵入中国甘蓝。其作用原理是非致病菌与致病菌间潜在的侵入位点竞争。

四、真菌杀菌剂种类

真菌杀菌剂研究和应用最广泛的是木霉菌，其次是黏帚霉类。中国开发研制的灭菌灵，主要用于防治各种作物的霜霉病。

木霉菌又名灭菌灵、特立克。

1. 产品特点

木霉菌为黄褐色粉末，是纯生物活体制剂，是通过人工培养方法将木霉菌的孢子粉浓集制成。本剂的作用机制具备抗生素所有机制，如杀菌作用、重寄生作用、溶菌作用、毒性蛋白及竞争作用等。由于复杂的杀菌机制，使有害病菌难以形成抗性。因本剂对病原菌具普遍拮抗作用，可防治黄瓜、番茄、辣椒等作物的霜霉病、灰霉病、叶霉病、根腐病、猝倒病、立枯病、白绢病、疫病等。也可以防治葡萄灰霉病、油菜菌核病、小麦纹枯病和根腐病等。本剂适应的自然环境，在pH4～9.5，温度10～45℃，相对湿度60%～100%条件下均可生长。在高湿条件下，防效更佳。剂型有2亿个活孢子/g可湿性粉剂。

2. 使用方法

（1）拌种　防治立枯病、猝倒病、白绢病、根腐病、疫病等，可通过拌种，将药剂带入土壤，在种子周围形成保护屏障，预防病害发生。用药量是种子重量的5%～10%。为了增加药剂在种子上的附着力，可先将种子喷少量水再搅拌均匀，使每粒种子均湿润，然后倒入药粉，再均匀搅拌，使种子外裹上药粉，然后播种。如是催芽的种子，因本身湿度大，附着药粉性能更好。

（2）灌根　防治根腐病、白绢病等根部病害，可采用灌根法。一般是用本剂的1500～2000倍液，每棵病株灌药液250mL。为使药液接触根部和减少土壤吸附，可先将病株四周挖个圆坑后再灌药，药液渗下后及时覆土，防止阳光直射，降低菌体的活力。

（3）喷雾　防治发生在作物叶片、茎和果上的病害，如霜霉病、灰霉病、叶霉病、纹枯病等，可采用600～800倍液，在发病初期喷雾，每隔7～10d喷1次，连喷2～3次。

3. 注意事项

① 本剂不能与酸性、碱性农药混用，更不能与杀菌农药混用。

② 应在发病初期施药，并做到喷药均匀、周到。

③ 如喷药后8h遇降雨冲刷，应在晴天后补喷。

④ 药剂必须保存在阴凉、干燥处，防止受潮和光线照射。超过保质期的药剂不能再用。

五、农用抗生素种类

1. 春雷霉素

（1）作用特点　春雷霉素是土壤放线菌春雷链霉菌产生的抗生素，易溶于水，在酸性中较稳定，遇碱易失效。对人、畜、鱼、蚕低毒，对哺乳动物的毒性较低，环境相容性好，对非靶标机体和环境无不利影响。工业品春雷霉素多为春雷霉素盐酸盐，具有预防和治疗双重作用的内吸性杀菌剂。用于防治水稻稻瘟病，甜菜、芹菜叶斑病，水稻和蔬菜细菌性疾病以及苹果和梨的黑斑病。

（2）剂型　2％、4％和6％可湿性粉剂；0.4％粉剂；2％水剂。

（3）使用方法及防治对象　可用于防治瓜类枯萎病、炭疽病、细菌性角斑病及褐斑病、叶霉病等。叶面喷雾用2％水剂370～750倍液；对根病病害用2％水剂50～100倍液灌根或喷根颈部。对番茄叶霉病用2％水剂560～1000倍液喷雾。但有实验表明，春雷霉素对豌豆、蚕豆、大豆、葡萄、柑橘和苹果有轻微的药害，而对水稻、马铃薯、甜菜、番茄以及其他蔬菜没有药害。

（4）注意事项

① 稀释的药液应一次用完，防止污染失效。

② 不能与碱性农药混用。

2. 灭瘟素（商品名为Bla-S）

灭瘟素是土壤放线菌产生的抗生素，以苄胺苯磺酸盐的形式加工成粉剂、乳油和可湿性粉剂出售，它是一种具有防治和触杀性的杀菌剂，对细菌和真菌细胞的生长表现出广泛的抑制作用。可防治稻瘟病，但对苜蓿、茄子、三叶草、马铃薯、大豆、烟草和番茄等作物有药害，过量使用水稻叶子会产生黄色斑点。尽管灭瘟素对哺乳动物有毒，大鼠急性经口半致死剂量为50mg/kg，但因其环境兼容性好而得到广泛应用。

3. 灭粉霉素

灭粉霉素是土壤放线菌产生的抗生素，对白粉病特别有效。在扬花期喷洒，可以消灭白粉病菌，并保护作物不再受白粉病菌侵袭，使用剂量为500～1000g/L。它对细菌防治效果较差。生产的灭粉霉素以可湿性粉剂出售，商品名为Mildiomycin。它对白粉病的杀灭作用，虽然尚未被广泛接受为商业化的杀真菌剂，但是它被推荐用于防治观赏植物的白粉病病原菌，如白粉菌、葡萄钩丝壳菌、叉丝单囊壳菌和单丝壳菌。灭粉霉素环境相容性好，对非靶标机体和环境无不利影响。

4. 土霉素

土霉素是一种细菌蛋白质合成抑制剂，容易被植物叶片尤其是气孔吸收，然后通过输导组织传送到植物的其他组织。生产上通常与链霉素复配使用，以防止产生链霉素抗性菌，是一种有效的杀细菌制剂。土霉素常用于防治梨火疫病、欧文菌引起的火疫以及假单胞菌属和黄单胞菌属等病菌引起的坚果、球果和草坪等细菌性病害，对防治真菌引起的病害同样有效。它对哺乳动物无毒，对非靶标机体和环境无不利影响。市场上生产的土霉素以水溶性粉剂出售。

5. 井冈霉素

井冈霉素是上海农药所 1972 年分离筛选出的农用抗生素。它不仅对水稻纹枯病有特效，而且对水稻稻曲病、小麦纹枯病、玉米纹枯病等病害的防治也有较好的效果。尤其是对小麦纹枯病，经大量试验证明，井冈霉素的防治效果几乎优于目前其他所有的药剂。其具有持效期长，耐雨水冲刷；发酵效价高，应用成本低；无抗药性等优点。

6. 公主岭霉素

公主岭霉素是吉林农科院 1971 年分离的放线菌 No. 769 产生的代谢产物，具广谱抗病效果，尤其对禾谷类黑穗病、水稻恶苗病、稻曲病的防效显著。

7. 多氧霉素（多抗霉素）

多氧霉素是土壤放线菌可可链霉菌阿索变种产生的抗生素。商品名为多氧菌素 AL，以可湿性粉剂或乳油和水溶性颗粒等剂型出售。

（1）作用特点　本品为肽嘧啶核苷类抗生素，是一种广谱性抗生素类杀菌剂，具内吸传导作用，在叶表面浸透移行非常强，能阻止孢子发芽、菌丝生育、孢子形成和阻止病斑扩大有很强的效果。对人、畜低毒，对植物安全，对非靶标机体和环境也无不利影响。

（2）常用剂型　1.5％，2％，3％可湿性粉剂。

（3）使用方法及防治对象　能防治瓜、花卉的霜霉病、白粉病、疫病、晚疫病、立枯病、黑斑病及苹果、梨的灰斑病等病害，特别是用于防治由链格孢属真菌所致的病害更有效。适用作物：小麦、黄瓜、番茄、辣椒、草莓、葡萄、苹果、烟草、水稻、瓜类。叶面喷雾用 2％可湿性粉剂，使用浓度 100～400 倍溶液。

（4）注意事项　本品要存放在阴凉干燥处，有效期在 3 年以上；不能与碱性、酸性农药混用。

8. 农用链霉素

农用链霉素为放线菌所产生的代谢产物，杀菌谱广，特别是对多种细菌性病害效果较好（对真菌也有防治作用），具有内吸作用，能渗透到植物体内，并传导到其他部位。对人、畜低毒，对鱼类及水生生物毒性亦很小。主要用于喷雾，也可作灌根和浸种消毒等。

（1）防治对象　用于防治果树、蔬菜、烟草、棉花和观赏植物的细菌性穿孔病、细菌性烂根病、细菌性溃疡病、细菌性枯萎病、火疫以及其他细菌性病害；尤其对防治革兰阳性菌引起的病害有效。链霉素还对稻白叶枯病黄单胞菌、柑橘溃疡病黄单胞菌、烟草野火病假单胞菌和黄瓜角斑病假单胞菌等病原菌特别有效。

（2）剂型　通常为可溶性粉剂，原药为白色无定形粉状，易溶于水，不溶于大多数有机溶剂。

（3）使用方法　一般使用浓度每袋加水 50～100L 喷雾或灌根。对防治各种细菌病害，如白菜软腐病、瓜类霜霉病、细菌性角斑病、斑点病、溃疡病等效果好。

防治期每 7～10d 喷药一次，连喷 3～5 次，可避免细菌性病害。

（4）注意事项　能与杀虫剂、杀菌剂、抗生素混用；由于对病菌的致死过程缓慢，应提早防治，即在病虫害发生初期喷施；严格按照施用剂量用药，不可随意增加或降低施用浓度。

9. 武夷菌素

武夷菌素能抑制病原菌蛋白质的合成和菌丝生长、孢子的萌发形成，同时影响菌体细胞膜的渗透性；并且能对植物进行抗性诱导。因为植物对病原物都有一定的基础抗性，在病原物侵染的情况下，植物可以感受病原信号，并传递这些信号，启动相应的防卫机制，这一启动过程包括自由基爆发、激素水平的改变、防御蛋白和保护酶转录及表达的增强、次生物质的合成、屏障物质和杀灭、驱除病虫害物质的大量合成。

（1）防治对象　可防治瓜菜白粉病、灰霉病、黑星病、炭疽病；番茄早疫病、叶霉病；果树腐烂病、流胶病、疮痂病及花卉白粉病等。

（2）用法用量　施用武夷菌素可根据不同作物、不同发病部位而采用不同的方法和不同浓度，对叶、茎部病害，常采用药液喷雾，蔬菜病害一般喷 2～3 次，间隔 7～10d；对种传病害，常进行种子消毒，一般用药液浸种 1～24h，对苗床可进行土壤消毒；对土传病害，以灌根为好；对果树茎部病害可对患部进行涂抹。

（3）注意事项　武夷菌素与植物生长调节剂、粉锈宁、多菌灵等各种杀菌剂混用能提高药效，与杀虫剂混用需先试验，切忌与强酸、强碱性农药混用。武夷菌素喷施的时间以晴天为宜，不要在大雨前后或露水未干以及阳光强烈的中午喷施；施用该药以预防为主；储存武夷菌素的地点应选择在通风、干燥、阳光不直接照射的地方，低温储存。

10. 农抗 120

农抗 120 又叫抗霉菌素 120，是一种碱性核苷类抗生素。它对多种病原菌有强烈的抑制作用，还兼有刺激作物生长的效应。其杀菌原理是阻碍病原菌的蛋白质合成，导致病菌死亡。对作物兼有保护和治疗双重作用，而对人、畜、鱼类无害。

（1）防治对象　适用于防治瓜类、果树、蔬菜、花卉、烟草、小麦等作物白粉病，瓜类、果树、蔬菜炭疽病，西瓜、蔬菜枯萎病等。

（2）防治方法

① 防治叶部病害　在发病初期（发病率 5%～10%），用水剂喷雾，每隔 10～15d 再喷雾 1 次。若发病严重，隔 7～8d 喷雾 1 次，并增加喷药次数。

② 防治枯萎病等土传病害　在田间植株发病初期，将植株根部周围土壤扒成一穴，稍晾晒后用水剂灌药液，每隔 5d 施灌 1 次，对重病株连灌 3～4 次。处理苗床土壤时，于播种前用水剂喷洒于苗床上。

（3）注意事项　本品应储存在阴凉干燥处，不宜与碱性农药混用。

第四节　微生物除草剂

一、微生物除草剂研究进展概况

利用生物防除杂草已有近 200 年的历史，以往只利用植食性动物、病原微生物等天敌在自然状态下，通过生态学途径，将杂草种群控制在经济上、生态上可以接受的水平。随着人们对植物病原菌认识的深入，20 世纪中叶开始了微生物除草剂的开发研究。近几十年来，随着植物病原菌的不断分离和研究，从杂草病株中筛选出来的一些植物病原菌成为可替代化学除草剂的新型生物除草剂。一种是以病原微生物活的繁殖体直接作为除草剂的，称为活体微生物除草剂；另一种是利用微生物产生的对植物具有毒性作用的次生代谢产物作为除草剂的，称为微生物源除草剂。目前已商品化的微生物源除草剂主要为放线菌的代谢产物。

1. 活体微生物除草剂

近年来，真菌除草剂的开发和研究获得了突破性进展，已约有 80 种不同的侵染生物种被研究，防除约 70 种杂草。按照发展生物除草剂的标准，有望作为候选或已发展成生物除草剂的有 36 种，已经使用或商品化或极具潜力的有 19 种。真菌类有生物潜力的微生物主要集中在 9 个类型：盘苞菌属、镰孢菌属、链格孢菌属、尾孢菌属、疫霉属、柄锈菌属、叶黑粉菌属、壳单胞菌属和核盘菌属。细菌类主要是根际细菌，主要有 7 个属：假单胞菌属、肠杆菌属、黄杆菌属、柠檬酸细菌属、无色杆菌属、产盐杆菌属、黄单胞杆菌属。迄今为止，已商品化的最成功的茎叶处理真菌除草剂是 COLLEGO，盘长孢状刺盘孢干孢子可湿性粉剂，防治水稻和大豆田中的弗吉尼亚皂角，防效可达 90％以上，它可以引起杂草的炭疽病，感染茎叶柄和小叶。最新研究的茎叶处理细菌除草剂是 CAMPERICO，防治高尔夫球场的早熟禾。利用细菌防治冬小麦田中的旱雀麦也已进入大规模的田间试验。虽然微生物除草剂存在作用靶标单一、剂型加工困难、易受环境因素影响等不足，但随着杂草生物学、制剂化学、菌株选育、病原遗传学、生态学和流行病学发展，这些问题都将会得到解决，从而使微生物除草剂得到大面积的推广和应用。

2. 微生物源除草剂

微生物源除草剂是利用微生物所产生的次生代谢产物即植物毒素，进行杂草防治的一种新型的微生物除草剂。利用微生物的天然代谢产物通常可以开发出抗生素类除草剂，目前已知的微生物源的植物毒素约 80 种。第一个开发成商品除草剂的微生物产物是双丙氨磷，它是链霉菌的产物。双丙氨磷是一种可杀单子叶和双子叶植物的非选择性除草剂，常用于非耕地和果园防除一年生和某些多年生杂草。最近利用真菌蛋白能杀死阔叶杂草而对单子叶植物安全的特性，使得该领域的研究兴趣上升到开发蛋白质源除草剂及其相应的作用方式上。目前一些日本的公司正致力于较大规模地研究开发微生物代谢产物作为除草剂；美国和欧洲的一些公司也投入了大量资金进行该方面的研究。

二、微生物除草剂的种类

(一) 真菌除草剂

1. 真菌除草剂的作用机理

真菌除草剂是利用病原微生物可以引起植物致命性病害的作用，如炭疽病、萎蔫病、枯萎病及叶斑病等。真菌除草剂的作用方式是以孢子和菌丝等直接穿透寄主表皮，进入寄主组织产生毒素，使杂草发病并逐步蔓延，影响杂草植株正常的生理状况，导致杂草死亡，从而控制杂草的种群数量。

2. 常见除草剂品种

(1) 真菌制剂 Devine 它采用棕榈疫霉厚垣孢子制备的悬浮剂，作为世界最早的微生物除草剂，用来防除柑橘园及其他多年生作物田中的莫伦藤。通过根部感染，经 6～10 周死亡。商品为含有 6.7×10^5 个/L 厚垣孢子的悬浮液，使用时稀释 400 倍，喷于潮湿土壤表面，每亩约需 3.3L 药液。将它用于田间试验中，处理后 10 周对莫伦藤的防效达 96％。在 1978 年和 1980 年使用过一次 Devine 的橘园，到 1986 年仍保持 95％～100％的防效。

(2) 真菌制剂 Collego Collego 是胶孢炭疽菌合萌专化型制剂，用来防除水稻与大豆田的杂草田皂角。病原物产生炭疽病斑，对杂草专一，用喷雾器对叶面作常规喷雾即可。喷洒后渗入植物角质层，造成植株死亡。

产品特点：它有两种成分 A 和 B。成分 A 为水溶性糖液，每瓶约为 1L；成分 B 为干燥的孢子，每袋孢子量 75.7×10^{10} 个。使用时将 1 瓶 A 加 1 袋 B 混合后可喷洒约 $4hm^2$ 的水稻田或大豆田。一般接种一周即可发病，五周内枯死。田间试验结果表明，水稻田防效 76%～97%，大豆田为 91%～100%。

(3) 真菌制剂 Biomal　它是由加拿大 Philombios 公司开发的一种胶孢炭疽菌锦葵专化型的干粉状制剂或孢子悬浮剂，用于防除圆叶锦葵，于 1992 年商品化，在加拿大草原地区和美国北部平原区的麦田和其他作物田中使用。

(4) 胶孢炭疽菌　胶孢炭疽菌商品名称为鲁保一号。它是寄生在菟丝子上的一种毛盘菌属炭疽菌，是防治菟丝子的微生物除草剂。剂型为高浓缩孢子吸附粉剂。在田间菟丝子出现初期用药，将鲁保一号粉剂加水稀释 100～200 倍，充分搅拌并用纱布过滤 1 次，利用滤液(含孢子量 2000 万～3000 万个/mL) 喷雾，只对有菟丝子的地方喷药。喷药应选在早晨、傍晚或阴天进行。

(5) 真菌制剂 Biochon　Biochon 是木本杂草的腐烂剂。它能够控制野黑樱和多种木本杂草的萌发和生长，用于防止伐树树根再生；其作用原理是病原菌在树内繁殖并扩散至维管系统而阻断导管使植株死亡。一般 Biochon 处理后 2 年内伐根 95% 死亡。市场上常以真菌菌丝体水悬液出售；能与苯达淞、苄嘧磺隆化学除草剂结合使用可防治多种杂草，目前已在美国注册。

(6) 真菌制剂 Dr. Biosedge　Dr. Biosedge 为纵沟柄锈菌的夏孢子制剂，有粉剂和颗粒剂型，用于防治稻田中的油莎草。其作用原理是在早春施用锈菌除草剂，通过抑制杂草的开花而控制杂草植株的增加和杂草新块茎的形成。

(二) 细菌除草剂

细菌除草剂 AM301　主要用于防除高尔夫球场的草坪杂草，防效可达 90% 以上。一般来说细菌很难侵入杂草，但该产品是在草坪修剪时喷施，细菌可从修剪的早熟禾断面侵入，在维管系统内增殖，引起维管系统堵塞而枯死。利用此特性，可用于防除对丛生的早熟禾，使之有利于草坪化。该制剂的细菌持效甚长，并随季节不同而呈现不同的效果，在施药后 1～3 个月中可使草坪中的早熟禾密度减少，且该菌株寄主专一性较强，对同属的许多草坪草不致病。

(三) 微生物源除草剂

微生物源除草剂是利用微生物所产生的次生代谢产物即植物毒素，进行杂草防治的一种新型的微生物除草剂。微生物能产生很多的代谢产物，它们有结构和生物活性多样性及易被生物降解的特点。在这些代谢产物中有使植物感病、产生病斑或枯萎的活性物质成分，而这种活性物质成分侵入寄主植物，使其感病，破坏其细胞结构，以达到防治杂草的目的。

1. 微生物源除草剂作用机理

微生物代谢产物中有使植物感病、产生病斑或枯萎的活性物质成分，而这种活性物质成分侵入寄主植物，使其感病，破坏其细胞结构。这些植物毒素无论在大小或在化学结构方面都存在较大的差异，它们有的是多肽类物质、有的是萜类化合物、有的是大环酯类化合物、还有的是酚醛树脂类化合物等。这些植物毒素在宿主特异性方面也存在很大差异，有些只对单一植物种或仅对一个品种具有毒性，而这些毒素则对宿主外的一些植物也具有毒性。后者往往即便是非特异性的也具有一定的选择性，像由链霉菌属的放线菌所得的茄香霉素，它对稗草和马唐等具有除草活性是非特异性的，但对栽培作物诸如水稻等则无毒害，又具有选择性。具有除草活性毒素的真菌多来自于链格孢属、镰孢属、刺盘孢属等，多表现为代谢抑制剂。一是通过阻断核编码质体蛋白的形成过程，从而打断叶绿体的形成；另一种是作为

ATP酶的偶联因子的能量转移抑制剂，进而抑制光合磷酸化。

2. 常见品种

(1) 茴香霉素与去草酮 茴香霉素是从链霉菌的培养液中分离获得的除草剂；是稗草和马唐等一年生禾本科杂草和阔叶杂草的生长抑制剂，其作用机理是破坏植物的叶绿素合成。该物质对幼芽和幼根无选择性，用 $50\mu g/L$ 以上该物质即可使马唐和稗草等杂草的幼芽枯死；或用更低浓度就可完全抑制其幼根的生长发育，并且对某些园艺作物无影响。日本化药公司以此作为先导结构化合物，合成了除草剂去草酮。它是适用于水稻、大豆、棉花、甘蔗等作物的良好茎叶选择性除草剂，主要用于芽前防除一年生杂草。其优点在于土壤中易分解无残留。现在已把去草酮作为一种商品化的拟微生物源除草剂。

(2) 双丙氨膦（商品名称：好必思或园草净）

① 产品特点 双丙氨膦是非选择性内吸传导型茎叶处理除草剂；其特点对哺乳动物毒性低，易被土壤微生物分解，常用于非耕地和果园防除一年生和多年生杂草。它是一种生物激活除草剂，必须被靶标植物代谢一部分后才产生活性。作用机理是通过抑制植物体内谷酰胺的合成酶，导致氨积累，从而抑制光合作用中的光合磷酸化，从而导致杂草死亡。它只能被植物叶片吸收，对根无作用。常用剂型为32％液剂。一般在草坪建植前用于灭生性除草，可防除一年生和多年生阔叶杂草及禾本科杂草，如荠菜、猪殃殃、雀舌草、繁缕、婆婆纳、冰草、看麦娘、野燕麦、藜、莎草、稗草、早熟禾、马齿苋、狗尾草、车前、蒿、田旋花、问荆等。对阔叶杂草的防效高于禾本科杂草，对某些生长快、个体大的多年生杂草作用弱。

② 使用方法 茎叶处理时不论杂草的老草与嫩草均可杀死，一般当杂草高20～50cm时施药。用32％液剂1005～1500g/hm²，防除其他地块一年生杂草，用32％液剂1500～2250g/hm²，多年生杂草用量为2250～3000g/hm²，均兑水60kg进行茎叶喷雾。

③ 注意事项 本品进入土壤就失去活性，只能做茎叶处理。

(3) 百草枯

① 产品特点 百草枯是一种快速灭生性除草剂，具有触杀作用和一定内吸作用。能迅速被植物绿色组织吸收，使其枯死，对非绿色组织没有作用。其作用原理是破坏叶绿体膜光合膜，使光合作用和叶绿素合成中止。一般叶片着药后2～3h即开始受害变色，对单子叶和双子叶植物绿色组织均有很强的破坏作用，但无传导作用，只能使着药部位受害。接触土壤后很容易失效，对植物根部及多年生地下茎及宿根无效。可防除各种一年生杂草；对多年生杂草有强烈的杀伤作用，但其地下茎和根能萌出新枝；对已木质化的棕色茎和树干无影响。毒性中等，但是对人毒性极大，且无特效药，对家禽、鱼、蜜蜂低毒。对眼睛有刺激作用，可引起指甲、皮肤溃烂等；口服3g即可导致系统性中毒，并导致肝、肾等多器官衰竭，肺部纤维化（不可逆）和呼吸衰竭。

② 剂型 20％水剂。本产品有二氯化物、双硫酸甲酯盐两种。

③ 适用范围 百草枯适用于防除果园、桑园、胶园及林带的杂草，也可用于防除非耕地、田埂、路边的杂草，对于玉米、甘蔗、大豆以及苗圃等宽行作物，可采取定向喷雾防除杂草。

④ 对作物的安全性 百草枯为灭生性除草剂，如果不喷洒在作物的绿色茎叶上，药液仅沾染棕色木质化的树皮、树枝，对作物、树木无伤害。百草枯与泥土接触会失去活性，在播前1～2d化除，对作物安全。

⑤ 使用方法

a. 果园、桑园、茶园、胶园、林带使用：在杂草出齐、处于生长旺盛期时，每亩用20％水剂100～200mL，兑水25kg，均匀喷雾杂草茎叶，当杂草长到30cm以上时，用药量要加倍。

b. 玉米、甘蔗、大豆等宽行作物田使用：可播前处理或播后苗前处理，也可在作物生长中后期，采用保护性定向喷雾防除行间杂草。播前或播后苗前处理，每亩用20%水剂75~200mL，兑水25kg喷雾防除已出土杂草。作物生长期，每亩用20%水剂100~200mL，兑水25kg，作行间保护性定向喷雾。

⑥ 注意事项

a. 应用百草枯加水需用清水，药液要尽量均匀喷洒在杂草的绿色茎、叶上，不要喷在地上。

b. 百草枯除草适期为杂草基本出齐，株高小于15cm时。

c. 光照可加速百草枯发挥药效，晴天施药见效快。

d. 用药后1h下雨对药效无影响。

(4) 草甘膦

① 产品特点　草甘膦为内吸传导型慢性广谱灭生性除草剂，其作用原理主要是抑制物体内烯醇丙酮基莽草素磷酸合成酶，从而抑制莽草素向苯丙氨酸、酪氨酸及色氨酸的转化，使蛋白质的合成受到干扰导致植物死亡。草甘膦入土后很快与铁、铝等金属离子结合而失去活性，对土壤中潜藏的种子和土壤微生物无不良影响。草甘膦属低毒除草剂，在动物体内不蓄积。在试验条件下对动物未见致畸、致突变、致癌作用。对鱼和水生生物毒性较低；对蜜蜂和鸟类无毒害；对天敌及有益生物较安全；对人、畜毒性低。

② 剂型　10%、20%水剂；30%可湿性粉剂。

③ 适用范围　草甘膦是通过茎叶吸收后传导到植物各部位的，可防除单子叶和双子叶杂草、一年生和多年生、草本和灌木等40多科的植物。草甘膦适用于防除苹果园、桃园、葡萄园、梨园、茶园、桑园和农田休闲地杂草，尤其对稗、狗尾草、看麦娘、牛筋草、马唐、苍耳、藜、繁缕、猪殃殃等一年生杂草药效明显。

④ 使用方法

a. 果园、桑园等除草　防除1年生杂草每亩用10%水剂0.5~1kg，防除多年生杂草每亩用10%水剂1~1.5kg。兑水20~30kg，对杂草茎叶定向喷雾。

b. 农田除草　农田倒茬播种前防除田间已生长杂草，用药量可参照果园除草。棉花生长期用药，需采用带罩喷雾定向喷雾。每亩用10%水剂0.5~0.75kg，兑水20~30kg。

c. 休闲地、田边、路边除草　于杂草4~6叶期，每亩用10%水剂0.5~1kg，加柴油100mL，兑水20~30kg，对杂草喷雾。

⑤ 注意事项

a. 草甘膦为灭生性除草剂，施药时切忌污染作物，以免造成药害。

b. 对多年生恶性杂草，如白茅、香附子等，在第一次用药后1个月再施1次药，才能达到理想防治效果。

c. 在药液中加适量柴油或洗衣粉，可提高药效。

d. 在晴天，高温时用药效果好，喷药后4~6h内遇雨应补喷。

e. 草甘膦具有酸性，储存与使用时应尽量用塑料容器。

f. 喷药器具要反复清洗干净。

第五节　微生物农药的安全使用原则

各种农产品在生产过程中，病虫害用微生物农药防治已引起全世界的重视。目前，微生物农药已在粮食、蔬菜、果树、花卉上广泛使用，但由于微生物农药的使用效果受多种因素的影响，在实际应用中存在一系列问题。微生物农药的科学使用应最大限度地利用有利因素，克服和避免不利因素，因此，在使用中应遵循以下原则。

一、科学选择农药品种

使用微生物农药前首先要熟悉其生物学特性，了解微生物农药药剂的适用范围、作用途径、有效成分和作用机理等。如苏云金杆菌（Bt）对防治鳞翅目幼虫有效，作用途径是胃毒、触杀，作用机理是死亡后的虫体还可感染其他未接触过农药的同类害虫。但对同翅目的叶蝉就没有致病性，而且苏云金杆菌的不同品种对几种重要害虫的防治效果也存在着差异。另外，要根据害虫取食特点使用不同类型的微生物农药，如 Bt 对鳞翅目害虫效果很好，喷洒后会分布于植物表面，使害虫取食或触菌死亡，但对刺吸汁液的害虫（如蚜虫、螨类）无效，而阿维菌素对螨类杀伤效果非常好。因此，应针对不同种类病虫有针对性地选择适合的生物农药品种。

二、科学选择适宜的生物农药剂型

生物农药的防治效果往往与剂型和使用技术密切相关，使用时要根据防治对象、气象条件和使用时间，正确选择适当的剂型，才能达到最佳防治效果。如粉剂可借助空气浮力和风力分散于较大范围，从而和害虫有更大的接触；对于食叶量很大的害虫，如菜青虫可采用将可湿性粉剂加水配成悬浮液的方法喷雾效果较好，而采用喷粉法效果较差。胶囊剂不仅有较长的释放效果，而且能保护其中的病原体不受环境因素的影响，可用于大棚撒施。

三、科学确定适宜的防治时期

微生物农药作用机理有别于化学农药，一般要经过侵染寄生、积蓄繁殖、起效胃毒等环节才能发挥作用。在施用时，要抓住卵孵化盛期或幼虫低龄期用药。既能使药剂侵入虫卵或附在卵壳上，待幼虫孵化时染病而死，又能保证害虫取食后死亡。因为对于不同类型及特点的害虫，微生物农药的使用方法也不同。害虫一生有几个不同的发育阶段，各个发育阶段对微生物杀虫剂的抵抗力不同。因此了解害虫所处的发育阶段，对防治是十分必要的。例如，菜青虫一生可分为卵、幼虫、蛹和成虫4个发育阶段，卵期有卵壳保护，蛹期有蛹体保护，老龄幼虫有较厚的蜡质层保护，而成虫有翅可飞行。因此，只有选择低龄幼虫期使用农药，才能充分发挥微生物农药的效果。

四、科学地利用气候条件

微生物农药制剂多具有"活性"，施药环境和科学的使用方法都影响其防效的发挥。如施用苏云金杆菌、昆虫病毒等病菌微生物杀虫剂时，一般宜选择暖湿天气的傍晚或阴天施药。因微生物农药从喷洒于植物到害虫取食或接触菌体需要一定的时间，而从害虫取食到死亡也需要一个过程；在这一时期易受环境的温度、湿度、光照和风速等因素影响。温度不仅影响微生物杀虫剂孢子或微生物农药的活性成分，而且还影响害虫本身，从而影响病原微生物的致病性和毒性。例如，芽孢杆菌在低温条件下，芽孢在害虫机体内繁殖速度缓慢，蛋白质晶体很难发挥作用，防治效果较差。据试验证明，白僵菌、苏云金杆菌等微生物农药，在温度 $25\sim30℃$ 的条件下喷洒比在 $10\sim15℃$ 时的杀虫效果要高 $1\sim2$ 倍。而湿度对微生物杀虫剂孢子的繁殖和扩散有直接关系，湿度大，微生物孢子繁殖和扩散快，易感染和杀死害虫；而阳光中的紫外线对孢子有致命的杀伤作用，因此在使用时必须把握好天气变化，选择在晴天早晚时间、阴天或雨后转晴喷药，应尽量避开大雨，因大雨会将菌液冲刷掉，失去杀伤力。如施药后 5~6h 遇小雨，有利于芽孢发芽，非但不会降低药效，反而会提高防虫效果。而风对粉剂微生物农药的飘移和扩散有着很重要的作用，在微风下使用粉尘剂微生物农药效果最好。

五、科学混配生物药剂

科学混配微生物药剂可以提高防治效果，配用时要详细阅读说明书，使用时要随配随用，配好的农药要一次用完。如白僵菌，配好的农药要在 2h 内喷完，以免孢子早期萌发，失去效力。对于微生物真菌杀虫剂可与化学杀虫剂混合使用，但不能和化学杀菌剂混用或与碱性农药同期或复配使用。原因是：杀菌剂的功能主要是用以杀死细菌、真菌等微生物，或对上述微生物的生长发育有抑制作用，若将一些化学杀菌剂和青虫菌、白僵菌等微生物农药混合使用，这些微生物农药就会被化学杀菌剂所毒化，而失去原有的药效。所以，它们之间不能混合使用，甚至这两类农药的连续使用也要间隔 15~20d，如果先使用化学杀菌剂，要等药效完全消失后，方能再使用微生物农药；反之，也应这样要求。只有这样，才能保证这两种药剂都能达到有效的防治目的。对于大多数微生物杀菌剂可以和多数化学药剂、生物药剂进行混配，但不可与碱性药物混配，如木霉菌类药剂可以与多数生物杀虫剂和化学杀虫剂同时混用。

六、科学掌握使用的方法

对于喷施无内吸性的微生物农药时，一是一定要注意喷洒均匀才能起到良好效果。如白僵菌，必须将菌体均匀喷洒到害虫身上，菌体不断繁殖，逐渐破坏害虫的生理机能，最终使害虫代谢紊乱而死亡。在旱地作物上使用，要尽量喷足药液，使植物每个部位都喷湿喷透防止漏喷，这样才能达到防治目的。二是微生物农药作用缓慢，宜在害虫低龄幼虫期使用。许多微生物农药杀虫效果缓慢，差于喷后立竿见影的化学农药，因此用药时间应比化学农药提前 2~5d。如 Bt 乳剂、白僵菌、苏云金杆菌等，它们杀菌速度缓慢，一般喷药后，害虫 3~5d 才逐渐死亡。三是要根据害虫的迁飞特性喷药，采用生物农药与高效、低毒、低残留的化学农药配合使用的措施，因为在生物农药中加入低剂量的化学农药，可降低害虫的抵抗力，为病原微生物的侵入创造条件，同时害虫被病原微生物侵染后，又降低了对化学农药的抵抗力，从而起到增效作用。四是微生物农药储藏的地点要求阴凉、干燥，避免受潮。如苏云金杆菌、井冈霉素、赤霉素等，它们的特点是不耐高温、不耐储藏，容易吸湿霉变、失活失效，而且保存期不能超过保质期的要求。

［本章小结］

微生物农药是指能够用来杀虫、灭菌、除草及调节植物生长的微生物活体及其代谢产物，包括昆虫病原线虫、昆虫病原原生动物、昆虫病原真菌、昆虫病原细菌、昆虫病原病毒、农用抗生素及由人工模拟合成的代谢产物和未合成的产品等。微生物农药具有活性高，不产生抗性，不污染环境，有自然传播感染力，能保护天敌等特性。微生物农药按照用途分为微生物杀虫剂、微生物杀菌剂、微生物除草剂。微生物杀虫剂包括细菌杀虫剂、真菌杀虫剂、病毒杀虫剂、线虫杀虫剂、原生动物杀虫剂。其中杀虫剂以苏云金杆菌是最具有代表性的品种。真菌以白僵菌、绿僵菌的应用面积最大，病毒杀虫剂研究应用较多的是多角体病毒和颗粒体病毒。微生物杀菌剂是由微生物及其代谢产物和由它们加工而成的具有抑制植物病害的生物活性物质。它的作用主要是抑制病原菌能量的产生、干扰生物的合成和破坏细胞的结构。其不仅具有内吸性强、毒性低，而且还兼有刺激植物生长的作用。微生物杀菌剂主要有细菌杀菌剂、真菌杀菌剂、农用抗生素等类型。

微生物除草剂主要是利用活体微生物和微生物所产生的对植物具有毒性的次生代谢产物。活体微生物除草剂以真菌除草剂的研究和开发最为活跃，它的作用方式是利用孢子、菌丝等直接穿透寄主表皮，进入寄主组织、产生毒素，使杂草发病并逐步蔓延，影响杂草植株正常的生理状况，导致杂草死亡，从而控制杂草的种群数量。除草抗生素的作用机理完全不同于活体微生物除草剂，主要作用于植物体内敏感的分子靶标，但这些靶标很少与化学合成除草剂存在共同的分子靶标部位。微生物除草剂的常用品种有双丙氨膦、茴香霉素与去草酮、百草枯、草甘膦等。

微生物农药的使用效果易受多种因素的影响，因此，在使用中应遵循以下原则：要根据防治对象及条件选择适宜的生物农药剂型，才能达到最大防治效果；要对症防治，防止品种选择不当，因微生物农药的专一性很强，有针对性地选择适宜的微生物农药；同时要依据不同的防治对象确定适宜的防治时期，并要根据当地气候条件选择最佳的使用时间。微生物农药制剂多具有"活性"，施药环境和科学的使用方法都影响其防效的发挥，尤其是温度、湿度等条件影响较大。

[复习思考题]

1. 微生物农药有哪些特性？
2. 微生物农药有哪些种类？
3. 简述微生物农药细菌、真菌、病毒、线虫、原生动物杀虫剂的作用机理。
4. 简述微生物农药真菌、农用抗生素杀菌剂作用机理。
5. 简述微生物农药除草剂作用机理。
6. 简述微生物农药使用原则。

【学习目标】

1. 了解植物源农药的常见种类，植物源农药防治机理和防治特点。
2. 掌握利用杀虫植物防治农业害虫的方法。

【能力目标】

1. 能够识别当地常见的杀虫植物和杀菌植物。
2. 能够利用常见的杀虫植物防治农业害虫。

第一节 植物源农药及发展历史、现状

一、植物源农药的含义

植物源农药就是一类利用从植物中提取的活性成分而制成的农药，具有高效、低毒或无毒、无污染、选择性高、不易使害虫产生抗药性等优点，符合农药从传统的有机化学物质向"环境和谐农药"或"生物合理性农药"转化的趋势。目前，对植物源农药的研究和开发是当前新型农药创新的热点。近十年来，国内外科研人员在杀虫植物种质资源调查、活性物质鉴定和杀虫、杀菌作用机理等方面展开了大量的研究工作，并取得了可喜进展。

植物源农药来源于不同种类植物的、具有抑制有害生物作用的次生代谢物。按它们的防治对象可将其分为植物杀虫剂、植物杀菌剂、植物杀线虫剂、植物杀鼠剂及植物除草剂。按它们的作用性质又可分为毒素类、植物昆虫激素、植物拒食信息物质、植物引诱和驱避类物质、绝育类、植物保卫素类、异株克生物质等。毒素类是通过代谢产生有毒物质，毒杀其他生物，如除虫菊的除虫菊素、鱼藤的鱼藤酮、海葱中的海葱苷等；植物昆虫激素是进入昆虫体内后，干扰昆虫生长发育；植物拒食信息物质是能抑制昆虫味觉感受而阻止昆虫取食，如印楝素、柠檬素类等；植物引诱和驱避类物质是引诱害虫和驱避害虫；绝育类植物产生的能使昆虫绝育的活性物质，主要是破坏昆虫的繁殖系统，如印度菖蒲根中的细辛醇能阻止雌虫卵巢发育；植物保卫素类是当植物被病害感染后，诱导产生抗菌的活性物质，如豌豆素；异株克生物质是产生某些次生代谢物质，能影响同种或异种植物生长的活性物质，它具有刺激和抑制作用，如肉桂酸和胡桃醌等。利用杀虫植物来防治害虫具有悠久的历史，传统的几种杀虫植物如除虫菊、烟草、鱼藤和印楝在目前害虫防治方面仍发挥着重要作用。

植物杀虫剂的作用方式可分为特异性植物杀虫剂、触杀性植物杀虫剂、胃毒性植物杀虫剂。特异性植物杀虫剂主要起抑制昆虫取食和生长发育等作用，如楝科植物印楝、川楝与苦楝等；触杀性植物杀虫剂是由接触而将昆虫致死，如除虫菊、鱼藤、烟草等；胃毒性植物杀虫剂是由昆虫取食后而发挥毒杀作用，如苦皮藤、藜芦等。

二、植物源农药的发展历史与现状

20 世纪 90 年代以来，全球生物农药的产量以每年 10％～20％的速度递增，一些新兴的生物技术公司和许多历史悠久的大型化学农药集团都意识到天然产物特别是珍贵而丰富的植物资源是人类今后开发农药的重要来源和方向。事实上，目前全球有多个实验室已经筛选了数千种高等植物，目前，植物源农药仅占全球农药市场的 1％，最乐观地估计其以每年 10％～15％的速度增长是完全有可能的。园林保护农药市场中，植物源农药很可能占有 20％以上的份额。植物中蕴藏着数量巨大的、具有潜在应用价值的天然产物。当今世界上有近 50 万种植物，只有约 10％的植物经过了化学成分研究，这表明还有很大的发展空间。目前已发现具有农药活性的植物约 4000 余种，其中具有杀虫活性的植物达2000 余种；具有杀菌活性的植物约有 1400 余种；具有除草及植物生长调节活性的有数百种。这些植物赖以生存的活性物质，无疑成为新农药开发的宝贵资源或成为农药开发的钥匙。

我国地域广大、地势复杂，植物资源十分丰富，为此，不少人在积极从事植物源农药的研究与开发，苦藤皮素、川楝素、印楝素、烟碱、茼蒿素等已成为当今农药市场的一个组成部分。充分利用植物资源，并以植物源农药为契机，通过现代科学手段的运用，经过对结构剖析、设计和开发出新的与环境兼容性好的高效、安全的新农药是我们应该提倡的方向。

人们对"绿色农产品"的需求日益增强，特别是加入 WTO 后，出口农副产品农药残留检测的标准要求更加严格，因此，广大农民应掌握科学使用农药的方法。除了从市场上购买适用的农药外，还可以利用当地的植物资源，自行加工成制剂，用来防治病虫害。

三、植物源农药的作用机理

1. 植物源农药作用于害虫的消化系统

破坏害虫口器化学感受器，可致使昆虫拒食；或胃毒麻痹作用，致使害虫拒食，最终导致消化系统破坏，虫体死亡。活性物质影响消化酶系，使虫体的脂肪酶活性下降 20.6％～39.1％；从而影响食物的利用。

2. 植物源农药作用于害虫的呼吸系统

植物活性物质能破坏害虫的呼吸，导致虫体窒息而死。鱼藤酮是呼吸作用电子传递链中 I 位点的抑制剂，进入虫体后阻断从辅酶 I 到辅酶 Q 的电子传递，导致害虫呼吸减弱、行动迟滞，最终麻痹而死亡，萘酚类作用于线粒体复合体，抑制呼吸作用。

3. 植物源农药作用于害虫的神经系统

植物有效成分与乙酰胆碱受体结合，干扰神经的正常功能。烟碱是乙酰胆碱受体的激动剂，低浓度时刺激乙酰胆碱受体，使突触膜产生去极化，与乙酰胆碱作用相似。苦皮藤素 IV 是典型的神经毒剂，能作用于神经-肌肉接头处，明显抑制了 EJPs。

4. 植物源农药能与害虫离子通道载体蛋白结合，阻止或刺激离子转运

胡椒素和除虫菊酯都能与细胞膜上的钠离子通道蛋白结合，延长通道开放时间，引起虫体休克死亡。天然产物鱼尼丁能与肌质膜上的钙离子通道蛋白结合，促进离子大量涌入肌细胞内，很快引起细胞死亡。

除上述几种作用外，植物源农药还具有引诱、熏杀及驱避等的生物活性。最常见的是植物精油类，如芸香油、肉桂油及猪毛蒿精油等。

第二节　植物源农药及利用

一、植物杀虫剂的来源及利用

1. 除虫菊（*Pyrethrum cinerarii folium*）

（1）特点　除虫菊亦称白花除虫菊，株高可达 $30\sim60cm$，全株被有白色绒毛，根出叶丛生，具长叶柄，见彩图 3-1。我国各地都有栽培，用分根、插条或播种繁殖。除虫菊全株对多种昆虫如蚜虫、菜青虫、蚊虫、蝇类、马铃薯甲虫、斑潜蝇、茄白翅野螟、金刚钻和马铃薯叶蝉等，有毒杀或拒食作用。其花中含有 1.5% 的杀虫有效成分，称为除虫菊素。

取除虫菊磨成粉状，能驱蚊、虱、臭虫和农业害虫等，除虫菊对人、畜毒性小，使用安全，对作物不产生药害，无残留。

除虫菊素（Pyrethrins）是由除虫菊花（*Pyreyhrum cinerii foliun* Trebr）中分离萃取的具有杀虫效果的活性成分。它包括

除虫菊素Ⅰ：$R^1=CH_3$，$R^2=CH_2CH=CHCH=CH_2$；

除虫菊素Ⅱ：$R^1=C(O)OCH_3$，$R^2=CH_2CH=CHCH=CH_2$；

瓜叶除虫菊素Ⅰ：$R^1=CH_3$，$R^2=CH_2CH=CHCH_3$；

瓜叶除虫菊素Ⅱ：$R^1=C(O)OCH_3$，$R^2=CH_2CH=CHCH_3$；

茉酮除虫菊素Ⅰ：$R^1=CH_3$，$R^2=CH_2CH=CHCH_2CH_3$；

茉酮除虫菊素Ⅱ：$R^1=C(O)OCH_3$，$R^2=CH_2CH=CHCH_2CH_3$。

除虫菊素

除虫菊花可以直接加工成粉剂，也可提取以后再加工成乳油、气雾剂或蚊香等剂型，可用于防治十字花科蔬菜蚜虫等农业害虫和卫生害虫。由于有效成分的光稳定性差，大田施用后持效期极短，因此更适宜于防治卫生害虫以及储粮害虫。

（2）使用方法　除虫菊素具有杀虫和环保两大功能，是任何化学杀虫剂无法相比的，其特征和优势在于：对哺乳动物低毒，除虫菊素是现有的杀虫剂中毒性最低的产品之一，即使偶然吞咽也会很快代谢；高效广谱性，由于除虫菊素中含有一组结构相近的杀虫成分，所以对杀虫有高效广谱性；触杀作用极强，致死率极高，且使用浓度低；作用快速，除虫菊素具有快速击倒、堵死气门致死的触杀作用。

可使用含 0.5% 的除虫菊素的除虫菊粉，加细土或滑石粉 $4\sim6$ 倍混匀，每亩用 $2\sim4kg$ 喷粉，可防治棉蚜、菜蚜、蓟马、飞虱、叶蝉、菜青虫、麦叶蜂等。

用含 0.1% 有效成分的煤油剂喷洒或使用气雾剂、蚊香等剂型防治蚊虫、蟑螂、家蝇等。注意不能和碱性药剂混用；避光使用，防止光降解，除虫菊素对害虫击倒性强，但常有复苏现象。

2. 万寿菊（*Tagetes erecta*）

（1）特点　万寿菊，生长在热带及亚热带地区，原产墨西哥，我国各地均有栽培。一年生草本植物或亚灌木。株高 $60\sim100cm$，全株具异味，茎粗壮，绿色，直立，见彩图 3-2。万寿菊具有一种特殊的次生代谢产物，即噻吩类化合物，其中最具有杀伤力的活性物质是 α-三联噻吩。α-三联噻吩是一种光敏毒素物质，被昆虫细胞吸收后，当有光照时，α-三联噻吩吸收光能，在细胞内可氧化膜上的脂质、蛋白质、氨基酸，使膜功能受到影响，最终导致细

胞死亡。万寿菊根乙醇提取物对黄粉甲、家蝇、豆蚜具有极强的驱避作用，对蚊幼虫、小菜蛾、菜青虫等具有光敏毒杀作用。

（2）制备方法

① 湿样制备　采集新鲜植物，洗净吹干，于 24h 内切碎，加入甲醇或乙醇，在高速组织捣碎机内捣碎，数小时后过滤浓缩，得到相应的提取物。

② 干样制备　植物干燥样品经粉碎后，用甲醇或乙醇浸提 15d [125g(干重)/L]，其间不时振动，抽滤后，残渣用相应溶剂冲洗 3 次，滤液合并浓缩，如用索氏提取需回流 9h。

3. 藿香蓟（*Ageratum conyzoides*）

藿香蓟属多年生草本植物，常作一年生栽培，高 30～60cm，全株被毛，见彩图 3-3。这种植物含有对昆虫生长发育有强烈影响的昆虫生长发育抑制剂，即早熟素 Ⅰ 和早熟素 Ⅱ，这两种化合物可引起多种昆虫早熟变态，早熟素处理的昆虫成虫雌虫卵巢发育不全，因此，不能与正常的或早熟的雄虫交配。用 $3.9\mu g/cm^2$ 的早熟素 Ⅰ 或 $0.7\mu g/cm^2$ 早熟素 Ⅱ 处理的非洲脊胸长蝽 2 龄若虫，分别能引起 100% 和 90% 的早熟变态率。

藿香蓟的茎叶丙酮提取物对小菜蛾、斜纹夜蛾具有强烈的拒食作用，而对菜蚜、锈线菊蚜具有毒杀作用，中毒幼虫因表皮不能蜕去而死亡。用 1% 提取物处理玉米螟，残存的幼虫则成为永久性幼虫，不能化蛹，最后死亡。

4. 猪毛蒿（*Artemisia scoparia*）

（1）特点　猪毛蒿，菊科植物，全国皆有分布，在青藏高原尤为丰富。猪毛蒿为一年或二年生草本，高达 1m。直根系。茎直立，上部分枝，被柔毛，见彩图 3-4。从精油中分离出棕红色的油状液体为杀虫主要活性物质，此物质为茵陈二炔，其纯品为棕红色的油状液体，具有清香气味。

（2）制取和使用方法　将植物材料粉碎后，加水浸泡，装冷凝器煮沸，使精油与水蒸气一起蒸出。油水混合物用油水分离器分出精油或用熏蒸过的石油醚进行萃取，石油醚萃取液用无水硫酸钠吸收水分后，用旋转薄膜蒸发器回收石油醚，所得残留油状液即为精油，所得精油置于冰箱中备用。

精油经有机溶液（丙酮）溶解后，以 0.1% 的浓度，采用超低容量喷雾器，将药液喷洒在谷物上，充分搅拌，使药液均匀分布，由于精油具有发挥性，处理谷物应密封起来，此方法可防治多种储粮害虫。

精油经有机溶液溶解后，加入一定量的乳化剂，配成乳油制剂。使用时根据需要加水，配成一定浓度的乳化液，喷雾处理。此方法可驱避蔬菜的多种害虫，如乳化液放入水塘，在阳光下，可提高杀蚊幼虫的效果。

5. 金腰箭（*Synedrella nodiflora*）

（1）特点　金腰箭又称苦草，菊科金腰箭属一年生草本植物，原产于热带美洲；现广布世界热带地区。我国广东、海南、云南、广西、香港、台湾、福建分布广泛，繁殖能力强，不易耕除。生于低海拔旷野、荒地、山坡、耕地、路旁及宅旁，适于湿润环境。花期 6～10 月份，见彩图 3-5。

经鉴定，杀虫物质主要成分为 D-吡喃葡萄糖醛酸甲酯和金腰箭甲苷。

（2）制取和使用方法　采集初花期的金腰箭，晾干、粉碎，干粉加入 5 倍左右的甲醇浸泡 3～5d，减压浓缩，浓缩物可加入有机溶剂和乳化剂配成乳油，按一定比例加水，可用于防治害虫。用索式提取法，发现叶的甲醇提取物和氯仿萃取物对菜青虫、小菜蛾和斜纹夜蛾幼虫具有强烈的拒食活性和毒杀作用。

用金腰箭叶的水溶液（0.4g/mL）稀释 2～8 倍，对沙生根结线虫有较强的毒性，对非洲蝗虫的代谢、发育以及生育具有一定的影响。

6. 印楝（*Azadirachta indica*）

（1）特点　印楝属楝科楝属植物，热带常绿乔木，高 15～40m，见彩图 3-6，根系发达，萌发力强，适应性十分广，它能和其他树种混生于天然林中，也适合人工栽培。通常 2～3 年开花结果，7～8 年进入盛果期。印楝是目前世界上公认的理想的杀虫植物。印楝素是一类高度氧化的柠檬素，带有许多相似的官能团。从印楝种子中曾分离出 AZ-A 至 AZ-G 7 种活性化合物，其中 A 是最主要杀虫成分。印楝素及其制剂对昆虫具有拒食、忌避、生长调节、绝育等多种作用。可用于防治大田作物、温室作物、观赏植物及草坪等上的多种害虫，如粉虱、蚜虫、蓟马、粉蚧及小菜蛾等。纯化的印楝素为白色无定形粉末，熔点 155～158℃；印楝素在光照下不稳定，易溶于甲醇、乙醇、丙酮、二甲亚砜等极性有机溶剂。印楝素对昆虫的作用方式多样：抑制卵孵化或幼虫发育；阻止幼虫蜕变；阻断雌雄虫间信息传递或交尾；对幼虫或成虫的忌避作用；阻止雌虫产卵，使成虫不孕；使成虫或幼虫中毒、阻断取食、抑制中肠的蠕动、丧失吞咽的能力，在各发育期阶段传达错误的生理信息，干扰正常的变态作用，抑制几丁质合成。

印楝素对昆虫有忌避作用、拒食作用、生长发育抑制作用和对昆虫生殖能力的影响。

印楝素化学结构式

（2）制取和使用方法　印楝杀虫活性成分的提取分离是印楝产业开发的重要步骤，印楝素是印楝中的主要杀虫活性成分。常用溶剂浸泡萃取法。溶剂浸泡萃取是利用不同极性的溶剂对不同活性物质的溶解能力不同而获得目标活性物质，在去油过程中，通常采用石油醚或正己烷等非极性溶剂，萃取印楝种仁中的油性成分；在活性成分的萃取过程中，则通常采用甲醇溶剂进行萃取，在得到印楝活性成分的甲醇粗提物以后，通常再使用二氯甲烷或乙酸乙酯对印楝粗提物进行精制，此时所得到的粗提物含较高比例的活性成分。溶剂浸泡萃取法虽然具有选择性高、分离效果好、易于实现大规模连续化生产等优点，但也有许多不足：大量使用有机溶剂，产生的废液废渣严重污染环境；萃取率不高、步骤多、选择性差，较难实现自动化或联用；萃取温度高，时间长，使得能耗大且易造成热敏性成分分解和挥发性成分损失。

印楝素对昆虫具有拒食、驱避、调节生长和绝育等多种作用。常用 0.1%～1% 印楝素种仁乙醇提取液喷雾。印楝制剂可有效地防治多种害虫，如舞毒蛾、日本金龟甲、烟芽夜蛾、甜菜夜蛾、潜叶蝇、玉米螟、小菜蛾、菜青虫、稻褐飞虱等。如用 $100\mu g/cm^2$ 或 $500\mu g/cm^2$ 印楝种子乙醇抽提物，能有效地保护许多作物免遭菜青虫、玉米螟、甜菜夜蛾、云杉叶蜂、小菜蛾的危害；5% 的印楝油超低容量喷雾可驱避褐飞虱和白背飞虱；用 1.4% 印楝油乳剂，可有效地驱避柑橘木虱、甘薯粉虱、豌豆蚜。温室粉虱经 0.4% 印楝种子抽提物喷雾处理，产卵量减少到 1/5～1/4，孵化率降低至 29%，而且孵化 20d 后 90% 若虫死亡。印楝种子抽提物对水稻飞虱、叶蝉、麦二叉蚜、烟草天蛾幼虫还具有内吸毒杀作用。用 0.5% 印楝抽提物可保护烟草避免烟青虫的危害；喷雾处理高粱，可防治斑禾草螟、黏虫及象鼻虫。印楝素对赤拟谷盗、豆象、玉米象、麦蛾等重要储粮害虫具有较强的驱避和毒杀作用。印楝制剂对许多昆虫如玉米螟、稻纵卷叶螟、墨西哥瓢虫等昆虫具有生长发育抑制作用，当昆虫取食和接触后，其内分泌、表皮、脂肪体、血淋巴、马氏管、生殖系统等器官表现出病理变化，中毒症状为虫体畸形，昆虫不能完全蜕皮，出现幼虫-蛹的中间型，或超龄若虫、超龄幼虫，从而使昆虫生长、发育和繁殖等受到严重的影响，最终导致虫体死亡。

印楝素具有不污染环境，对人、畜及害虫天敌较安全，害虫不易产生抗药性，在作物上无残留等优点，是目前最优秀的植物性杀虫剂。

一般适宜在无直射阳光下喷雾。生产和使用印楝素杀虫剂人员应避免身体部位与之接触，过度接触可杀伤男性精子细胞。

7. 苦楝（*Melia. azedarach*）

（1）特点 苦楝是古老的树种，在我国公元 6 世纪的《齐民要术》中就有楝树生长特性及育苗造林的记载。苦楝在我国分布很广。黄河流域以南、华东及华南等地皆有栽培。落叶乔木，高达 20m。花期 4～5 月份，果期 10～11 月份，见彩图 3-7。

从苦楝种子中可以分离出多种对昆虫具有拒食和抑制生长发育作用的物质，果肉及树皮也能分离出杀虫活性物质——川楝素。

（2）使用方法 0.5％苦楝种核乙醇提取物对稻褐飞虱、白背飞虱、柑橘木虱、橘二叉蚜、水稻螟虫、水稻小叶夜蛾、飞蝗等具有明显的驱避与拒食作用。用 0.25％～2％的苦楝油喷雾，能有效地防治橘蚜、柑橘全爪螨、柑橘锈壁虱对柑橘的危害。苦楝叶、树皮的乙醇抽提物对水稻铁甲虫、方背皮蠊、墨西哥豆瓢虫、小菜蛾、中华稻蝗、红蜡及多种储粮害虫等具有生长发育抑制作用，成虫存活力及繁殖力均降低。

8. 川楝（*M. toosendan*）

（1）特点 川楝是苦楝近缘种，在我国的四川及西南部广为分布。落叶乔木，高达 10m。花期 4～5 月份，果期 10～12 月份，见彩图 3-8。

从树皮抽提分离得到的川楝素是一种驱虫物质。川楝素制剂主要用于防治蔬菜鳞翅目害虫，如菜青虫、斜纹夜蛾、小菜蛾、菜螟等。

川楝素化学结构式

（2）使用方法 川楝的乙醇、石油醚等抽提物制成的 0.3％印楝素乳油和 0.5％川楝素乳油产品对多种昆虫具有拒食、驱避和生长发育抑制作用。可用于防治水稻夜蛾、褐飞虱、玉米螟、稻瘿蚊、菜青虫等害虫。

9. 鱼藤（*Derris trifoliata* Lour）

（1）特点 鱼藤属豆科植物，藤本，原产于热带及亚热带，在我国广东、福建、云南等省都有分布。鱼藤是攀援状灌木。枝叶均无毛。花期 4～8 月份，果期 8～12 月份，见彩图 3-9。

鱼藤酮化学结构式

鱼藤体内含有杀虫活性物质鱼藤酮，鱼藤酮杀虫谱广，可防治 800 多种害虫，对蚜虫、螨、网蝽、瓜蝇、甘蓝夜蛾、斜纹夜蛾、蓟马、黄条跳甲、黄守瓜、二十八星瓢虫、茶毛虫、茶尺蠖、菜青虫、桑毛虫、二十八星瓢虫和柑橘红蜘蛛等害虫具有优良的防效。鱼藤酮主要对害虫起触杀与胃毒作用，进入虫体后干扰害虫的生长发育，使其呼吸作用减弱，得不到能量供应而死亡。鱼藤酮在空气中容易氧化，对环境无污染、对人畜安全、对农作物无药害，对蔬菜、水果、茶叶、花卉无残毒。

鱼藤酮分子式：$C_{23}H_{22}O_6$，相对分子质量：394.45。鱼藤酮纯品为无色六角板状结晶，无味无臭，熔点 163℃。鱼藤酮不溶于水，易溶于某些有机溶剂，但难溶于碳氢化合物，如石油和石油醚等。鱼藤酮极易溶于植物精油，因此，植物精油是制备鱼藤酮的良好溶剂。

(2) 制取和使用方法　鱼藤根干燥后粉碎为细粉，用苯或三氯乙烯等有机溶剂在 50℃中连续抽提 32h，过滤，除粉渣，在减压下蒸发浓缩，取底部的鱼藤树脂，溶于樟脑油或苯中，加入乳化剂，稍加热（约 70℃），搅拌成均一透明的油状液体，即为鱼藤精。

鱼藤切成薄片，经 50℃左右干燥，然后用锤磨机打成细粉，通过 150 目筛，即得鱼藤粉。使用时取鱼藤粉 500g，加入草木灰 2.5～5kg，撒布在蔬菜上，可防治黄条跳甲等多种害虫。如用鱼藤粉制成悬浮液，可防治菜蚜、桃蚜及柑橘木虱等害虫。

取 136.5L 已乳化的石油，将含有 6％鱼藤酮的根粉 13.6kg 倒入石油桶中，搅匀，即为鱼藤乳剂，置于荫蔽处，2～3d 后即可喷雾。使用浓度为 0.5％、0.33％或 1％，该制剂可防治柑橘上的蚜虫、粉虱、红蜘蛛及一些介壳虫。

取鱼藤 500g 加入清水 5～6kg，浸泡 24h，用手揉搓 2～3 次，过滤，即得乳白色鱼藤水剂。取浸出液 1.5～2kg 加水 50kg 并加入少量的洗衣粉或肥皂，即可供喷雾用，该制剂对于防治柑橘红蜘蛛有良效。

用 1.5％乳化剂兑水 400～500 倍喷雾，可防治柑橘红蜘蛛、粉壁虱及蔬菜上的菜青虫、二十八星瓢虫、黄条跳甲等。

用 4％粉剂 500g 拌细土 3～3.5kg，在早晨露水未干时撒施，可防治蔬菜和烟草害虫，直接于早晨露水未干时喷粉，可防治菜蚜、豆蚜、棉蚜等。

鱼藤制剂不能与碱性农药混用；该杀虫剂应储存在阴凉干燥处，密封保存；使用时应注意避开阳光照射，远离鱼塘与水域。

10. 苦豆子（*Sophora alopecuroides*）

(1) 特点　苦豆子，又称苦豆草，属豆科多年生草本植物，高达 1m，落叶灌木，见彩图 3-10。植物全株有毒。

苦豆子体内含有苦豆碱和金雀花碱等化合物。苦豆子内所含生物碱对昆虫乙酰胆碱酯酶有明显的抑制作用，同时对昆虫的呼吸作用有一定的影响。因此可用于杀灭蚜虫、红蜘蛛、菜青虫和蓟马，苦豆子的甲醇与三氯甲烷抽提物对菜青虫幼虫有显著的拒食作用，对菜蚜和桃蚜有较好的防治效果，

(2) 制取方法　取苦豆子枝叶 0.5kg 加水 2kg 煮沸 0.5h，煮沸液过滤，用甲醇与三氯甲烷提取，喷洒提取液后 15d 内对害虫还有明显的驱避作用。

11. 苦参（*Sophora flavescens*）

(1) 特点　苦参又称地参，属豆科多年生草本植物。落叶半灌木，高 1.5～3m。花期5～7月份，果期 7～9 月份，见彩图 3-11。分布在全国各地，常生于沙地、山坡灌丛和草地。

(2) 使用方法　苦参全株含有 27 种生物碱，经测定，杀虫的主要生物碱是苦参碱和金雀花碱。苦参碱制剂可用于防治十字花科蔬菜上的小菜蛾、菜青虫、蚜虫，茶树上的茶毛虫等。苦参提取物对稻飞虱有较好的杀虫效果，还能防治棉蚜、红蜘蛛等，对菜叶蜂幼虫、马

铃薯二十八星瓢虫具有明显的拒食作用；对菜青虫、黏虫、天幕毛虫具有可逆的胃毒麻痹作用；对红花蚜虫、菜蚜具有一定的毒杀作用；对黏虫、天幕毛虫具有一定的抑制生长繁殖的作用。目前市场上已有许多商品化苦参碱杀虫剂产品。

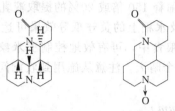

苦参碱化学结构式　　　氧化苦参碱化学结构式

用 0.1%氧化苦参碱水剂，一般稀释 500～800 倍喷雾防治十字花科蔬菜上的菜青虫。

12. 雷公藤（*Tripterygium wilfordii*）

（1）特点　雷公藤，又称黄藤根，属卫矛科植物，藤本或落叶灌木，高 3～4m，小枝棕红色，有 4～6 棱，密生瘤状皮孔及锈色短毛，见彩图 3-12。

雷公藤中的 5 种生物碱统称为雷公藤碱。纯化的雷公藤碱为白色结晶，可溶于有机溶剂和酸，耐热，性质稳定。对叶菜类、瓜果类的多种害虫具有驱避、拒食、胃毒及生长发育抑制和产卵忌避作用，但触杀效果不理想。对介壳虫、黄守瓜、豆平腹蟓、黑守瓜成虫及斜纹夜蛾幼虫、黏虫等有强烈的驱避拒食作用，害虫取食雷公藤根皮后发生麻痹，但 8h 后会复苏。

（2）使用方法　应先把根皮磨成细粉，加水煮沸，使之发黏，以增强其黏着性能，然后稀释至所需倍数。一般可用根皮粉 500g，加入草木灰 4.5kg 撒粉，防治蔬菜害虫；或皮根粉 4.5kg，加入烟草粉 500g，可防治水稻害虫。使用雷公藤根皮防治危害西瓜苗的守瓜虫是一种有效的方法。3%雷公藤根皮粉乙醇抽提物防治菜青虫效果良好。雷公藤小根粉对防治美洲蜚蠊有高效，但中等根或大根粉无效。

13. 苦皮藤（*Celastrus angulatus*）

（1）特点　苦皮藤，又名马断肠等。卫矛科多年生落叶木质藤本植物，见彩图 3-13。产区农民长期以来用其根皮粉、叶子粉防治某些蔬菜害虫，故称为"菜虫药"。

从苦皮藤根皮中可分离出苦皮藤素Ⅰ、Ⅱ、Ⅲ、Ⅳ、Ⅴ 5 种杀虫化合物。苦皮藤素Ⅰ是对昆虫具有拒食活性的有效成分，苦皮藤素Ⅱ、Ⅲ为毒杀剂的有效成分，而苦皮藤素Ⅳ为麻醉剂的有效成分。

苦皮藤素为一系列二氢沉香呋喃多元酯化合物，主要杀虫成分为苦皮藤素Ⅳ和苦皮藤素Ⅴ，苦皮藤制剂主要用于防治菜青虫、小菜蛾以及槐尺蠖等。由于苦皮藤制剂中存在作用不同的苦皮藤素，不同的昆虫表现出不同中毒症状，如对东亚飞蝗、猿叶虫、二十八星瓢虫等有强烈的拒食作用；对菜青虫、黏虫、稻苞虫和棉小造桥虫等鳞翅目幼虫有特殊的麻痹作用，这种麻痹作用是可逆的，经过相当长的时间后麻痹的昆虫会苏醒，试虫苏醒后如果又取食处理叶片会重新进入麻痹状态，反复几次可导致死亡；对玉米象等储粮害虫有抑制繁殖作用。苦皮藤素的化学结构：

苦皮藤素Ⅳ的化学结构式　　　苦皮藤素Ⅴ的化学结构式

（2）制取和使用方法　可湿性粉剂的制取是根皮粉89%，湿润剂11%。根皮烘干经粉碎，过筛，湿润剂烘干，经粉碎过筛，两种粉末计量后，混磨过筛200目。一般加入2.5%褐藻胶可提高苦皮藤可湿性粉剂的悬浮率。

将90%的根皮可湿性粉剂稀释150倍或20%的提取液乳油稀释500~600倍喷雾，防治甘蓝、白菜等蔬菜上的菜青虫及水稻上的黄守瓜等效果可达80%以上。此外，将占粮食重量0.4%~0.6%的根皮粉拌入粮食中，可有效地控制玉米象、米象的危害。苦皮藤素结构比较稳定，旱田半衰期为22.5个晴天，注意从施用到收割间的安全间隔期；防治鳞翅目害虫应在3龄期以前施药。

14. 烟草（*Nicotiana tabacum*）

（1）特点　烟草为茄科烟草属植物。烟草根为圆锥根系，可达1.3~1.7m，茎直立、圆形，表面有黏性的茸毛，见彩图3-14。

烟碱的化学结构式

烟草中含有烟碱，纯烟碱为无色的油状液体，熔点80℃，沸点246.1℃，易溶于水、乙醇、乙醚中，暴露于空气中渐变成棕褐色黏液。烟碱对昆虫具有触杀、熏蒸和胃毒作用，对昆虫的生长发育具有抑制作用，作用靶标为神经细胞的乙酰胆碱受体，是一种典型的神经毒剂，在低浓度处理昆虫时，虫体表现兴奋；高浓度处理时，虫体表现麻痹，最终导致昆虫死亡。因此烟碱制剂可用于防治蚜虫、蓟马、蝽象、卷叶虫、菜青虫、三化螟、飞虱和叶蝉等害虫。我国烟草资源丰富，每年有大量的烟秆、烟渣不能用于生产卷烟，而这些材料可用于生产杀虫剂，用于防治农田害虫。

（2）制备和使用方法　烟叶500g，生石灰500g，兑水30~40kg，热浸或冷浸，浸出液即为烟碱水剂。这种碱性烟碱液在施用后5h内即可发挥最佳熏蒸和触杀作用，24h内大部分的烟碱即挥发殆尽，可防治体型小的害虫，如蚜虫、跳甲、蓟马、木虱、禽虱等。使用浓度在300~500μg/mL之间。

每亩用10%乳油50~70g，兑水喷雾可防治棉花蚜虫。每亩用烟草粉末3~4kg直接喷雾或1kg烟草粉末拌细土4~5kg，于早晨有露水时撒施可防治蝽象、飞虱、黄条跳甲、潜夜蛾、叶蝉。该类杀虫剂易挥发，储存时应密封，药液应随配随用；不要与碱性条件下易分解的农药混用；在稀释液中加一定量的肥皂或石灰能提高药效；由于烟碱属高毒农药，配制时应配戴橡胶手套。

15. 黄杜鹃（*Rhododendron molle*）

（1）特点　黄杜鹃又称闹羊花等。杜鹃花科落叶灌木，高1~2m。主干直立，单生或丛生。枝互生或近轮生。叶互生，常簇生枝端，近矩圆形，全缘，见彩图3-15。取黄杜鹃药液喷雾，可防治桑蟥、甘蓝蚜、甘蔗棉蚜、豆平蟥、菜青虫、稻瘿蚊，灌施可防治地下害虫。

黄杜鹃植株中含有杀虫物质闹羊花素-Ⅲ，用黄杜鹃花、茎、根、叶分别晒干磨成粉末或浸成液剂，可防治稻蟥、稻瘿蚊、稻苞虫、菜毛虫、蚜虫、甘薯金花虫、红蜘蛛、负泥虫、叶蝉以及其他地下害虫、蔬菜害虫等，将黄杜鹃花粉末与草木灰按3:7拌匀撒施于棉花，防治盲蟥效果较好。

闹羊花素-Ⅲ纯品为白色针状结晶，是一种典型二萜化合物。闹羊花素-Ⅲ乳油属低毒植物源杀虫剂，其杀虫作用机理主要有两方面，一是作用于神经系统，影响神经细胞三磷酸腺苷（ATP）酶活性，阻断神经传导，影响离子通道开放；二是破坏中肠生物膜系统，影响消化道酶系和解毒酶系活性。该药具有拒食、胃毒、产卵忌避、触杀作用。田间药效试验用量 60~100mL/亩，一般于低龄幼虫期均匀喷雾，持效期 10d 以上，对作物安全。

（2）制备和使用方法　黄杜鹃植株在阳光下（23~27℃）晒干或烘箱（40℃以下）烘干，用植株粉碎机粉碎，过 40 目筛，用样品重量 20 倍的甲醇浸泡，置于避光处，经常搅动，1 周后抽滤，残渣再加入甲醇浸泡，经 3 次提取，合并滤液，浓缩后得甲醇提取物，配制成乳油剂型，使用时根据不同的防治对象，稀释成不同的浓度。

施用 500mg/L 闹羊花素-Ⅲ 和 1000mg/L 乙酸乙酯萃取物，可使菜粉蝶、美洲斑潜蝇的产卵量明显降低；黄杜鹃花的石油醚、氯仿和乙醇的 1% 的抽提物，对菜青虫、斜纹夜蛾、亚洲玉米螟、马铃薯甲虫、草地贪夜蛾、黏虫、二化螟、褐飞虱、小菜蛾等具有明显的拒食作用，拒食率达 90% 以上；黄杜鹃花的氯仿抽提物，对二化螟、黏虫、果蝇幼虫、稻瘿蚊、褐飞虱具有强烈的杀毒作用，死亡症状类似于拟除虫菊酯。0.5% 的黄杜鹃花乙酸乙酯萃取物可防治草地贪夜蛾。

16. 博落回（*Macleaya cordata*）

（1）特点　博落回，又称地陀罗，多年生草本或呈亚灌木状，博落回多年生草本，高 1~2m，全体带有白粉，折断后有黄汁流出，见彩图 3-16。

博落回植物全株都含有苯菲里啶生物碱。从博落回中提取的生物碱对乙酰胆碱酯酶、线粒体多功能氧化酶具有抑制作用，它可钝化酶的基而使酶活性受到影响。

（2）制取及使用方法　采集的博落回材料，风干、磨碎，制成粉末。取博落回 2 份、辣蓼 1 份，煮 1h，过滤，将此滤液加适量农药喷雾，可防治负泥虫、稻纵卷叶螟、叶蝉、茶毛虫等害虫。应用雷公藤、闹羊花及博落回等混合粉剂撒粉，对防治水稻螟虫效果好，博落回全草提取物对害鼠有麻痹作用。

17. 水蓼（*Polygonum hydropiper*）

（1）特点　水蓼，又称辣蓼等。蓼科蓼属植物，一年生草本，高 20~80cm，直立或下部伏地。茎红紫色，无毛，节常膨大，且具须根，见彩图 3-17。

水蓼植株含有的杀虫物质为挥发油和水蓼素、甲氧基蒽醌、蓼酸等。其中从叶中提取的双环倍半萜烯类化合物蓼二醛，对许多昆虫有很好的拒食作用。

（2）制备及使用方法　水蓼 1 份，加水 2 份沸水煮 1h，制成蓼烟松合剂，其滤液兑水 3 份喷雾处理，可防治棉蚜、稻飞虱、蚜虫、二化螟、三化螟幼虫、茶毛虫和菜青虫等；对棉炭疽病、小麦锈病也有一定的防效，对储粮害虫袋衣蛾、澳洲皮蠹具有拒食作用。

18. 羊角拗（*Strophanthus divaricatus*）

（1）特点　羊角拗是夹竹桃科羊角拗属灌木。灌木或藤本，直立，高达 2m，秃净，多匍枝，折之有乳汁流出，见彩图 3-18。

羊角拗全株含有多种糖苷物质，总量约 7%，其中羊角拗毒毛旋花素能用于杀虫。

（2）制备与使用方法　将羊角拗的根茎叶切碎，加水煮沸，配成 1:6 的水溶液，喷于水稻，可防治初孵三化螟幼虫；用羊角拗鲜样捣烂，加水配成 1:10 的悬浮液用于浸秧 10min，可杀死 1~3 龄三化螟幼虫，24h 死亡率达 50%~70%。也可直接用羊角拗的植株防治害虫。0.05% 羊角拗水剂，可用于蔬菜害虫的防治。

19. 瑞香狼毒（*Stellera chamaejasme*）

（1）特点　又称热加巴等，瑞香科狼毒属多年生草本植物，高达 50cm；根粗大，圆柱形，有绵性纤维；茎丛生，见彩图 3-19。

瑞香狼毒全株含毒，瑞香狼毒的冷浸液和甲醇及乙醇抽提物对菜粉蝶幼虫具有较高的拒食、生长发育抑制作用和毒杀作用，对成虫产卵有驱避作用。

（2）制备与使用方法　将瑞香狼毒根粉碎成粉末，称重后加 5 倍乙醇，浸提 3～5d，浸提液减压浓缩，得到乙醇提取物，提取物经溶剂溶解，加入少量乳化剂，配成乳油剂型。使用时加水配成一定浓度后喷雾。

20. 马缨丹（*Lantana camara*）

（1）特点　马缨丹，马鞭草科马缨丹属植物，又称五色梅。为直立或蔓生灌木。高 1～2m，有时枝条生长呈藤状，见彩图 3-20。

（2）使用方法　马缨丹石油醚提取物对印度芫寄生虫、马铃薯块茎蛾、桑灯蛾有很好的防效。马缨丹叶晾干，切碎放入马铃薯保藏室，可保持 2 个月不受块茎蛾的危害；0.5% 浓度的甲醇、丙酮及乙醚提取物能防治巢蛾、小菜蛾、桃蚜、柑橘潜叶蛾的危害。

21. 番荔枝（*Annona squamosa*）

（1）特点　番荔枝，番荔枝科番荔枝属植物，又称林檎。落叶小乔木，高 3～5m；树皮薄，灰白色，见彩图 3-21。

从番荔枝科植物中可提取约 40 多种环醚的多羟基长链脂肪酸衍生物，通称番荔枝皂素。这类化合物具有强烈的杀虫活性。

（2）制备与使用方法　从番荔枝植物中抽提和分离杀虫物质。杀虫活性物质主要存在于甲醇萃取物中。番荔枝种子粉乙醇抽提物对黄瓜叶甲等昆虫具有保幼激活性。番荔枝种子粉对家具米象和桑灯蛾 2 龄幼虫有很好的防效。种子粉石油醚-甲醇提取物对棉红蟒、米蛾有毒杀幼虫作用和不育作用，使用浓度为 50～200mg/L 时，出现幼虫死亡和生长发育受阻现象。

22. 巴豆（*Croton tiglium*）

（1）特点　巴豆，大戟科豆属植物，又称巴仁、芒子。常绿乔木，高达 10m；幼枝灰绿色，被星状柔毛。叶互生，卵形至长圆状卵形，长 5～13cm，宽 2.5～6cm，先端长渐尖，基部圆形或广楔形，边缘具浅锯齿，两面被稀疏星状毛，基部近叶柄处有 1 对腺体；叶柄长 2～6cm。花单性，雌雄同株；总状花序顶生，上部着生雄花，长圆形，雄蕊 15～20 枚，花丝在芽内弯曲，无退化子房；雌花瓣，子房圆球形，3 室，密被星状毛，花柱 3 枚，柱头 2 裂。蒴果长圆形或椭圆状球形，有 3 钝角，3 室，每室含种子一粒。种子长卵形，淡黄褐色。花期 5～6 月份，果期 7～9 月份，见彩图 3-22。分布在热带和亚热带地区，我国分布在长江以南各地，多生于村旁、空旷地、溪边或树林中土壤肥沃的地方。

巴豆全株以种子毒性最大，含巴豆酯、巴豆糖苷、毒蛋白等，对害虫有强烈的触杀作用。种仁中还含有巴豆毒素，为一种毒性蛋白，对昆虫具胃毒作用。

（2）制备与使用方法　巴豆种子磨成浆加水 200 倍，在水稻螟虫的孵化初盛期泼苗，有很好的防效。巴豆粉加适量水煮 0.5h，过滤，兑水 35kg，可防治菜蚜等蔬菜害虫。巴豆乳剂 [巴豆粉：纯碱：肥皂：水＝7：3：5：（1000～1500）] 可防治鳞翅目昆虫幼虫。巴豆树皮甲醇提取物对棉红铃虫有强烈的生长抑制作用。石油醚提取物对米蛾有一定的防治效果。

23. 紫背金盘（*Ajuga nipponensis*）

（1）特点　紫背金盘为唇形科筋骨草属一年生草本植物，又称白毛夏枯草，见彩图 3-23。

紫背金盘可代谢合成对昆虫具有生长发育影响的植物源蜕皮激素类似物，昆虫接触和吸收这些物质后，破坏了昆虫体内的激素平衡，导致幼虫提前蜕皮和死亡，还能干扰昆虫卵巢发育，直接影响昆虫生殖过程。对昆虫具有拒食作用的化合物为二萜类化合物。用紫背金盘提取物处理家蚕、黏虫和棉铃虫初孵幼虫、菜青虫、小菜蛾、斜纹夜蛾及家白蚁等，均有拒食和生长抑制活性，处理后的昆虫幼虫出现消化道收缩和消化细胞破裂溶解现象，失去消化功能，幼虫胸部出现畸形、体壁黑化，不能正常化蛹，而死于畸形预蛹阶段。

（2）制备与使用方法　植株开花后，采集整株植物洗净并风干，以甲醇或氯仿冷浸，24h内更换1次溶剂，直到提取液为浅黄透明色为止。随后将提取物浓缩，此浓缩物为紫背金盘甲醇或氯仿提取物，加入有机溶剂和乳化剂后，即成为乳油剂型药液，使用时加水配成所需的浓度，喷雾处理，10％紫背金盘氯仿提取物可防治小菜蛾、菜青虫等蔬菜害虫。

24. 白雪花（*Plumbago zeylanica*）

（1）特点　白雪花，又称猛老虎等。为蓝雪科白花丹属植物，攀援状亚灌木，高1～3m，枝具棱槽，无毛，见彩图3-24。我国云南、广西、广东、福建、台湾和亚洲东南地区有分布。

（2）使用方法　白雪花含有杀虫活性物质蓝血花素，蓝血花素为一种几丁质合成抑制剂，影响昆虫蜕皮，其作用机制与灭幼脲杀虫剂相似，主要干扰昆虫体内的激素平衡。白雪花的抽提物对多种昆虫如棉铃虫、菜青虫、棉红蜡具有生长抑制作用。害虫取食后，虫体发生畸变，因此该植物为一种缓效型杀虫植物。

25. 乌头（*Aconitum carmichaeli* Debx）

（1）特点　乌头又名鸳鸯菊，属于毛茛科乌头属。多年生草本，见彩图3-25。

（2）制备与使用方法　乌头含有多种生物碱，全株有大毒，以根最毒，种次之，叶又次之，主含二萜类生物碱。乌头中的二萜生物碱具有杀虫活性，研究表明白喉乌头的乙醇提取物100mg/L以上浓度对花房内蚜虫的幼虫起作用，500mg/L以上浓度杀虫率达90％以上，对成虫的最适浓度为1500mg/L，用2d时间杀虫作用已基本完成。白喉乌头的乙醇提取物与平时使用的氧化乐果药效相当。乌头的丙酮提取液对3种蚜虫活性较高且效果稳定，对绣线菊蚜的平均校正死亡率为50.8％，对禾谷缢管蚜的平均校正死亡率为23.0％，对菜缢管蚜的平均校正死亡率为36.4％。

26. 骆驼蓬（*Peganum harmala*）

（1）特点　骆驼蓬是蒺藜科骆驼蓬属植物，别名臭草、臭牡丹等。多年生草本，高20～70cm，全株有特殊臭味，见彩图3-26。

（2）使用方法　骆驼蓬甲醇粗提物在10.0g/L的浓度下，对萝卜蚜防治效果可达89.82％。对小麦蚜虫的杀灭活性已达90％以上。

二、植物杀菌剂的来源及利用

植物源杀菌剂是利用有些植物里含有的某些抗菌物质或诱导产生的植物防卫素，杀死或有效抑制某些病原菌的生长发育。植物体内的抗菌化合物是植物体产生的多种具有抗菌活性的次生代谢产物，包含了生物碱类、类黄酮类、蛋白质类、有机酸类和酚类化合物等许多不同的类型，如毛蒿素、皂角苷类。据报道1389种植物有可能作为杀菌剂。

植物防卫素指的是当植物体受病原微生物侵染后，由植物体合成并在植物体内积聚的化合物，如海红豆中提取的紫檀素，它们是植物体的应答反应。原白头翁提取液对小麦赤霉菌菌丝有较高的抑制率，不仅可抑制菌丝扩展，还可使病原菌碟上菌丝萎缩。91502-5制剂是由原白头翁提取液加工而成，其大田试验结果表明，该制剂具有较好的防治效果和明显的增产作用。黄连中含有大量的生物碱，这些生物碱除对许多病原真菌的菌丝生长和孢子萌发有抑制作用外，对水稻白叶枯病菌也有很强的抑制作用。

植物源杀菌物质在自然界中广泛存在，是寻找理想杀菌剂的重要来源。从苦皮藤假种皮中分离鉴定出4种化合物，其中化合物Ⅱ（1α，2α，4β，6β，8α，9β，13-七烃基-二氢沉香呋喃）有杀菌活性，对玉米小斑病菌孢子萌发的抑制毒力为169.29mg/L。从麻黄和细辛中提取的挥发油对植物病原菌等均有较强的抑制作用。厚朴叶粗提物对多种植物病原真菌有很强的抑制作用,在盆栽和大田试验中均表现出较高的防治效果。

植物杀菌素是高等植物体内含有的对病菌有杀害作用的化学物质。有的作物对某些病害具有抗病性,是由于其体内含有植物杀菌素,通过人工提炼合成,可制成植物性杀菌剂,在生产上有使用价值的有大蒜素。植物杀菌素一般是由从动植物体内提取出来的。植物杀菌剂一般是由不同的原料混合配制成的。银杏粗提液对多种果树病害具有一定的防治效果,银杏中生物活性物质对多种病原菌有显著的抑菌和杀菌作用。据研究毛竹、青皮竹、毛金竹、短穗竹等竹提取物表现出较强的抗真菌作用,72h 对小麦赤霉病菌的菌丝抑制率均在 80% 以上。对 56 种植物进行抑菌活性筛选表明,莴苣、苍耳、苦豆子等多种植物具有较强的抑菌作用。苦参提取物抑菌活性的研究表明,苦参乙酸乙酯提取物对多种真菌和细菌有显著的抑制作用,抑菌圈直径为 10.0~42.0nm。近年来,湖南用山苍子油配制的乳剂,对茶树主要病害茶红锈病、茶黄萎病、茶云纹叶枯病和棉花枯萎病、黄萎病等有较好的防治效果。薄荷等粉碎物以土重 0.5%~0.1% 的用量处理严重感染棉花枯萎病的土壤,防效达 43.9%~74.3%。烟草、茶饼、鱼藤、雷公藤等植物的提取物能抑制某些病菌孢子的发芽和生长,或阻止病菌侵入植株。另外,还发现许多植物具有较强的抑菌活性,如茶子、花椒、某些红树以及蕨类植物等。

植物病毒有"植物癌症"之称,目前已知的约有 1000 余种,在农业上具有很大的危害性,其危害程度仅次于真菌病害。据统计,全世界每年因植物病毒病害造成的损失就超过150 亿美元。由于植物病毒大多具有绝对内寄生性和系统侵染性,所以,植物病毒病的防治较为困难。

从 90 种植物中筛选出小黎和玉簪两种植物的抽提液对番茄花叶病毒病有一定的治疗作用;连翘、大黄、板蓝根的提取液对 TMV 有稳定的疗效;大黄提取物不仅影响番茄植株内 TOMV(番茄花叶病毒)的含量,还影响其症状表现。紫衫皮提取液对植物病毒具有较明显的抑制作用。据研究,由商陆、甘草、连翘等几种植物提取物配制而成的复配剂MH11-4 对植物病毒有较好的防治效果。植物提取液虽对植物病毒有一定的防效,但因其成分复杂,受环境影响后作用机制相互制约,在实际生产应用上往往稳定性差。因此,要从植物中开发出安全、有效的抗病毒剂,还需对植物提取液中抗病毒活性物质以及其抗病毒作用机理等方面进行深入研究。

有的植物既抗真菌又能抗细菌、杀线虫和其他害虫,可见植物源杀菌剂对靶标具有广谱性。抗细菌植物源包括大蒜、穿心莲、荆芥、海红豆、洋葱、仙鹤草、半枝莲等。

1. 大蒜(*Allium sativum* L)

(1) 特点 百合科葱属,多年生草本植物,见彩图 3-27。大蒜汁液中含有抗菌物质——大蒜素,对棉花炭疽病、立枯病、小麦锈病和稻瘟病菌有不同的毒杀效果,并且可以用于防治人的痢疾和癣病。大蒜素不是以游离态存在,而是以其前体大蒜素状态存在。大蒜素原本没有抗菌活性,它要经过大蒜酶的作用(大蒜氨酸酶)才能被分解形成具有杀菌作用的大蒜素。

大蒜中的含硫化合物对多种球菌、杆菌、真菌和病毒等均有抑制和杀灭作用。1982 年科学家进行了大蒜的抑菌、杀菌、抗病毒、杀虫以及抑制酶活性等方面的研究。

大蒜具有强烈的大蒜臭,味辣。大蒜素原与大蒜氨酸酶存在于不同的细胞里,只有当这些细胞受到破坏,这两种物质才能结合,大蒜素原才能被大蒜酶分解形成大蒜素。

(2) 制取和使用方法 大蒜素由大蒜的鳞茎(大蒜头)提取而得,也可化工合成。具有杀菌作用。每 4kg 大蒜可得到 15g 纯的大蒜素。农业上一般是把大蒜捣碎倒上水,过滤后,制成提取液，就可使用了。大蒜素的杀菌能力很强，但由于分子结构中有两个丙烯基，故很不稳定，这样就要现配现用，其浸出液不能隔天使用。

乙基大蒜素被空气氧化成乙基硫代磺酸乙酯，即抗菌素"402"，"402"是一种广谱、高效、低残留、性质稳定的新型有机硫内吸杀菌剂，对多种细菌与真菌有较强的抑菌能力，对甘薯、水稻、棉花、油菜、果树及蔬菜等作物上的一些病害有较好的防效，在有效使用浓度下，对作物安全，可替代 Cu^{2+}、Hg 制剂做种子处理，并且有刺激生长的作用，用它处理的稻、麦、棉种，具有出苗快、出苗壮、烂苗少等优点。叶面喷洒或灌根可防治甘薯黑斑病、稻烂秧病、稻穗菌病、麦腥黑穗、棉花病害，也可防治桃黑星病、棉花苗期病害、苹果炭疽病等。

2. 穿心莲（*Andrographis paniculata* Ness）

一年生草本，高 50～100cm，茎直立，多分枝，具四棱，节稍膨大，全株味极苦，见彩图 3-28。叶含穿心莲甲素，是一种二萜内酯化合物，即去氧穿心莲内酯。根除含穿心莲内酯外，还含 5-羟基-7,8,2′,3′-四甲氧基黄酮、5-羟基-7,8,2′-三甲氧基黄酮、5,2′-二羟基-7,8-二甲氧基黄酮、芹菜素-7,4′-二甲醚、α-谷甾醇等。全草尚含 14-去氧-11-氧化穿心莲内酯、14-去氧-11,12-二去氢穿心莲内酯，穿心莲甲素是一种针状结晶（乙醚-轻石油醚），熔点 175℃，片状结晶（丙酮）；旋光度－40°（c＝1mol/L，无水乙醇），可溶于甲醇、乙醇、丙酮、吡啶和氯仿，微溶于水和乙醚。穿心莲中所含新穿心莲内酯具有较强的杀菌作用。

3. 荆芥（*Finelea f schizonepeta*）

唇形科，一年生草本，高 60～90cm，见彩图 3-29，体内含右旋薄荷酮和少量右旋柠檬烯，有较强的抑菌作用。

4. 海红豆（*Adenanthera pavonia*）

(1) 特点　海红豆是含羞草科植物，落叶乔木，高 5～20m。嫩枝微被柔毛，见彩图 3-30。

(2) 制取和使用方法　将刚采集的海红豆，用蒸馏水冲洗干净，自然条件下通风干燥后，用电动粉碎机将其粉碎成粉末，取一定量的供试海红豆粉末样品，置于具塞磨口锥形瓶中，加入 6～8 倍（v/w）的提取溶剂，室温下振荡 4h 后静置 8h，重复 4 次，总提取时间为48h。供试样品 20g，用滤纸包实后置于 250mL 索氏抽提器中，加入丙酮浸泡过夜后开始抽提，水浴温度 55℃±2℃，待提取器支管中流下的液体为无色时，即停止抽提。从海红豆中提取的紫檀素表现出很强的抗真菌活性，海红豆的乙醚和乙酸乙酯提取物表现出较强的抗菌活性，对小麦赤霉病菌的菌丝抑制率均达 100%。

［本章小结］

植物源农药就是一类利用从植物中提取的活性成分而制成的农药，具有高效、低毒或无毒、无污染、选择性高、不易使害虫产生抗药性等优点，符合农药从传统的有机化学物质向"环境和谐农药"或"生物合理性农药"转化的趋势。

植物源农药来源于不同种类植物的、具有抑制有害生物作用的次生代谢物。按它们的防治对象可将其分为植物杀虫剂、植物杀菌剂、植物杀线虫剂、植物杀鼠剂及植物除草剂。按它们的作用性质又可分为毒素类、植物昆虫激素、植物拒食信息物质、植物引诱和驱避类物质、绝育类、植物保卫素类、异株克生物质等。毒素类是通过代谢产生有毒物质，毒杀其他生物，如除虫菊的除虫菊素、鱼藤的鱼藤酮、海葱中的海葱苷等。植物昆虫激素是进入昆虫体内后，干扰昆虫生长发育，植物拒食信息物质是能抑制昆虫味觉感受而阻止昆虫取食，如印楝素、柠檬素类等，植物引诱和驱避类物质是引诱害虫和驱避害虫，绝育类植物产生的能使昆虫绝育的活性物质，主要是破坏昆虫的繁殖系统，如印度菖蒲根中的细辛醇能阻止雌虫卵巢发育。植物保卫素类是当植物被病害感染后，诱导产生抗菌的活性物质，如豌豆素；异株克生物质是产生某些次生代谢物质，能影响同种或异种植物生长的活性物质，它具有刺激和抑制作用，如肉桂酸和胡桃醌等。植物杀虫剂的作用方式可分为特异性植物杀虫剂、触杀性植物杀虫剂、胃毒性植物杀虫剂。特异性植物杀虫剂主要起抑制昆虫取食和生长发育等作用，如楝科植物印楝、川楝与苦楝等；触杀性植物杀虫剂是由接触而将昆虫致死，如除虫菊、鱼藤、烟草等；胃毒性植物杀虫剂是由昆虫取食后而发挥毒杀作用，如苦皮藤、藜芦等。

植物源农药的作用机理：植物源农药作用于害虫的消化系统；植物源农药作用于害虫的呼吸系统；植物源农药作用于害虫的神经系统；植物源农药能与害虫离子通道载体蛋白结合，阻止或刺激离子转运。

植物源农药及利用；植物源杀虫剂除虫菊、万寿菊、藿香蓟、猪毛蒿、金腰箭、鱼藤、苦豆子、苦参、雷公藤、苦皮藤等杀虫剂的特点、制取和使用方法；植物源杀菌剂是利用有些植物里含有的某些抗菌物质或诱导产生的植物防卫素，杀死或有效抑制某些病原菌的生长发育。植物体内的抗菌化合物是植物体产生的多种具有抗菌活性的次生代谢产物，包含了生物碱类、类黄酮类、蛋白质类、有机酸类和酚类化合物等许多不同的类型，如毛蒿素、皂角苷类。植物防卫素指的是当植物体受病原微生物侵染后，由植物体合成并在植物体内积聚的化合物，如海红豆中提取的紫檀素，它们是植物体的应答反应。植物源杀菌物质在自然界中广泛存在，是寻找理想杀菌剂的重要来源。植物杀菌素是高等植物体内含有的对病菌有杀害作用的化学物质。有的作物对某些病害具有抗病性，是由于其体内含有植物杀菌素，通过人工提炼合成，可制成植物性杀菌剂，在生产上有使用价值的有大蒜素。植物杀菌素一般是指从动植物体内提取出来的。植物杀菌剂一般是指不同的原料混合配制成的。银杏粗提液等对多种果树病害具有一定的防治效果。银杏中生物活性物质对多种病原菌有显著的抑菌和杀菌作用。有的植物既抗真菌，又能抗细菌、杀线虫和其他害虫，可见植物源杀菌剂对靶标具有广谱性。抗细菌植物源包括大蒜、穿心莲、荆芥、洋葱、仙鹤草、半枝莲等。

[复习思考题]

1. 什么是植物源农药？植物源农药有哪几类？
2. 植物源农药的作用特点是什么？
3. 常见的杀虫植物有哪些？
4. 常见的杀菌植物有哪些？

【学习目标】
1. 了解动物源农药的常见种类。
2. 掌握利用性诱剂和天敌昆虫防治害虫的方法。

【能力目标】
1. 能够识别当地常见的捕食性和寄生性天敌昆虫。
2. 掌握利用性诱剂和天敌昆虫防治害虫的方法。

第一节　动物源农药的概述

一、动物源农药的含义

动物源农药是指利用动物资源开发的农药。利用动物活体及其代谢产物防治农业有害生物，这些动物活体及其产物称为生物防治的基质。随着科学技术的发展，现在有些动物活体可以进行工厂化生产，作为商品出售。大部分动物产物也可以提取、纯化并加工。这些都可以称之为动物源农药。例如，捕食性天敌类群中的瓢虫、草蛉、小花蝽等；寄生性天敌昆虫赤眼蜂、蚜小蜂；农田蜘蛛和其他捕食性天敌。动物源农药按性能可分为三类。

（1）动物毒素　由动物体产生的对有害生物具有毒杀作用的活性物质，如沙蚕毒素的杀虫剂，如杀虫双、杀虫单和多噻烷等；其他毒素如蝎子毒素、蛇毒素、蜘蛛毒素、海葵毒素等。

（2）昆虫信息素　由昆虫产生的作为种内或种间个体之间传递信息的微量活性物质，又称昆虫外激素。其中应用最多的是性信息素，即性引诱剂，主要用于害虫预测预报。

（3）天敌昆虫　对有害生物具有捕食和寄生作用的天敌动物进行商品化繁殖后进行释放而起防治作用。常见的捕食性天敌昆虫有瓢虫、草蛉、食蚜蝇、食虫虻、捕食螨、螳螂、步甲、胡蜂、猎蝽、蜘蛛等。寄生性天敌昆虫最常见的有姬蜂、蚜茧蜂、金小蜂、茧蜂、赤眼蜂、大腿小蜂、蚜小蜂、缨小蜂、缘复细蜂、头蝇、寄蝇、麻蝇等。其中赤眼蜂、金小蜂、蚜茧蜂、蚜小峰在生产上起着较大的作用，姬蜂、茧蜂、寄蝇等在农田的自然控制方面作用较强。如释放赤眼蜂防治卷叶蛾等。

二、动物源农药的发展历史和现状

1992年，在巴西里约热内卢召开的国家首脑级"世界环境与发展大会"上提出了一个目标，到本世纪末，在农药使用面积中生物农药要占到60％，以代替有机合成农药。其中动物源农药使用面积要达到15％，2002年统计，美国达到21％左右。以美国为代表的西方发达国家非常重视动物源农药的发展，而且发展速度很快。1995～1996年美国登记的动物源农药为10个，到2003年末为止，已有98种动物源农药产品登记注册，产品销售额近22亿美元。国外在动物源农药应用上取得一些进展。美国得克萨斯州释放草蛉防治棉铃虫获得成功，日本利用桑蚧寄生蜂防治苹果和梨树上的粉虱获得成功，瑞士用寡节小蜂防治粉虱，荷兰和瑞典利用植绥螨防治番茄叶螨，泰国释放广腹细蜂防治稻瘿蚊效果都相当显著。天敌昆虫在美国、加拿大、法国、德国等都已投入工厂化生产。全世界利用动物源农药防治害虫的事例越来越多。日本冲绳农业试验场和流球产经株式会社也开始进入动物源农药的市场生产。

20世纪90年代以来，全球动物源农药的产量递增速度越来越快，一些新兴的生物技术公司都意识到天然产物特别是珍贵而丰富的动物资源是人类今后开发农药的重要来源和方向。动物中蕴藏着数量巨大的、具有潜在应用价值的天然产物。当今世界上有150万种动物，有很大的发展空间。事实上，目前全球有多个实验室已经筛选了许多种动物源农药，在末来的5年内，动物源农药很可能占有20%以上的份额。我国地域广大、地势复杂，动物资源十分丰富，为此，不少人在积极从事动物源农药的研究与开发。充分利用动物资源，并以动物源农药为契机，通过现代科学手段的运用，经过开发研制出与环境相容性好的、高效的、安全的新农药是我们应该提倡的方向。

第二节　动物源农药及使用

一、动物毒素及利用

不少动物在生长过程中也会产生对有害生物具有毒杀作用的活性物质，已鉴定出了一部分动物毒素的化学结构。最引人注目的是以异足索沙蚕产生的沙蚕毒素为模板仿生合成的沙蚕毒素类系列杀虫剂，如杀虫双、巴丹以及新近开发出的沙蚕磷等已大量生产应用。下面重点介绍沙蚕毒素类杀虫剂的作用机制及主要品种。

1. 作用机制

在昆虫体内沙蚕毒素类降解为1,4-二巯基糖醇的类似物，从二硫键转化而来的巯基进攻乙酰胆碱受体并与之结合。主要作用于神经节的后膜部分，从而阻断了正常的突触传递。沙蚕毒素类杀虫剂作为一种弱的胆碱酯酶抑制剂，主要是通过竞争性对烟碱型乙酰胆碱受体的占领而使乙酰胆碱不能与乙酰胆碱受体结合，阻断正常的神经节胆碱能的突触间神经传递，是一种非箭毒型的阻断剂。沙蚕毒素类杀虫剂渗入昆虫的中枢神经节中，侵入神经细胞间的突触部位。昆虫中毒后虫体很快呆滞不动、无兴奋或过度兴奋和痉挛现象，随即麻痹，身体软化瘫痪，直到死亡。这种对乙酰胆碱受体的竞争性抑制是沙蚕毒素类杀虫剂的杀虫基础及其与其他神经毒剂的区别所在。

2. 主要品种

（1）杀螟丹　又名巴丹，杀螟丹为沙蚕毒素类杀虫剂。工业品为白色粉状物，有特殊臭味，稍有吸湿性，溶于水。难溶于有机溶剂。在碱性条件下不稳定。对人、畜中毒，对鱼类毒性大。有较强的胃毒和触杀作用，也有一定的内吸性，并有杀卵作用。残效期长，杀虫谱广，对害虫击倒速度快。主要剂型有50%可溶性粉剂。杀螟丹对鳞翅目、双翅目、半翅目、鞘翅目等有良好的防治效果。蔬菜上主要用于防治小菜蛾、蚜虫等。防治菜青虫、小菜蛾，在2~3龄幼虫期，用50%可溶性粉剂1000~1500倍液喷雾。防治蚜虫、红蜘蛛，用50%可溶性粉剂2000~3000倍液喷雾。防治马铃薯瓢虫、茄二十八星瓢虫，于幼虫盛孵期和分散危害前，在害虫集中地带，用50%可溶性粉剂1000~1500倍液喷雾。防治黄曲条跳甲，在蔬菜苗期，幼虫出土后，发现危害立即防治，用药浓度同上。

（2）杀虫双　杀虫双又叫杀虫丹、双钠盐，是一种沙蚕毒素类似物，纯品为白色固体，含结晶水。工业品外观为茶褐色或棕红色单相液体或褐色圆柱状松散颗粒。对害虫具有较强的触杀和胃毒作用，并有一定的熏蒸作用，同时也是一种神经毒剂，害虫中毒后，表现瘫痪、麻痹状态。对植物有很强的内吸作用。对人、畜中等毒性。杀虫双主要用来防治水稻、玉米、果树、蔬菜、茶树等多种害虫。剂型有25%水剂、3%和5%颗粒剂。防治稻螟、稻苞虫、稻飞虱、稻纵卷叶螟、稻蓟马、玉米铁甲虫等，每亩用25%水剂200mL，兑水50~60kg喷雾或每亩撒3%或5%颗粒剂1~1.5kg。防治菜青虫、菜蚜、小菜蛾、银纹夜蛾，每亩用25%水剂200mL，兑水60kg喷雾。防治柑橘潜叶蛾、梨星毛虫、苹果叶螨、桃蚜等，用25%水剂500~800倍液喷雾。

二、动物信息素及利用

动物产生的信息素主要是节肢动物产生的信息素。在病虫害防治方面主要利用的是"外激素"，是昆虫由腺体分泌到体外，借空气及体液等传播，对同种的另一个体或异性个体引起较大生理反应的物质。依其引起的行为反应可区别为性信息素、追踪信息素、聚集信息素及告警信息素等。生产上应用最多的是性信息素，较广泛地用于测报害虫发生和防治。

昆虫信息素是昆虫用来表示聚集、觅食、交配、警戒等各种信息的化合物，是昆虫交流的化学分子语言。其中昆虫性信息素是调控昆虫雌雄吸引行为的化合物，既敏感又专一，作用距离远、诱惑力强，也不会引起混淆。性诱剂是模拟自然界的昆虫性信息素，通过释放器释放到田间来诱杀异性害虫的仿生高科技产品。该技术诱杀害虫不接触植物和农产品，没有农药残留之忧，是现代农业生态防治害虫的首选方法之一。

性诱剂诱杀害虫无抗药性、经济，雄虫对雌性性信息素的反应极度敏感，仅需微量即可见效，有效期长，对环境完全无害，从而不会破坏自然界的生态平衡。

目前推广应用的有斜纹夜蛾、甜菜夜蛾、小菜蛾、棉铃虫等性诱剂，对害虫的种群动态、蛾量监测和种群数量控制成效显著，能减少田间施药次数。

利用昆虫信息素防治害虫主要有大量诱捕法、交配干扰法和其他生物农药组合使用技术。

大量诱捕法是在田间设置大量的性诱剂诱杀田间雄蛾，能导致田间雌雄蛾比例严重失调，减少雌雄蛾间的交配概率，减少田间落卵量，使下一代虫口密度大幅度降低。例如杨树透翅蛾是我国北方地区防护林杨树的主要害虫。它以幼虫蛀入树干或枝条取食，限制了杀虫剂和其他防治方法的实施，严重影响杨树幼树的生长和木材质量。采用大量诱捕法，用杨树透翅蛾性信息素的硅橡皮塞作诱芯，自发蛾期开始，每亩地悬挂1个双层船形粘胶诱捕器，能有效地达到防治目的。然而，在田间开放环境下使用昆虫性信息素，虽然雄蛾密度降低了，但由于外来雄蛾不断飞入，难以杜绝危害。因此必须大面积连续使用。

交配干扰法是在充满性信息素气味的环境中，雄蛾丧失寻找雌蛾的定向能力，致使田间雌雄间的交配概率大为减少，从而使下一代虫口密度急剧下降。

干扰雌雄间的交配可直接使用人工合成的目标昆虫的性信息素，例如美国用飞机喷洒带粘胶的含棉红铃虫性信息素的空心纤维，防治棉红铃虫效果显著。也可采用目标昆虫性信息素类似物，尽管它们的生物活性比天然的低，但合成方便、价格便宜，适于大规模应用。另外还可采用目标昆虫性信息素的抑制剂，干扰交配，利用超低容量喷雾器喷洒含抑制剂的微胶囊剂型，可产生显著的防治效果。

信息素和其他生物农药组合使用技术是利用信息素诱捕器引诱雄蛾，让被诱的雄蛾沾染病毒、原生动物，或接触化学不育剂后仍返回田间，该种雄蛾通过与田间雌蛾交配而使病毒蔓延，导致整个种群产生流行病；接触过化学不育剂的雄蛾，同样通过交配使雌蛾产生的子代不育。采用信息素和生物农药相组合的使用技术发挥了二者的长处，是目前致力发展的一个重要方面。

总之，人们在掌握和了解了昆虫雌雄间交配通信的特点后，人为地加以模拟和利用，使微量的化学信息物质显示出奇妙和巨大的生物效应，开辟了一条高效新型的害虫防治途径。

下面重点介绍大量诱捕法的具体应用。

昆虫信息素诱芯常与昆虫诱捕器联合使用。用于虫害防治时，通常采用水盆式诱捕器诱杀害虫；将诱芯悬挂于直径为20～30cm的水盆式诱捕器中央（见彩图4-1），盆内装4/5高度的水（加少量洗衣粉效果更佳），诱芯用铁线拴紧悬挂在离水面上约1～2cm，昆虫受诱芯所释放的信息素引诱自动投入水中而溺死。用于虫情测报时，建议使用市场上购买的标准测报诱捕器。

用于虫情测报时，每个诱捕器中悬挂1个诱芯，呈三角形排列，诱捕器间距一般为60m左右。采用大量诱捕法防治害虫时一般每亩设置2～3个诱捕器，根据使用目的、果园地势、果树种植密度等诱芯的放置密度也可变化。以测报为目的的，应按照测报规范要求进行。以防治害虫为目的的，放置密度宜大一些，一般间隔20～25m放置1盆。地势高低不平的丘陵山地或果树密度大、枝叶茂密的果园放置宜密一些，反之可适当远一些。以测报为目的时应在诱测对象越冬代羽化始期前放置，利用性诱芯进行诱集测报，要与田间害虫发生情况调查相结合，以确定是否需要药剂防治和防治时间。使用性诱芯应尽量减少对有益昆虫的伤害。如金纹细蛾性诱芯对壁蜂有较强的诱杀作用，故花期不宜使用。另外注意由于性诱剂的高度敏感性，安装不同种类害虫的诱芯，需要洗手，以免污染；一旦已打开包装袋，应尽快使用所有诱芯；诱捕器所放的位置、高度、气流情况会影响诱捕效果；每6周左右需要更换诱芯，适时清理诱捕器中的死虫，但不可倒在大田周围，需要深埋，诱捕器可以重复使用。

1. 利用性诱剂诱杀斜纹夜蛾

斜纹夜蛾的寄主作物多，分布范围广，是蔬菜、棉花、大豆等作物的主要害虫，在长江中下游地区对旱作物危害极大。目前，防治基本依赖化学农药，问题较多。昆虫性诱剂经济、高效、简便、安全、环保，在测报和防治中作用突出，对绿色农产品生产有较大潜力。

中国科学院生产的斜纹夜蛾性诱剂，载体为绿色或深蓝色天然橡皮塞（含性诱剂时称为诱芯），反口钟形，长1.5cm。用于诱捕器的水盆为市售的直径25cm、深8cm的蓝色硬质塑料盆，内盛0.2%的洗衣粉水，用细铁丝穿一枚诱芯横放在盆口中间并固定住，与水面距离为0.5～1cm。每日傍晚将诱盆水面添至排水孔；每周或大雨过后补加一次洗衣粉。两个月后才更换诱芯。每日将盆中斜纹夜蛾死蛾捞出，分盆记载死蛾数，见彩图4-2。

2. 利用性诱剂诱杀柑橘小实蝇

柑橘小实蝇属国内重大农业植物有害生物、植物检疫对象之一。以幼虫在果内蛀食危害，造成200多种水果蔬菜的果实腐烂与落果。严重影响品质和产量，是水果的"头号杀手"。采用广东省昆虫研究所研制的诱杀柑橘小实蝇专用性诱剂及配套装置诱捕器。性诱剂为98%的诱蝇醚，有效成分是甲基丁香酚。7月上旬使用时，取性诱剂1支（2mL）滴入诱捕器诱芯的海绵上，将诱芯插入瓶内，盖好瓶盖，用细铁丝穿入瓶盖的耳孔中，然后将诱捕器悬挂于果树枝条上，距地面约1.5m。每隔1个月补充一次性诱剂，见彩图4-3。

3. 利用性诱剂诱杀棉铃虫

应用性诱剂诱杀棉铃虫是近年发展起来的一项防治措施。棉铃虫性诱芯由中国科学院动物研究所生产。采用水盆式诱捕器，用开口直径约30cm、高20cm的塑料盆制成诱杀盆，盆内盛满稀洗衣粉水（水少时及时补加），用细铁丝穿一枚性诱芯横放在盆口中间并固定住，与水面距离为1cm，每盆1粒性诱芯。诱杀盆以竹竿支架放置距地面高约1m，诱芯一般在

15d 后更换。发现诱虫量明显增大时改为 10d 后更换，按性诱芯 15 个/hm² 均匀设置诱捕器，根据每天捞蛾记数情况，判断每代的发生始期和蛾盛期，及时发布防治适期预报。

4. 利用性诱剂诱杀葱田甜菜夜蛾

利用性诱剂诱杀葱田甜菜夜蛾是一项既环保又有成效的防治方法。性诱剂由中国科学院动物研究所提供，性诱芯于 7 月 6 日一代羽化初期设置，捕虫水盆高出大葱顶端 20cm，水面直径 30cm、水深 10cm，加入 0.2％洗衣粉，诱芯悬挂于水面正上方 2cm。诱芯设置及其间距根据地块位置和面积而定。连片种植的葱田，诱芯之间距离可适当大些，一般 20～30m，排列方式可采用正方形、长方形或棋盘式。每个诱芯控制面积 1334m²，大面积连片种植的葱田可控制 2688m²，每天日出前捞蛾并杀死，记录诱蛾量，勤加水并保持清洁。

三、天敌昆虫及利用

在自然界中，一种动物被另一种动物所捕食或寄生而致死亡，这种具主动进攻的捕食性或寄生性动物是被捕食或被寄生动物的天敌。昆虫天敌种类很多，常用于害虫生物防治的天敌有寄生蜂、瓢虫、蜘蛛等。

1. 捕食性昆虫天敌

捕食性昆虫有两类，一类具有咀嚼口器，如瓢虫、步甲，简单地咀食和吞食其猎物；另一类具刺吸口器，吸食猎物体液，如猎蝽、食蚜蝇。

下面介绍几种捕食性天敌昆虫的利用。

(1) 瓢虫的利用　瓢虫为鞘翅目瓢虫科昆虫。七星瓢虫、小红瓢虫和异色瓢虫等均可用来进行生物防治。七星瓢虫（*Coccinella septempunctata*）群众称麦大夫、花大姐、豆瓣虫，见彩图 4-4。

① 瓢虫的人工饲养及繁殖　目前人工饲养七星瓢虫主要采用蚜虫来饲养，即在温室和网室内，种植蚜虫宜食的植物，繁殖蚜虫，待蚜虫达到一定密度后，在其上饲养七星瓢虫。也可以把七星瓢虫放在玻璃瓶里，瓶底垫一张草纸，纸上放一个盛湿药棉球的小瓶盖，以保持瓶内的湿度，瓶口盖上纱布，并用橡皮筋系紧，每瓶放进七星瓢虫 1～2 对，每天投 1 次饲料它们就能正常生活，并能繁殖后代。人工繁殖的七星瓢虫的成虫，室内的温度要控制在 20～25℃，相对湿度在 70％～80％，成虫产卵时要求温度较高，可在 25℃饲养。但饲养幼虫以平均温度 20℃左右为好。

饲养瓢虫时为了减少幼虫饲养中互相残食而引起的伤亡，可以采用同龄饲养的办法，即同一天孵化的幼虫在一起喂养，到四龄时再分挑一次；饲养工具应保持清洁；繁殖时应喂足量蚜虫，同时掌握好雌雄比，一般♀：♂以（3～5）：1 为好。

② 利用七星瓢虫防治蚜虫的方法步骤　瓢虫的田间释放是田间利用瓢虫的一项关键措施。在释放前应摸清瓢虫存量和蚜虫分布情况，搞好释放瓢虫规划。百株蚜数在 1000 头以上的，放瓢虫和蚜虫的比例是 1：100；当百株蚜数在 500～1000 头时，放瓢虫和蚜虫的比例 1：150；当百株蚜数在 500 头以下时，放瓢虫和蚜虫的比例是 1：200。放时让它自行分散。散放量要根据算出的应放瓢虫数，力求释放均匀。

释放瓢虫还要注意以傍晚释放为宜，因这时气温较低、光线较暗，虫较稳定，不易迁飞，释放后两天不宜搞中耕，以免损害瓢虫或惊动导致迁飞及死亡。释放后应注意经常检查，根据棉田调查结果，计算蚜瓢比。蚜瓢比在 150 以下，表明现有瓢虫已够用，不必再放；蚜瓢比在 150～200 之间，两天后再查一次，如蚜量上升，则应补充瓢虫，如蚜量下降，则不必再放；如蚜瓢比在 200 以上，则应捕捉瓢虫放入棉田。初放瓢虫时间从 4 月底开始为好，时间越晚越不易控制。

利用瓢虫从麦田向棉田自然迁飞的叫自然利用。还可以利用人工助迁的方法，人工助迁是用人工由麦田捕捉瓢虫，然后放进棉田的方法。在棉田蚜虫防治盛时，可及时把麦田恋食的瓢虫迁到棉田。同时可将无飞行能力的幼虫迁到棉田繁殖，避免收麦时瓢虫受到重大损失。如棉田的瓢虫少，可采用捕捉释放办法。

（2）草蛉的利用　草蛉为脉翅目昆虫，该目的昆虫都属于捕食性昆虫，捕食范围包括各类蚜虫、介壳虫、叶蝉、蓟马、蛾类、蝶类和叶甲类的卵和幼虫，以及其他农林害虫和螨类，见彩图 4-5。主要代表种有中华通草蛉、大草蛉、多斑草蛉、丽草蛉等。

中华通草蛉对害虫的控制作用很早就受到人们的重视，特别在 20 世纪 70 年代后期到 80 年代初，国内一些研究机构和研究者在田间利用该虫对一些害虫进行了释放防治试验，主要的试验如防治棉蚜、棉铃虫、温室白粉虱、苹果山楂叶螨、玉米螟、橘全爪螨、麦蚜等。人工饲养中华通草蛉成虫的饲料以啤酒酵母、蔗糖为主要成分，幼虫的饲料以啤酒酵母、大豆酶解液、鸡蛋黄、蜂蜜及蔗糖为主要成分，用人工制卵机制成的"人工卵"进行幼虫饲养，幼虫和成虫都能正常生长发育，而且成茧率和羽化率都较高。通过试验发现，释放中华通草蛉对所防治的害虫均取得了较好的防治效果，同时，人们在实践过程中积累了许多释放草蛉防治害虫的技术和方法，为中华通草蛉的大量繁殖与应用提供很好的实践。

中华通草蛉成虫的室内饲养技术已基本成熟，研究中华通草蛉的田间释放技术，以明确对于不同生境、不同害虫应释放的草蛉虫态、数量和释放后的作用评价，通过两方面的研究可为草蛉的工厂化生产和田间的释放应用打下基础。相信随着对中华通草蛉研究的不断深入，人们保护、利用该天敌昆虫的技术和方法将不断改进，中华通草蛉在害虫的综合防治中也将发挥更大的作用。

（3）食蚜蝇的利用　食蚜蝇科（Syrphidae）的昆虫是控制农、林、果、菜蚜虫的主要天敌，见彩图 4-6，中国食蚜蝇科昆虫 3 个亚科、16 个族、72 个属、317 种。食蚜蝇昆虫对于所有的蚜虫它们都具有捕食作用，此外还能捕食介壳虫、叶蝉、粉虱、蓟马和鳞翅目小幼虫。食蚜蝇对于控制蚜虫种群数量具有重要的作用；而且在自然界，食蚜蝇在植物传粉中也发挥了巨大的作用。食蚜蝇室内人工饲养的研究，对促进绿色农业的发展具有深远的意义。

由于许多捕食性食蚜蝇成虫在飞行中交配，所以人工室内饲养食蚜蝇时要保证一定大小的空间以供其飞行活动。养虫笼高度要大于宽度。通常可用 60cm×40cm×75cm 的养虫笼。顶部和后壁装玻璃，可透光，两侧蒙 40 目尼龙纱，以利透气，正面为玻璃门，或上、下部为玻璃与尼龙纱各一半。

蔗糖（或蜂蜜）和花粉是食蚜蝇成虫饲养时的常规饲料，前者是能量的主要来源，而花粉则是性成熟的必备条件。可用脱脂棉蘸蔗糖水或蜂蜜稀释液饲喂，也可用蔗糖方块和蒸馏水代替，可减少对虫体和饲养工具的污染，食蚜蝇的产卵量、卵的孵化率、产卵前期、产卵期及成虫寿命均受花粉种类及其新鲜程度的影响。用玉米花粉、油菜蜂花粉和玉米蜂花粉饲养产卵量均显著高于大麻花粉，用油菜鲜花粉饲养能明显延长产卵期及成虫寿命。

蚜虫不仅是食蚜蝇幼虫的饲料，而且是诱发成虫产卵的重要因素。可用带蚜虫的植株或叶片供成虫产卵。食蚜蝇是日出性昆虫，对光照反应敏感，光照是室内饲养食蚜蝇成虫的关键条件，对激发其产卵比饲养空间更为重要。大多数食蚜蝇在 15～25℃ 范围内活动，当温度低于 13℃ 时，则不活动或作洁身动作，高于 27℃，其生长发育就受到影响。

（4）捕食螨的利用　钝绥螨（*Amblyseius newn*）是果园、农田、森林害螨和小型昆虫的有效天敌，利用钝绥螨防治苹果、棉花、柑橘、茄子、茶叶等作物上红蜘蛛、茶黄螨获得成功，奠定了我国"以螨治螨"学科的基础，见彩图 4-7。

钝绥螨比较喜欢荫蔽潮湿的环境，枝叶茂密、树势旺盛的阴山甜橙园内尤多。钝绥螨行动迅速，常不停地活动于柑橘的枝叶、果实上，不停地用螯肢探寻食物，当发现柑橘红脚蛛、六点黄蜘蛛后，使用螯肢抱住猎获物，口器插入寄主体内吸食体液，待寄主体汁被吸食干枯后，便弃尸而走。钝绥螨的幼虫、若虫比较喜欢捕食柑橘红、黄蜘蛛的若虫和卵。成虫比较喜欢捕食螨的若虫和成虫。成虫日平均捕食黄蜘蛛卵 46 粒，红蜘蛛 29 粒；捕食黄蜘蛛若虫 65 头。若虫捕食黄蜘蛛卵 44 粒，捕食若虫日平均多达 35 头。钝绥螨的有效捕食日数为 15～45d，一生可摄食柑橘红、黄蜘蛛若虫或卵 200～500 个。当柑橘园中的柑橘红、黄蜘蛛虫口很少时，可以介壳虫、粉虱等害虫分泌的蜜露和植物的花粉为交替食料。室内用20%～50%蜂蜜水及干燥 2 年的橘子花粉等饲养成虫，生活良好，且可产卵繁殖。钝绥螨在食料奇缺时，相互残杀。

（5）小花蝽的利用　小花蝽属于花蝽科小花蝽属，是粉虱、蚜虫、叶蝉、蓟马、叶螨等多种小型农林害虫的重要捕食性天敌之一，见彩图 4-8。自然界中捕食率在 40%～60%，在害虫自然控制中占有重要地位。

多年来国内外对小花蝽生长发育过程中的最适温度、湿度和光照做了大量研究，普遍认为饲养中最适温度为 25℃±1℃，最适湿度范围 60%～90%，光照 16L∶8D。

小花蝽在自然界中主要以节肢动物为食，也可取食花粉和植物汁液，为了保证其生存和种群稳定，可利用蚜虫、地中海粉斑螟卵、谷实夜蛾卵进行饲养。

由于植物类饲料不能充分满足小花蝽生长发育或生殖的营养需求，而动物类饲料的生产又受季节等外界条件的限制。小花蝽的人工饲料可由 0.33g 的啤酒酵母、0.03g 的蔗糖、0.18g 的大豆蛋白酸化水解产物、3.8mg 的 99% 的棕榈酸、0.04g 的鸡蛋黄和溶于 1.2mL的 0.08g 的蜂蜜组成，由胶膜包裹，可以饲养美洲小花蝽。

针对情况释放小花蝽的密度不同，预防性每隔 14d 释放 0.5 头/m²，轻度防治每隔 14d释放 1 头/m²，深度防治每隔 14d 释放 10 头/m²，250mL 塑料瓶内含 250 头小花蝽，与包装介质混合存放。温度为 10～15℃，避光保存，注意通风透气，防止二氧化碳积累。施用时，在早晚气温凉爽时释放。轻轻打开容器，将带有小花蝽的介质撒到作物叶片上并将释放点的介质保留几日，每点释放 25 头以上以利于雌雄交配。注意因小花蝽的卵产在嫩枝上，整枝可能会不利于小花蝽繁殖，因此建议整枝后使用。小花蝽无毒、无害、无残留、施用便捷、保护使用者健康和生态环境，并能有效减轻劳动强度、降低防治成本、提高农产品品质，是温室大棚无公害、绿色、有机蔬菜害虫防治的理想选择。

2. 寄生性昆虫天敌

在昆虫中有一些种类，一个时期或终身附着在其他动物（寄主）的体内或体外，并以摄食寄主的营养物质来维持生存，这种具有寄生习性的昆虫，一般称为寄生昆虫。

（1）丽蚜小蜂的利用　丽蚜小蜂（*Encarsia formosa* Gahan）是一种专性寄生蜂，属膜翅目蚜小蜂科，专性寄生性较强，主要寄生温室白粉虱、烟粉虱。它是一种日光温室栽培条件下控制粉虱的优良天敌昆虫。目前约有 20 多个国家开展了丽蚜小蜂的研究和利用。

丽蚜小蜂释放应根据粉虱发生程度确定小蜂释放密度。丽蚜小蜂应在粉虱发生初期，粉虱虫口密度较低时释放。当每株粉虱成虫 10 头以下时，每亩释放丽蚜小蜂卵卡 2000 头，隔2 周释放 1 次，连续 3～4 次；如果粉虱数量达每株 20～30 头时，每亩释放 3000～4000 头丽蚜小蜂卵卡为宜。

丽蚜小蜂的发育适温 25～27℃，最低温度 12～15℃，而白粉虱的发育适温 21～23℃，最低温度 6～12℃。由此可见，丽蚜小蜂发育适温较高，温室白粉虱的发育适温较低。因此，为促进丽蚜小蜂发育，提高其寄生效果，在北方日光温室应加大提温、保温措施，白天最低室温须保持在 16℃以上。我国北方地区在冬季及早春阶段，常有持续低温天气，加之一些温室保温性能不好，温室温度常出现 10～15℃，甚至更低，在此温度条件下，丽蚜小蜂发育则处于抑制状态，而白粉虱却活动正常，应用丽蚜小蜂效果较差。还必须配合其他综防措施，如应用黄板诱杀、高效低毒化学农药、植物源农药等控制粉虱的危害。

在释放时间上，以上午 9 时后温室温度开始提升时较宜。在应用中，除了调节温室温度外，还可选用耐低温的丽蚜小蜂品种，湿度对小蜂的影响较大，不但影响丽蚜小蜂卵的活动，还明显影响成虫的寿命和产卵，当植株表面有积水或相对湿度大于 85％时，一般成虫寿命缩短 50％以上，产卵能力下降 80％以上。因此，在温室西红柿浇水、病虫害防治时，可采取膜下灌水、粉尘法、烟雾法防治病虫害，注意通风降湿。

当粉虱基数大时，如粉虱密度每株超过 40 头时，应事先使用对寄生蜂无害的农药如扑虱灵、蚜虱净等，把粉虱基数压低，然后应用丽蚜小蜂效果会更好。

丽蚜小蜂主要寄生温室白粉虱的 3、4 龄若虫。防治产品为被寄生的粉虱蛹，粘在卡纸上。丽蚜小蜂羽化后钻出被寄生的粉虱蛹后寻找新的粉虱若虫产卵。

丽蚜小蜂无毒、无害、无残留，保护环境与健康，是防治温室白粉虱的高效天敌。蛹卡在作物定植后 1 周开始使用。撕开悬挂钩后将卵卡挂在作物下部，避免阳光直射。不要接触挤压蛹，以免造成损害，同时注意蛹卡尽可能均匀分布。

（2）赤眼蜂的利用　赤眼蜂，顾名思义是红眼睛的蜂，不论单眼复眼都是红色的，属于膜翅目赤眼蜂科的一种寄生性昆虫。赤眼蜂的成虫体长 0.3～1.0mm，黄色或黄褐色，翅呈梨形，具单翅脉和穗状缘毛。跗节 3 节，明显，见彩图 4-9。幼虫在蛾类的卵中寄生，因此可用以进行生物防治。它靠触角上的嗅觉器观寻找寄主。先用触角点触寄主，徘徊片刻爬到其上，用腹部末端的产卵器向寄主体内探钻，把卵产在其中。能寄生玉米螟卵的赤眼蜂有玉米螟赤眼蜂、松毛虫赤眼蜂等。

赤眼蜂常用的放蜂方法有两种。

① 成蜂释放法　先让蜂在室内羽化，饲以蜜糖，然后把成蜂直接放到田间，边走边放，力求散放均匀。散放成蜂时，由于成虫并不是同一天全部羽化出来，因此，当羽化出来的成蜂全部飞出后，再把瓶口封好，拿回室内待蜂继续羽化，第二天再放。如估计到 1～2d 内天气晴朗，不会下雨也可于放蜂后，把未出蜂的卵箔，放于放蜂器内，置于田间让蜂羽化后自由飞出。放成蜂的优点是受环境的影响小，效果比较有保证，但花时间、花劳力多，操作不方便，不适合大面积应用。

② 卵箔释放法　把将要羽化蜂的卵箔，按点数把卵箔分成小块，分别放入放蜂器内，能防雨、防日晒的竹筒管、火柴盒、叶片苞等均可。让蜂在放蜂器内自行羽化，成蜂由放蜂器的开口处自由飞出，寻找寄主卵寄生。一般在叶片宽大的作物上，常利用叶片本身作为放蜂器。现以玉米为例，在放蜂点上选一个离地半米左右的玉米叶片，叶中部沿中脉向基部撕开一条，把蜂卡放在叶片下边，经基部卷成一个小卷，用细绳扎起来，做成放蜂器。以棉花或纸片粘蜜糖在蜂卡上，供蜂取食。由于蜂卡卷在有生命力的叶片内，叶片能不断从植株本身吸取水分，因而，可保持蜂卡的湿润与凉爽，有利于蜂的羽化和破卵外出。卵箔放蜂法简便，释放均匀，但易被大风或雨冲刷，也易受蜘蛛、蚂蚁等天敌侵袭，影响放蜂效果。

放蜂点的多少取决于赤眼蜂的扩散能力。赤眼蜂在田间的寄生活动是由点到面以圆形向外扩散的，有效半径 17m，并以 10m 内的寄生率为最高。赤眼蜂的扩散范围与风向、风速、气温有关。顺风面赤眼蜂的活动范围会更大些，根据赤眼蜂的活动能力，大面积放蜂一般每亩放 3～5 个点。在林业上，一般每亩设 6 个放蜂点即可，每公顷放 25 个点为好。散放时，应根据地形不同，要均匀，以梅花形分布较好。

放蜂次数和放蜂量应根据害虫、作物、赤眼蜂的种类不同而异，并应视害虫发生的密度、自然寄生率的高低、蜂体生活力的强弱和放蜂期间的气候变化等具体情况进行分析而定。原则上，对防治发生代次比较重叠、产卵期较长、虫口密度较高的害虫，放蜂次数应较多、较密，每次放蜂量也应较大些，每次放蜂相隔日数应短于防治对象卵的发育日期，放蜂次数应以使害虫某一代成虫整个产卵期间都有散放的蜂为标准。第一、二次的放蜂量要大，以集中优势兵力，歼灭早期虫源。上风头的田块或放蜂点的蜂量应较下风头的大。

放蜂应选择在阴天或晴天，雨天不宜放蜂。赤眼蜂有喜光和多在上午羽化，白天活动，晚上静止的习性。所以，应在上午8时左右散放赤眼蜂。放蜂的具体时期，要根据害虫的发生情况而定，所以，调查害虫的发育进度、准确测报、适时放蜂是提高防治效果的关键。害虫每世代放蜂3～5次，在害虫的产卵始盛期开始放第一批蜂，以后可每隔2～3d放一批。具体可根据防治对象的产卵期长短确定放蜂时间。

(3) 肿腿蜂的利用　管氏肿腿蜂 (*Sderoderma guarti* Xiaoetwu) 属膜翅目肿腿蜂总科肿腿蜂科，是一些钻蛀性害虫特别是天牛科幼虫和蛹的体外寄生昆虫。从20世纪70年代开始，我国对管氏肿腿蜂的应用技术进行了研究，在生物学特性、人工繁殖技术和林间放蜂防治害虫等方面均已取得显著进展。近20年来，寄生蜂的寄生行为受到重视，并给予了广泛、深入的研究。

管氏肿腿蜂是鞘翅目、鳞翅目等多种害虫的体外寄生蜂，多以林木、果树的蛀干害虫的幼虫和蛹为寄主，其寄主有22科50余种。室内人工繁殖管氏肿腿蜂的适温范围为22～28℃，以26℃最佳，相对湿度保持在60%～80%为宜，在此温湿范围内，接蜂成功率高，产卵量较大。管氏肿腿蜂的茧蛹与成虫均可冷藏保存，但以成虫为好。冷藏的温度3～10℃较宜，茧蛹冷藏2个月，成虫冷藏3个月对存活率无明显影响，但超过3个月，蜂的死亡率提高，用做繁殖生产子代蜂的出蜂率和雌性比有所下降。

影响人工放蜂防治效果的因素很多，主要有放蜂时间、放蜂量、虫蜂比、放蜂方法等。放蜂时的气候条件与防治效果关系密切，以晴天少风为宜，林间温度22～28℃最适，放蜂时间宜在9:0～11:0时，15:00～18:00时。放蜂时期因防治对象不同而异，应该选择防治对象处于反抗能力最弱，而且能为蜂产卵发育提供足够营养的阶段。放蜂量视害虫危害情况而定，放蜂前应详细调查害虫的虫口密度，根据调查结果确定放蜂量。虫蜂比视害虫体型大小而异，中小型天牛以虫蜂比1:2～1:3为宜，大型天牛以虫蜂比1:7～1:9为宜。

在天牛幼虫尚未化蛹之前，选择近期无雨、风力不大、气温在25℃左右的晴朗天气释放肿腿蜂，当天放蜂时间上午在9:00～11:00时，下午在15:00～18:00时。采用点株式放蜂法，即放蜂时先在树干上斜插大头钉一根，把蜂管的棉塞打开，再把管口倒套在大头钉上或把管口倒套在树木的枝桠上，高度离地面2～3m，管底要略高于管口，以防雨水浸死部分尚未羽化的蜂蛹，见彩图4-10。

当年放蜂效果检查是在肿腿蜂幼虫老熟到蛹羽化期间进行，即在放蜂后30d左右进行检查，采用随机取样法检查，求出放蜂后肿腿蜂寄生死亡率等。对成片的试验林，采用随机伐木剥皮或劈开检查天牛幼虫的死活或寄生情况，对于城市的绿化行道树若不好伐倒树木，也可采用调查树上新鲜排粪孔的方法判断天牛幼虫数及其死活。因锈色粒肩天牛幼虫孵化出来后随即从刻槽钻入树干，1头幼虫只占一个虫道，因此计算新鲜排粪孔数则危害虫幼虫数，释放肿腿蜂以前将这些新鲜排粪孔用红色颜料毛笔圈住作标记，肿腿蜂释放一个月后，再次调查这些作标记的虫孔，看是否还在继续排出新鲜粪便，来预测该幼虫的死活。

(4) 金小蜂的利用　金小蜂 (*Dibrachys cavus*) 亦叫黑青小蜂，属膜翅目金小蜂科，是棉花仓库里越冬红铃虫幼虫的外寄生蜂，见彩图4-11。

① 金小蜂的人工繁殖　从放过蜂的仓库里，采选少量的强壮蜂种，可用玉米螟、避债

蛾、粉斑螟等做寄主进行人工繁育。接种后每天须定期检查温度、湿度以及发育进度。在接种后10d内，温度要稳定，以20～26℃为宜，前期温度可偏高，以利于蜂的羽化、交配、产卵。如果饲养箱内温度不均匀，每天须调换养蜂盒位置，以便蜂得到均匀的温度。湿度的大小对金小蜂的繁殖影响很大，当相对湿度达90%以上时，霉菌大量发生，对蜂繁殖极为不利，一般以控制在70%左右为好，后期湿度可偏高一些，有利于有足够的水分保持发育，不至于后期缺水干瘪影响发育。在繁殖过程中，一定要严格控制温湿度，避免高温高湿同时出现。使之既有利于蜂群繁殖，又可防止谷痒螨的发生危害。假如发现有谷痒螨、霉菌寄生，应立即剔除，及时处理，可用30%石炭酸或4%福尔马林溶液，全面进行消毒。可用冰箱进行低温繁殖，延缓金小蜂的发育速度，一般温度维持在12～18℃之间，繁殖一个世代需要35d以上。

可采取扩大营养、改换寄主以及远距离蜂群种内杂交等方法，培育出个体健壮、生命力强、寄生率高、繁殖系数大的种蜂，防止种性的退化。

② 金小蜂的释放技术和效果检查　放蜂时间过早、过迟都会影响寄生效能。日平均气温在14℃以上，大约3～4月份，就可以放蜂。放蜂量要根据棉仓容积大小及仓内越冬红铃虫的密度来决定。每储放5000kg 籽花的仓库，需放有效雌蜂1000头。放蜂技术要求不高，将金小蜂的蛹装入和信封一样大小的纸袋内，粘贴仓库内墙壁上或用线悬挂在梁柱上，把纸袋上方剪成小斜口，让袋内羽化的金小蜂自由飞出，寻找红铃虫寄生。在装袋前，注意先抽查经过冷藏后含有金小蜂各虫态的虫茧100个，算出每袋500头蜂需装多少虫茧，再进行装袋。

效果检查分仓库内寄生率及田间花蕾被害率检查两方面。寄生率检查是在放蜂后25d，检查金小蜂繁殖情况及寄生率。在红铃虫开始化蛹前再检查一次。每次抽查有代表性的仓库5～10座，每仓抽查100～200个红铃虫茧，分别记载被寄生的虫茧数及平均每头红铃虫茧内金小蜂的幼虫和蛹数，经过检查，如果仓内红铃虫密度大，而蜂群死亡率又大的，可以再补放一些种蜂。

棉田红铃虫危害率检查是在放蜂仓库和未放蜂仓库，选择近仓和距仓200m左右的棉田，生长期相同的菌类各2～3块，从6月下旬开始，每5d检查一次蕾害率，查至7月底止共6～7次，每次随机取样检查大小相同的蕾100个，区别被害蕾。或采用固定株办法，每块田固定20株，每次检查全株蕾数和被害蕾数，算出蕾被害率。7月上旬和中旬各调查一次，每次随机检查当天开的花300朵，计算花害率。8月中旬和下旬各调查一次铃害率，每次检查青铃50个，计算铃害率。分别比较放蜂和不放蜂的效果。

(5) 平腹小蜂的利用　平腹小蜂（*Anastatus sp.*）属膜翅目、柄小蜂科、平腹小蜂属。平腹小蜂是荔枝蝽卵寄生蜂。成虫在荔枝、龙眼树上活动，寻找荔枝蝽卵，把卵产在椿象卵内，幼虫孵化吸食椿象卵液，消灭椿象于卵期，发育完成后羽化出成虫又可防治更多的荔枝蝽，见彩图4-12。因此，用平腹小蜂防治荔枝蝽效果特别好。同时，利用平腹小蜂防治荔蝽，可以避免用农药防治时可能对蜜蜂的危害，也可以避免有些地区荔枝与桑树间种不能喷药的矛盾，有利于养蜂、养蚕事业的发展。但是，利用平腹小蜂防治荔蝽也有不足之处，如不能消灭越冬成虫；在放蜂期间，如果荔枝园发生其他虫害，不便使用农药，对化学防治措施有一定的妨碍。

荔枝花蕾期和开花期，正是荔枝蝽产卵的时间，这时便要放出第一批平腹小蜂，先让蜂寄生消灭第一批卵。第二批放蜂为3月底至4月初，一般产卵蜂期为3月底至4月份。第一批蜂放后寄生的荔枝蝽卵，可羽化出第一代蜂，加上3月底放的第二批，便有足够蜂量寄生消灭荔枝蝽高峰期产的卵。预测早春荔枝蝽产卵期的简单方法是从2月初开始，每隔5d

在田间捉 10 头雌成虫，剖开腹部检查有无卵粒。如卵粒像正常产出一样大时，田间便会有产出的卵，此时便可放出第一批蜂。

15 年以上的大树，第一批和第二批都放 500 头；l0 年以下的树，每批 300 头便可。平腹小蜂卵卡为每卡可羽化 500 头蜂。放蜂时，把 1～2d 后蜂将羽化的蜂卡挂在荔枝树上，平腹小蜂羽化后会自动分散找荔枝蝽卵寄生。蜂卡不要挂在 2cm 以上的粗枝条上，最好挂在树冠下层离地面 1m、粗 1cm 以下的枝条上，因枝茎太粗老鼠易爬上去吃掉卵卡。与化学防治协调应用，如放蜂数量不够，残余少量荔枝蝽若虫可能造成较大危害时，可用低毒、低残留且对平腹小蜂杀伤力小的农药如敌百虫 800 倍喷洒。每年的 3～5 月份，每隔 3～5d 要巡视一次田间，见有蝽象若虫或其他害虫在个别树上时，要实行挑治，即用药液喷洒该树而不用全园全面喷药，这样既省药省钱，又不伤害已放出的平腹小蜂。

（6）蚜茧蜂的利用　在自然界，蚜茧蜂对蚜虫的寄生率比较高，因此早就被人们注意并加以研究，试图用于控制蚜害。当代的农业和林业已大量引入蚜茧蜂来治理蚜虫，见彩图 4-13。有关蚜茧蜂的基础研究也在逐步广泛的进行着。

① 蚜茧蜂的人工繁殖　蚜茧蜂科只寄生蚜虫，故繁殖蚜茧蜂首先应大量繁殖蚜虫供作寄主。蚜虫在人工控制适宜的温度、湿度、光照及寄主植物上繁殖速度较快，如烟蚜在 20℃±1℃、相对湿度 70%～80%、16h 的光照下，用大白菜苗繁殖，5d 即可完成一世代。1 只母蚜每天可生幼蚜 4～5 只，可连续胎生 15d 左右。有人用浅盆锯木屑栽培蚕豆种子培养蚕豆苗，用以繁殖豆蚜。也有人用自控水培法培育棉苗，用以繁殖棉蚜。

蚜茧蜂对寄主蚜虫有一定的选择性，对生态环境条件有一定的适应品系，故供繁殖的蜂种应采自所要防治对象蚜虫上的僵蚜。若异地引移，应考虑生态环境条件相近似的地区为宜。室外采回的蜂种，应先经室内条件下繁殖 2～3 代后，让其驯化适应室内的生态条件后，并清除重寄生蜂混入，再供作蜂种繁殖。供作繁殖之蜂种的代数控制在 15 代以内为宜。

接蜂的寄主蚜虫应选择大量处于 2～3 龄的幼蚜。蜂量以取样换算，以烟蚜茧蜂为例，按蜂蚜比在 1：160 为宜。接蜂的温度如烟蚜茧蜂以 20℃±1℃，相对湿度 70%～85%，光照 24h（80～120W 日光灯或高压水银汞灯）。接蜂后的蚜虫当蚜茧蜂处于幼虫期时仍继续取食植物汁液，因而将此带有蚜虫的盆（钵）置在温室内，维持生长。约经 4～5d 蚜茧蜂进入老熟幼虫阶段，被寄生蚜虫形成僵蚜时，可将叶片随同僵蚜剪下，置于铝盆或塑料袋中，按单位重量折算僵蚜数，写上标签（蜂种名称、代数、接蜂日期、僵蚜出现日期、数量）置 2～3℃冰箱中储备，在冰箱中储存时间不应超过一个月。

② 蚜茧蜂释放　目的在于补充田间早期天敌种群数量不足，和保护其他天敌，以发挥田间天敌总体的自然控制作用。蚜茧蜂释放应当在田间蚜虫处于点片发生时，在大棚温室栽培也应在蚜虫初见时释放，才能收到显著防治效果，忌在蚜虫已大量发生时才放蜂，否则事倍功半。释放蜂量据田间蚜虫虫口密度而定，以蚜茧蜂为例，一般蜂蚜比例应掌握在 1：（160～200）为宜。释放前 4～5d 将僵蚜从冰箱取出，置于室温 20℃±1℃、相对湿度控制在 70%～85%，使其继续完成蛹期发育。若释放僵蚜，应在羽化前一天移置田间放蜂容器中，让其成蜂羽化时飞出寻找蚜虫寄生。每批蜂在释放前 7d 应抽样，置于 25℃温度下，可提早 2～3d 羽化，统计羽化率、性比等，以便计算僵蚜释放量。若释放成蜂，可将僵蚜放在羽化箱中，将羽化成蜂收集于玻管中，给予补充营养后，拿到田间释放。若蚜虫虫口密度高，隔 4～5d 再放蜂一次。放蜂治蚜主要是用于提高早期蚜虫寄生率，克服天敌跟随现象。通常情况下，当蚜虫尚处于点片发生阶段，按蜂蚜比例 1：（160～200）释放，经一代后，蚜量将停止增长，此后逐步下降，维持于经济损失指标以下的动态平衡。如释放烟蚜茧蜂防治烟蚜，据云南玉溪县农科所试验报告，寄生率可达 95%，比对照区寄生率高 2～3.5 倍。

施药区寄生率仅达 4.7%，而且施药区杀死多种天敌，导致蚜虫再增猖獗，蚜害更为严重。

③ 放蜂效果检查　在释放后 5～7d，田间可出现僵蚜，即可检查第一次寄生率及蚜虫虫口密度增减数。隔 5～7d 再做第二次检查，并与对照区施药区作对比，鉴定释放效果。若蚜虫虫口密度已经很大，应先喷一次乐果等内吸性农药暂时降低虫口密度，隔 5～7d 后再释放蚜茧蜂，以便收到较长期控制蚜害的效果。蚜茧蜂还可与蚜霉菌、蚜虫保幼激素配合施用，可收到更好的治蚜成效。

市场出售的产品为 250mL 广口塑料瓶内含纯化的僵蚜及介质，可羽化出 500 头以上成蜂。释放时在温室内小心打开瓶盖，边走边将已经羽化的成蜂均匀释放到温室中。成蜂释放完后，重新盖上盖，储存在温室内，待有新的成蜂羽化后再次开盖释放，直到全部的成蜂羽化（约需 2～4d）。也可将混有僵蚜的介质均匀倒成不超过 2mm 厚的小堆，让其自行羽化。

(7) 绒茧蜂的利用　绒茧蜂，膜翅目，茧蜂科，分布于我国大部分地区。绒茧蜂是鳞翅目幼虫的内寄生蜂，也是多种农林害虫的重要天敌（见彩图 4-14），根据文献记载，全世界已经描述的绒茧蜂有 1300 多种。

依据绒茧蜂的寄生习性，每年 2～3 代，以老熟幼虫在寄主体内越冬。翌年 4 月下旬羽化，卵期 2～5d，幼虫期 6～15d，蛹期 5～10d，成虫寿命 10d 左右；蜂的幼虫老熟后钻到寄主体外结茧化蛹，一般每块有茧 34～54 个。成虫具趋光性，均在白天活动，飞翔能力亦较强。被寄生的幼虫初期仍能活动，随着蜂的幼虫生长发育，逐渐不吃不动，到蜂的幼虫钻出结茧时多已死亡，个别的头仍能摆动，但已不能爬行，更不能取食。绒茧蜂幼虫期生长发育受温度影响较大，适宜温度大多在 23～25℃，低于 10～12℃或高于 30～31℃则一般不能完成发育。在对纵卷叶螟绒茧蜂发育速率与温度关系的研究表明，卵至成虫期的发育起点温度在 8.4～16.8℃，其中蛹期最低，成虫期最高。整个幼虫期的发育起点温度为 10.3℃，有效积温为 122.3 日度，全世代的有效积温为 288.1 日度。在一定温度范围内，绒茧蜂发育速率随温度升高而增大，而发育历期则随之减少。在 20℃完成一个世代所需平均历期为 30d 左右，30℃时则减少到 12d 左右。在 27～30℃时，幼虫发育最快，可在 7d 左右完成。由于绒茧蜂整个幼虫期均在寄主体内完成发育，因此，寄主的不同发育时期将直接影响其发育。26℃时，二化螟绒茧蜂以寄生二化螟 4 龄幼虫的历期最短（10d），发育速率最快，在 4 龄以前龄期越高，历期越短。相反，在 4 龄以后，龄期越高，历期越长。在自然条件下卷叶螟绒茧蜂幼虫发育历期随寄主虫龄越小，其幼虫期延长，但寄主虫龄大小对蜂蛹历期无明显影响。在 25℃时，菜粉蝶绒茧蜂在菜粉蝶 1～4 龄幼虫体内均成指数增长，其中在 3 龄寄主幼虫体内生长最快，而在 1 龄幼虫体内生长最慢。在 2～3 龄幼虫体内生长的蜂幼虫在第 7 天达到最大体积，在 1 龄幼虫体内则延后 1d。其中在 4 龄幼虫体内的蜂幼虫因部分寄主化蛹而被阻止继续发育。

常用广谱性杀虫剂对绒茧蜂成虫有很大的杀伤力。有人用 6 种农药对菜粉蝶绒茧蜂进行毒性试验，结果除 20%杀灭菊酯乳油 5000 倍液对成蜂较安全外，敌敌畏、乙酰甲胺磷、溴氰菊酯等的常用浓度都对成蜂有较大杀伤力，但所用农药对茧内的绒茧蜂幼虫或蛹均较安全，其中尤以杀螟杆菌对它的影响最小。今后应该加强绒茧蜂的保护，助迁、引种增殖及菌蜂混用等诸多与生产实践紧密相关的研究，使绒茧蜂这一重要寄生蜂类群在害虫综合治理中发挥重要作用。

第三节　动物源农药的使用原则

动物源农药是重要的农业生产资料，在农业有害生物的应急防控工作中有着不可替代的地位和作用，动物源农药使用要求的技术性强，恰当使用可以防治农业有害生物，保护农业生产安全；使用不当，不仅会造成人力物力浪费，还导致错过最佳防治时期，造成病虫大流行，甚至破坏天敌资源。使用动物源农药，必须遵循以下四个原则。

1. 科学使用农药

农作物病虫防治，要坚持"预防为主，综合防治"的方针，在综合防治的基础上，尽可能采用生物措施，使用动物源农药以减轻对环境及产品质量安全的影响。动物源农药配合其他绿色植保技术，如蓝色诱板或黄色诱板，效果更佳，可实现较长期防治。但动物源农药不得与化学农药混用，与生物农药的配合使用需了解其适配性。

2. 选用对路农药

各种动物源农药都有自己的特性及各自的防治对象，必须根据其性能特点和防治对象的发生规律，选择安全、有效、经济的动物源农药，做到有的放矢、药到"病虫"除，有些天敌的攻击性很强，施用时避免与其他天敌共用；还有些天敌常被其他动物捕食，释放时注意防范。

3. 采用正确的施药方法

施药方法很多，各种施药方法都应根据病虫的发生规律、危害特点、发生环境等情况确定适宜的施药方法。

对于释放天敌成虫，早晚气温凉爽时释放、早晚温度较低时进行，以免飞逃。对于卵卡或蛹，避免阳光直射。不要接触挤压卵和蛹，以免造成损害。利用性诱剂时，诱捕器所放的位置、高度、气流情况会影响诱捕效果，使用要正确。

4. 掌握合理的用药量和用药次数

对于释放昆虫天敌来说，释放数量应根据不同的作物、不同的生育期、不同的害虫数量具体情况具体对待。释放次数要根据病虫害发生时期的长短及上次释放后的防治效果来确定。

[本章小结]

动物源农药是指利用动物资源开发的农药。利用动物活体及其代谢产物防治农业有害生物，这些动物活体及其产物称为生物防治的基质。动物源农药按性能可分为三类。①动物毒素：由动物体产生的对有害生物具有毒杀作用的活性物质，如沙蚕毒素的杀虫剂如杀虫双等；其他毒素如蝎子毒素等。②昆虫信息素：由昆虫产生的作为种内或种间个体之间传递信息的微量活性物质，又称昆虫外激素。其中应用最多的是性信息素，即性引诱剂，主要用于害虫预测预报。③天敌昆虫：对有害生物具有捕食和寄生作用的天敌动物进行商品化繁殖后进行释放而起防治作用。常见的捕食性天敌昆虫有瓢虫、草蛉、食蚜蝇等。其中赤眼蜂、金小蜂、蚜茧蜂、蚜小蜂在生产上起着较大的作用，姬蜂、茧蜂、寄蝇等在农田的自然控制作用较强。如释放赤眼蜂防治卷叶蛾等。20世纪90年代以来，全球动物源农药的产量递增速度越来越大，一些新兴的生物技术公司都意识到天然产物特别是珍贵而丰富的动物资源是人类今后开发农药的重要来源和方向。

沙蚕毒素类杀虫剂的作用机制：在昆虫体内沙蚕毒素类降解为1,4-二巯基糖醇的类似物，从二硫键转化而来的巯基进攻乙酰胆碱受体并与之结合。主要作用于神经节的后膜部分，从而阻断了正常的突触传递。沙蚕毒素类杀虫剂作为一种弱的胆碱酯酶抑制剂，主要是通过竞争性对烟碱型乙酰胆碱受体的占领而使乙酰胆碱不能与乙酰胆碱受体结合，阻断正常的神经节胆碱能的突触间神经传递，是一种非箭毒型的阻断剂。沙蚕毒素类杀虫剂渗入昆虫的中枢神经节中，侵入神经细胞间的突触部位。昆虫中毒后虫体很快呆滞不动，无兴奋或过度兴奋和痉挛现象，随即麻痹，身体软化瘫痪，直到死亡。这种对乙酰胆碱受体的竞争性抑制是沙蚕毒素类杀虫剂的杀虫基础及其与其他神经毒剂的区别所在。主要品种有：杀螟丹等。

动物产生的信息素主要是节肢动物产生的信息素。在病虫害防治方面主要利用的是"外激素"，是昆虫由腺体分泌到体外，借空气及体液等传播，对同种的另一个体或异性个体引起较大生理反应的物质。依其引起的行为反应可区别为性信息素、追踪信息素、聚集信息素及告警信息素等。生产上应用最多的是性信息素，较广泛地用于测报害虫发生和防治。利用昆虫信息素防治害虫主要有性引诱剂诱捕法、交配干扰法和其他生物农药组合使用技术。

在自然界中，一种动物被另一种动物所捕食或寄生而致死亡，这种具主动进攻的捕食性或寄生性动物是被捕食或被寄生动物的天敌，昆虫天敌种类很多，常用于害虫生物防治的天敌有寄生蜂、瓢虫、蜘蛛等。

动物源农药的使用原则：科学使用农药；选用对路农药；采用正确的施药方法；掌握合理的用药量和用药次数。

[复习思考题]

1. 什么是动物源农药？动物源农药有哪几类？
2. 如何用昆虫的性诱剂诱集害虫？
3. 什么是昆虫天敌？捕食性昆虫天敌有哪些？寄生性天敌昆虫有哪些？
4. 利用天敌防治害虫有什么优缺点？在实践中要注意什么问题？

　　尽管国际经济合作与发展组织（OECD）各成员国都承认 1992 年由 OECD 农药项目提出的生物农药的定义（其中包括信息素、昆虫及植物生长调节剂、植物提取物、转基因植物、天敌及微生物农药）及农药登记所需的资料要求，但各成员国对农药登记仍有不同的政策和要求。本章主要介绍美国、欧盟及我国的生物农药登记管理。

第一节　美国对生物农药登记的要求

　　依照联邦杀虫剂、杀菌剂和杀鼠剂法案（FIFRA）及联邦食品、药品和化妆品法案（FFDCA），美国政府授权美国环境保护局（EPA）管理农药。EPA 通常将农药分为两大类，即传统化学农药和生物农药。将生物农药分为三大类，即微生物农药、生物化学农药及转基因植物农药。

　　由于生物农药来源于天然，对选择性靶标生物有良好的防治效果，施用后对人类健康及环境质量风险性较低，因此，目前 EPA 鼓励生物农药的登记及产业化。EPA 在生物农药登记方面采取了比较宽松的政策，最突出的是对动物毒性资料、对非靶标生物的影响等资料采用分阶段序列管理体系。EPA 以申请登记者所提供的对生物农药进行各阶段测试后所得的资料作为评价的基础。在阶段 I 要求进行哺乳动物毒理学和生态效应方面的试验，但如果在阶段 I 的试验中得到阴性结果，就无需进入下一阶段的测试。反之，如果在阶段 I 中发现明显的负面作用，则需要进行阶段 II 的试验，依此类推。

一、登记微生物农药所要求的资料

　　EPA 对微生物农药的定义是以微生物（如细菌、病毒、真菌、原生动物及藻类）本身作为活性成分的。这些活性成分可以是自然存在的，也可以是通过基因改造而获得的。

　　1. 产品鉴定

　　微生物农药产品鉴定需要提交活性成分和惰性成分的鉴定资料。活性成分的鉴定资料除包括微生物的分类地位、品系、血清类型外，还应包括微生物的来源、特征、性质及生物活性。如果微生物是通过基因工程改造获得的，还需说明改造的方法，可能的话，还应说明插入或剪切的基因片段、调控部位及序列、获得或失去显性特征修饰区域的遗传稳定性等。

2. 生产过程描述

EPA要求提供生产过程描述的目的是便于评价产品中的污染微生物产生有毒物质或过敏物质的可能性。生产过程的描述包括菌种培养和批量培养的生物纯度分析（有无"杂菌"），采用的培养基，灭菌程序，发酵过程中的理化监测以及多批次样品的分析结果。对于Bt发酵物，每一批样品都要进行"分别给5只小鼠皮下注射至少1×10^6个孢子"的试验，合格产品的试验结果应为"注射后连续7d观察未发现供试动物有明显感染或伤害"。

3. 动物毒性试验资料

微生物农药登记要求的动物毒性数据结构是序列测试体系，着重于对人类健康风险评估的必需项目（见表5-1）。

表5-1　微生物农药登记对动物毒性数据的要求

要求数据种类	试验方法文件编号	要求数据种类	试验方法文件编号
阶段Ⅰ		阶段Ⅱ	
急性经口毒性/致病性（大鼠）	152-10(885.3050)[①]	急性毒性	152-30(885.3550)
急性经皮毒性（大鼠/小鼠）	152-10(885.3050)	亚慢性毒性/致病性	152-21(885.3500)
急性吸入毒性/致病性（大鼠/小鼠）	152-10(885.3050)	阶段Ⅲ	
急性注射性/致病性（大鼠/小鼠）	152-10(885.3050)	繁殖及生育能力影响	152-30(885.3650)
眼睛刺激试验（家兔）	152-10(885.3050)	致肿瘤性	152-31
过敏性事件报告	152-10(885.3050)	免疫缺损	152-32
细胞培养试验（对病毒制剂）	152-10(885.3050)	灵长类动物传染性/致病性	152-33

① 括号内为修订后的方案编号。

微生物农药登记用于陆生粮食作物时要求进行第一阶段的试验，包括急性毒性试验（经口、经皮、吸入和静脉或腹腔注射）及哺乳动物细胞培养试验。评估指标包括死亡率、体重增减症状学观察。对供试动物进行解剖，检查相关器官、组织和体液中的供试微生物，以确保微生物农药在动物体内没有致病/传染或蓄积。

过敏性试验（如皮肤过敏）在微生物农药登记中通常可以免除，但是登记者必须向EPA提交一切发生过敏事件的资料，包括在生产和使用过程中发生的对人畜的即时或延迟性过敏反应事件的资料。

对于活性成分是病毒（如杆状病毒）的产品，登记时要求进行哺乳动物细胞培养试验，观察细胞病变或细胞中毒表现，供试病毒应在哺乳动物细胞内不能侵染或繁殖。

对于基因工程生产的微生物，其安全性评价程序和天然微生物没有明显差别。对于基因重组微生物所采用的程序或方法描述，包括重排、插入或删除的基因片段的鉴别和定位，表达出的新特性或特征，和其他微生物进行基因转移和交换的潜力，插入片段的稳定性，和野生型相比，重组型微生物的竞争性等信息。

4. 非靶标生物的毒性资料

对非靶标生物要求进行的试验有：评价微生物农药对鸟类、哺乳动物、鱼类、陆生和水生无脊椎动物以及植物（主要是作物）的影响。这些试验包括短期急性、亚急性和繁殖试验，还包括人工模拟的或其他的田间系统试验（表5-2）。

鸟类急性经口毒性/致病性试验可以评价天然的微生物农药或经基因工程改造的微生物所产生的毒素对鸟类的影响，而鸟类吸入致病性试验可以评价微生物农药在使用时因飘移或悬浮在空气中而对鸟类产生的接触性致病性。鸟类急性经口和吸入试验的持续时间约为

30d，以保证供试生物有足够时间潜伏、感染及表现出所产生的病变。上述试验中，对供试动物（鸟类）的评价包括死亡率、行为的改变、致病或毒性影响、整体解剖和组织病理学检查。如果在经口和吸入试验中没有中毒或致病性，则不需要对鸟类进行下一步试验；如果观察到有影响，则需进入第二阶段试验。

表 5-2   微生物农药登记对非靶标生物动物毒性数据的要求

要求数据种类	试验方法文件编号	要求数据种类	试验方法文件编号
阶段 I		阶段 III	
鸟类经口毒性/致病性(鹌鹑/绿头鸭)	154-16(885.4050)	陆生和水生生物试验	154-25
鸟类吸入致病性(鹌鹑/绿头鸭)	154-17(885.4100)	慢性鸟类致病性及繁殖试验	154-26(855.4600)
野生哺乳动物毒性/致病性	154-18(885.4150)	水生无脊椎动物分布试验	154-27(855.4650)
淡水鱼类试验(虹鳟鱼)	154-19(885.4200)	鱼类生活周期研究	154-28(855.4700)
淡水水生无脊椎动物试验	154-20(885.4240)	水生生态系统试验	154-29(855.4750)
江河入海口和海洋动物试验	154-21(885.4280)	非靶标植物研究	154-31
非靶标植物试验	154-22(885.4300)	阶段 IV	
蜜蜂试验	154-24(855.4380)	模拟的和实际的田间试验(鸟类和哺乳动物)	154-33
阶段 II		模拟的和实际的田间试验(鸟类和哺乳动物)	154-34
在陆地环境中试验	155-18	模拟的和实际的田间试验(捕食性和寄生性昆虫)	154-35
在淡水环境中试验	155-19		
在海洋和江河入海口环境中试验	155-20	模拟的实际的田间试验(传粉昆虫)	154-36

同样，如果在对野生哺乳动物试验中没有观察到毒性和致病性影响，则不需进行下一步的动物试验。

对于不直接施于水中而是在旱地使用的微生物农药，则需要用一种淡水鱼和淡水无脊椎动物进行毒性和致病性试验。在这些试验中，微生物（接种体）可以采用感染的寄主昆虫或处理过的饲料，将其悬浮在水中持续试验 30d（鱼）或 21d（水生无脊椎动物）。

对微生物农药可能给非靶标昆虫带来的潜在危险性进行评价，是环境安全性评价的一个主要问题。在第一阶段要求评价微生物农药对蜜蜂和 3 种捕食性昆虫的毒性和致病性。选择性天敌昆虫种类应能代表在使用条件下微生物农药可能接触到的天敌昆虫种群，且这些天敌昆虫应和靶标害物有一定关系。同样，如未观察到毒性或致病性，则不必进入第二阶段试验。

二、登记生物化学农药所要求的资料

如果一种杀虫活性成分是天然产物，且对靶标害物没有直接的毒杀作用，则可归之为生物化学农药，例如昆虫信息素和植物生长调节剂等。通常作为食品或食品成分的活性物质，如大蒜和桂皮也被列为生物化学农药。植物提取物虽然是天然产物，但不一定都对靶标害物无毒杀作用，例如除虫菊提取物是通过作用于昆虫的神经系统而毒杀昆虫的，因此不能将其列为生物化学农药；但某些植物提取物则被划作生物化学农药，如红辣椒提取物辣椒素可用作某些害虫的驱避剂，是因其对昆虫有刺激性而非毒杀作用；某些植物油通过窒息作用而控制害虫也非毒杀作用；著名的植物杀虫剂印楝素之所以作为生物化学农药登记，是因为研究结果表明，印楝素的作用机理主要是对昆虫的拒食作用及对昆虫生长发育的调节作用，而非直接的毒杀作用。

综上所述，是否为天然产物是区别生物化学农药的标准之一。但现在有一些天然产物已经可以人工合成，只要合成的化合物和天然产物的分子结构相同或相似、功能相同，也同样被看作生物化学农药。如人工合成的吲哚-3-丁酸被划入生物化学农药，因为这种合成的植物生长调节剂在结构上是天然吲哚乙酸（植物生长素）的类似物，而且具有天然植物激素的功能。

如果一种农药的有效成分符合生物化学农药的标准，登记者可以向"生物农药和污染防治部"（BPPD）申请按生物化学农药登记。申请者需提供将登记的有效成分分类为生物化学农药所必需的资料和信息。

① 用以支持所登记的活性成分是天然产物的公开发表过的文献。如果所登记的活性成分是化学合成的，则需提交该物质的分子结构、其结构与天然产物的关系以及合成与分离过程的详细描述；如果活性成分是从生物源混合物中提取的，则要描述其生产过程，包括原材料的性质及分析方法。

② 所登记的活性成分可防治的有害生物的名单，并提供可以说明对靶标害物的防治是通过非毒杀作用机制的一切资料。BPPD 根据申请作出是否可作为生物化学农药登记的授权。

1. 产品鉴定和分析资料

关于对产品鉴定和分析资料的要求，生物化学农药和传统的化学农药很相似，包括 3 个方面：产品的鉴定和组成、分析和指标范围及理化特征。产品的鉴定数据和信息可用于判定一种活性成分和另一种活性成分是"相同的或本质上相似的"物质，还是天然存在的物质。产品组成资料包括活性成分、其他惰性添加物及活性成分和添加物在产品中的含量上下限，还应包括对原料、生产和加工过程的描述，并讨论生产过程中可能产生的杂质。理化特征包括活性成分和成品的颜色、气味、物态、稳定性、氧化还原潜力及腐蚀性等。

2. 哺乳动物毒性资料

对哺乳动物毒性资料的要求见表 5-3。生物化学农药登记用于旱地食用作物时，阶段Ⅰ要求的试验内容包括急性毒性试验（经口、经皮和吸入毒性），初步的眼睛刺激和皮肤刺激试验，一整套基因毒性试验、免疫毒性试验、90d 喂养试验和致畸试验（发育毒性）以及发生过敏事件的调查报告。表 5-3 中阶段Ⅰ列出的项目可依照登记的有效成分的具体情况适当增减。例如，如果在使用条件下，登记产品和人的皮肤有反复接触的可能，则要求进行皮肤致敏性试验；如果在使用中可能导致登记产品和人体大量接触，且登记的活性成分和某种已知的诱变剂在结构上有相关性，或和某种诱变剂属于同一类化合物，则要求进行亚慢性毒性（90d 的经口、经皮/吸入毒性）试验。登记用于食用作物的产品，在阶段Ⅰ要求进行致畸试验；登记用于非食用作物的产品，此项试验不一定要求，但若该产品有可能和妇女大量接触，则此项试验就必不可缺。

表 5-3　生物化学农药登记对哺乳动物的毒性资料要求

要求数据种类	试验方法文件编号	要求数据种类	试验方法文件编号
阶段Ⅰ（急性毒性研究）		活体细胞遗传学试验	
急性经口毒性（大鼠）	81-1	亚慢性毒性研究	
急性经皮毒性（大鼠/小鼠）	81-2	免疫毒性	(880.3550)
急性吸入毒性	81-3	90d 饲喂毒性,经皮毒性和吸入毒性	82-1,82-3,82-4
初步眼刺激（兔）	81-4	发育毒性	82-3
初步皮肤刺激（兔/豚鼠）	81-5	阶段Ⅱ	
皮肤致敏试验	81-6	免疫应答试验	
过敏性事件报告		阶段Ⅲ	
遗传毒性研究	84-2	慢性接触（大鼠）	83-1
Ames 试验		致癌性试验（大鼠）	82-2
正向基因突变试验			

为了评估长期和反复接触的登记产品的风险，如果在阶段Ⅰ的亚慢性毒性试验中，在正常的使用剂量和使用频率下出现了副作用，则要求进行阶段Ⅲ试验。如果活性成分（或任何代谢产物、杂质）在亚慢性毒性试验中引起供试动物在形态学上发生改变（如出现增生），或在致突变性/免疫毒性试验中有致癌的可能，则在阶段Ⅲ还要进行致癌性试验。

3. 非靶标生物试验资料

同微生物农药的非靶标生物试验一样，生物化学农药的非靶标生物试验的目的在于对陆生野生动物、水生动物、植物和有益昆虫的风险进行评价。对非靶标生物试验的要求，生物化学农药和传统化学农药是相似的，但考虑到大多数生物化学农药的属性及非毒杀作用机制，EPA 在实验安排上采取了分阶段试验体系，以便减少试验步骤和登记费用。

一般来说，生物化学农药主要是控制靶标生物的行为、生长和发育。阶段Ⅰ的试验应该可以检测出其对非靶标生物的副作用。下面的标准可用来监测在经过阶段Ⅰ的试验后是否有必要进行下一阶段的试验：①在等于或低于在环境中可能使用的最大浓度的条件下，在阶段Ⅰ试验中观察到供试生物的异常行为；②根据阶段Ⅰ的试验数据，农药的应用模式、动物毒性试验结果以及靶标生物系统和非靶标生物系统发育的相似性，供试生物有可能出现有害的生长、发育繁殖；③在环境中可能使用的最大浓度等于或大于阶段Ⅰ试验中陆生野生动物 LC_{50} 的 1/5，或者等于或大于水生动物 LC_{50} 或 EC_{50} 的 1/10。

此外，如果生物化学农药是以高浓度直接施入水体，且不易挥发，则要求进行阶段Ⅰ和阶段Ⅱ的试验。阶段Ⅱ的试验包括施用后生物化学农药在环境中的归宿及在环境中的浓度。生物化学农药登记对非靶标生物和环境安全性的资料要求见表 5-4。

表 5-4　生物化学农药登记对非靶标生物和环境安全性的资料要求

要求数据种类	试验方法文件编号	要求数据种类	试验方法文件编号
阶段Ⅰ		紫外吸收	
鸟类急性口服毒性（鹌鹑/野鸭）	154-6	水解	
鸟类饲喂毒性（鹌鹑/野鸭）	154-7	好气性土壤代谢	
淡水鱼类 LC_{50} 值（虹鳟鱼）	154-8	好气性大气代谢	
淡水无脊椎动物 LC_{50} 值	154-9	土壤中光解	
非靶标植物试验	154-10	水体中光解	
非靶标昆虫试验	154-11	阶段Ⅲ	
阶段Ⅱ		陆生野生动物试验	
挥发性		水生动物试验	
水中分散滤过性		非靶标植物试验	
吸附/解吸		非靶标昆虫试验	
正辛醇/水分配系数			

三、登记转基因植物农药所要求的资料

转基因植物农药的定义涵盖了那些为了产生某种农药或增加某种农药的量而通过基因的导入造成基因改变的植物。其活性成分即为基因直接导入或基因经修饰导入后使植物产生的农药活性物质。

EPA 意识到植物本身存在有对害虫和病原菌具有抵抗性的物质，植物中也存在着对其他植物有除草活性的物质。固有的农药活性物质存在于许多种食用作物中并被人类长期食用，但未表现出对人类的危害。然而，当一些来自动物、微生物甚至其他植物的农药被导入另一种植物后，就可能给人类健康及环境带来新的风险。EPA 并不是要检测植物本身，而是要检测植物产生的农药活性物质。

EPA 要求的转基因植物农药风险评估的基本信息或资料是对插入的基因或基因片段的来源和性质的完整描述，是对插入的基因编码产生的新产物（如蛋白质）的描述。EPA 将植物农药的农药活性成分分为两类，蛋白质农药和非蛋白质农药。这种划分是基于下面的事实：植物蛋白无论其结构鉴定与否，都是人类食物的主要成分，在吸收之前，很容易被酸或酶消化成氨基酸。如果新的蛋白质产物已被鉴定，则对人类健康方面的风险是很小的，除非这种蛋白质和哺乳动物毒性有关。对于没有提交资料的非蛋白质植物农药，可单独进行评价，或采用与传统化学农药或生物化学农药相似的方法进行评价。

产品鉴别对植物农药的风险评价是至关重要的。产品鉴别包括 4 个方面：供体生物的鉴定；导入受体植物的基因序列的鉴定；用于向受体植物转移基因的媒介的鉴定及转移方法的描述；受体植物的鉴定，包括插入基因序列的信息以及插入基因表达水平的资料。产品的鉴定资料有助于建立哺乳动物的毒性级别，这些资料对于评价人类及家畜接触转达基因植物农药的潜在风险是很重要的。登记植物农药时决定提供登记资料范围的关键因素是农药活性产物的性质（即是蛋白的还是非蛋白的）以及使用方式是否会导致饮食接触和非饮食接触。由于饮食摄入是人类或家畜和这类通过基因工程产生的农药活性物质接触的主要途径，所以对这类农药活性物质的毒性评价可以通过经口毒性（急性毒性、亚慢性或慢性毒性）试验进行。

在环境中的最终归宿（环境行为）和最终影响（毒性）方面，转基因植物农药和传统化学农药也是完全不同的。最终归宿反映出基因特性在其他作物或非作物中的迁移（生物学归宿）以及农药活性产物在环境中的迁移（化学归宿）；最终毒性反映出这类农药对非靶标生物产生副作用的可能性。

转基因植物农药中基因对非靶标生物的影响和基因在环境中的归宿是农药登记要求的基本资料。这些资料包括鸟类的取食试验；如果存在鸟类的慢性接触，则要求进行鸟类繁殖试验；如果存在和水体的慢性接触，则要求进行急性鱼毒试验、淡水无脊椎动物急性毒性试验或鱼生命周期研究；如果存在转基因植物在土壤中的残留，则要求进行一种弹尾目昆虫和蚯蚓的试验；蜜蜂毒性试验；还要进行转基因植物异型杂交的潜力评估，在植物群落中的竞争能力评估以及基因或产物在环境中降解各持续接触能力的评估等。

第二节　欧盟对生物农药登记的要求

欧盟国家对生物农药登记的政策目前仍处于不断调整中。欧盟采用了 OECD（国际经济合作与发展组织）关于生物农药的定义，但欧盟国家对生物农药的管理是建立在与化学农药相同的惯例和标准的基础上。目前有关生物农药登记的管理主要遵循 1991 年 7 月颁发的欧盟农药登记指令 91/414/EEC，但这个指令中的生物农药主要是指微生物农药，而信息素、植物提取物及其类似物仍然按化学农药登记，而转基因植物农药仍不予登记。91/414/EEC 附录Ⅱ和附录Ⅲ的 A 部分（涉及化学农药、信息素和植物提取物）和 B 部分（涉及细菌、真菌、原生动物、病毒和类病毒）是具体要求。

一、生物农药活性成分登记资料要求

91/414/EEC 附录Ⅱ B 部分是生物农药活性成分登记资料要求。

1. 生物体的鉴定

①申请者（名称、地址）。

②制造商（名称、地址，包括工厂所在地）。

③ 通用名称或别名、代用名。

④ 细菌、原生动物和真菌的分类学名称和品系；指明其是原种的变种还是突变体的品系；对于病毒，指明鉴定单位、血清类型、品系或突变体。

⑤ 微生物采集和收藏的编号。

⑥ 鉴定的试验程序和标准（如形态学、生物化学和血清学）。

⑦ 组成，包括微生物学纯度、性质、同一性、特性、杂质含量和其他微生物。

2. 微生物的生物学特性

① 靶标生物　致病性或对寄主的拮抗类型、侵染剂量、遗传性和作用方式。

② 微生物的生活史和用途　自然存在的地理分布。

③ 特异性寄主范围和对除靶标生物外其他生物的影响　包括对与靶标生物具有最近亲缘关系的生物的影响。这些影响包括传染性、致病性和遗传性。

④ 按照预定方法使用时的侵染性和物理稳定性　温度、大气辐射的影响等。在类似于使用环境下的持续性。

⑤ 该微生物是否和某些植物病原物，或某些脊椎动物或非靶标无脊椎动物的病原物具有亲缘关系。

⑥ 在预定使用的环境条件下，基因稳定性的试验证据（即突变率）。

⑦ 毒素的存在、缺乏或产生，以及毒素的性质、同一性、化学结构（如可能）以及稳定性。

3. 微生物的进一步资料

① 功能　如杀菌剂、除草剂、杀虫剂、忌避剂和生长调节剂。

② 对有害生物的影响　如触杀毒性、呼吸毒性、胃毒毒性、杀真菌毒性和抑制真菌毒性等；在植物体内是否内吸。

③ 设想的应用场所　如大田、温室、食品或饲料仓库、庭院。

④ 如有必要，根据试验的结果说明，该活性成分可以或不可以用于哪些具体的耕作、作物或环境条件。

⑤ 防治的有害生物，以及要保护或处理的作物或产品。

⑥ 生产方法、对为保证产品得以执行所采取的工艺的描述，以及为了产品的标准化所采取的测试方法。对于突变体，除需提供其生产和分离的详细资料外，还应提供突变体和亲本之间所有已知差异的资料。

⑦ 防止菌种（seed stock）侵染力丧失的方法。

⑧ 推荐的安全储运和防火的方法及注意事项。

⑨ 微生物失去致病力的可能性。

4. 分析方法

① 建立菌种（用于批量生产）的鉴定和纯度分析方法，所得结果及方法的变异性。

② 反映成品的微生物学纯度和污染被控制在允许水平的方法，所得结果及方法的变异性。

③ 反映制剂中没有对人类或哺乳动物具有致病性污染物的方法，对于原生动物和真菌，还应包括温度的影响（35℃和其他相关温度）。

④ 如有必要，需检测被处理产品，如粮食、饲料、动物和人的体液及组织、土壤、水和大气中有生活力或无生活力（例如毒素）的残留。

5. 毒理学、致病性和传染性试验

① 细菌、真菌、原生动物和支原体。

② 病毒、类病毒。

③ 对家畜和宠物的毒性影响。

④ 医学资料。

⑤ 哺乳动物毒性资料的总结和结论。

6. 施药后产品、食物和饲料中的残留

① 处理作物或产品中有生命活力和无生命活力（如毒素）残留的鉴定，有生命活力的残留鉴定可以通过培养或生物测定进行，无生命活力的残留鉴定需要采用适当的技术。

② 活性物质在作物或是品种繁殖的可能性，以及其对食品质量影响的报告。

③ 如果毒素残留在使用的农产品中，则要求提交 A 部分中的资料。

④ 根据上述提交的数据对残留行为进行总结和评估。

7. 环境中的归宿与行为

① 在大气、水和土壤中的传播、迁移、增殖和持续性。

② 关于在食物链中可能的归宿。

③ 如果产生毒素，要求提供 A 部分中的相应资料。

8. 生态毒理学研究

① 鸟类　急性口服毒性和/或致病性以及传染性。

② 鱼类　急性毒性和/或致病性以及传染性。

③ 毒性　水蚤。

④ 对海藻生长的影响。

⑤ 靶标生物的主要寄生者和捕食者　急性毒性和/或致病性以及传染性。

⑥ 蜜蜂　急性毒性和/或致病性以及传染性。

⑦ 蚯蚓　急性毒性和/或致病性以及传染性。

⑧ 其他有风险的非靶标生物　急性毒性和/或致病性以及传染性。

⑨ 临近非靶标作物、野生植物、土和水中的间接污染程度。

⑩ 对其他植物群和动物群的影响。

二、生物农药产品登记的资料要求

1. 植物保护产品的特性

① 申请人（名称、地址等）。

② 制剂和活性成分的制造商（名称、地址等，包括厂房的位置）。

③ 商品名或建议商品名，制造商的开发代号或植保产品名称。

④ 产品定性定量的详细资料（活性微生物、惰性组分、外来生物等）。

⑤ 产品的物态和性质（乳油、可湿性粉剂等）。

⑥ 用途（杀虫剂、杀菌剂）。

2. 产品的技术特征

① 外观（颜色和气味）。

② 储藏稳定性　稳定性和货架期。温度的影响，包装和储存的方法等，生物学活性的保持。

③ 建立储藏和货架期保持稳定的方法。

④ 制剂的技术特征。

⑤ 与其他产品的物理化学兼容性，包括那些已经获得授权的产品。

⑥ 湿润、吸附及在靶标植物上的分布。

3. 应用资料

① 适用范围，如大田、温室、食物或饲料储藏、家庭园艺。

② 预期使用的详细细节，如防治对象、被保护作物或农产品的类型。

③ 施用次数。

④ 说明哪些具体的耕作，作物及环境条件下可以或不可以施用。

⑤ 活性物质在施用介质中的浓度（如在稀释液中的百分含量）。

⑥ 使用方法。

⑦ 施用剂量和时间。

⑧ 植物致病性。

⑨ 施用建议。

4. 制剂的进一步资料

① 包装（类型、材质和大小等）。

② 施药器具的清洗程序。

③ 施药间隔期、必要的收获等待期或其他保护人类和动物安全的注意事项。

④ 搬运、储存和运输中的推荐方法和注意事项。

⑤ 发生事故后的急救措施。

⑥ 产品及其包装的破坏和消除污染的程序。

5. 分析方法

① 测定产品组成的分析方法。

② 测定被处理作物或农产品中残留的方法（如生物测定）。

③ 反映产品微生物学纯度的方法。

④ 反映产品对人和哺乳动物不具有致病性的方法，如有必要，还要有对蜜蜂致病性的资料。

⑤ 保证产品一致性所采用的工艺以及产品标准的测试方法。

6. 田间试验

① 初步的作用范围测试。

② 田间试验。

③ 可能导致出现抗性的资料。

④ 对被处理作物的产量或被处理农产品的质量的影响。

⑤ 对靶标植物（包括不同的栽培品种）或靶标植物产品的药害。

⑥ 对不可预期或不希望出现的副作用的观察，如对有益或其他非靶标生物、下茬作物、其他植物或被处理作物的繁殖部位（如种子、插枝、匍匐茎）的副作用。

⑦ 根据上述①～⑥中的资料进行总结和评估。

7. 毒性和/或致病性和传染性试验

① 一次口服剂量。

② 一次经皮剂量。

③ 吸入毒性。

④ 皮肤作眼睛刺激试验。

⑤ 皮肤过敏试验。

⑥ 非活性成分的毒性资料。

⑦ 操作接触：经皮吸收，类似于田间条件下的操作接触，包括操作接触的定量分析。

8. 被处理产品、食物和饲料中的残留

① 活性成分的残留资料，包括在给定的具体条件下，应用于授权适用范围的作物、食物或饲料等监测试验，包括在预定适用地域可能遇到的不同气候和农业条件下的资料。鉴定被处理中有活性或没有活性物质的残留也是必需的。

② 如有可能，要评价工业化生产和作坊式生产对残留在性质上和数量上的影响。

③ 如有可能，要评价残留对新鲜产品或加工产品在污染、气味、味道等方面的影响。

④ 如有可能，要评价通过饲料摄入或家畜垫接触而对动物源的产品造成的影响。

⑤ 可能存在残留的下茬作物或轮作作物的残留资料。

⑥ 建议收获前施用等待期，或在收获后使用的储存期。

⑦ 建议最大允许残留限量（MRLs）和接受这个水平残留量的理由（对于毒素）。

⑧ 根据上述①～②的资料对残留行为作出总结和评估。

9. 环境中的归宿和行为

如果有毒素，资料要求见 A 部分中的 9。

10. 生态毒理学试验

① 对水生生物的影响。

② 有益生物和其他非靶标生物的影响。

11. 对 9、10 的总结和评估

12. 进一步资料

① 在其他国家的授权信息。

② 其他国家建立 MRLs 的资料。

③ 建议，包括根据指令 67/548/EEC 和 78/631/EEC 的分类建议。如危险符号、危险指示、危险短语、安全短语。

④ 根据 1991 年 7 月颁发的欧盟农药登记指令 91/414/EEC 中 15（l）、（g）和（h）以及被提议的标签提出风险短语和安全短语。

⑤ 建议的包装样本。

第三节　中国对生物农药登记的要求

中国的农药管理机构一贯鼓励和支持生物农药研究和产业化，对生物农药登记采取比较宽松的政策。农业部检定所在 1982 年编制的《农药登记资料要求》中还没有单独对生物农药提出登记资料要求，1992 年对《农药登记资料要求》进行了修改和补充，首次提出对生物农药登记资料要求，其主要内容和美国环境保护局的相关资料要求类似，生物化学农药和微生物农药被视为生物农药。2003 年 5 月农业部农药检定所又将《农药登记资料要求》进行了修改和补充（征求意见稿），在 OECP 定义的生物农药范畴内，在原来的微生物农药、生物化学农药的基础上又增加了植物提取物，活体天敌及转基因作物。具体登记资料要求如下。

一、生物化学农药

1. 定义

生物化学农药是生物农药的一类，生物化学农药必须符合下列两个条件：

① 对防治对象没有直接毒性，而只有调节生长、干扰交配或引诱等特殊作用；

② 必须是天然化合物，如果是人工合成的，其结构必须与天然化合物相同（允许异构体比例的差异）。

2. 范围

生物化学农药包括以下四类。

（1）信息素　由动植物分泌的，能改变同种或不同种受体生物行为的化学物质，包括外激素、利己素、利它素。

（2）激素　由生物体某一部位合成并可传导至其他部位起控制、调节作用的生物化学物质。

（3）天然植物生长调节剂和昆虫生长调节剂　天然植物生长调节剂是由植物或微生物产生的，对同种或不同种植物的生长发育（包括萌发、生长、开花、受精、坐果、成熟及脱落等过程）具有抑制、刺激等作用或调节植物抗逆境（寒、热、旱、湿和风等）的化学物质等。昆虫生长调节剂是对昆虫生长过程具有抑制、刺激等作用的化学物质。

（4）酶　酶是在基因反应中作为载体，在机体生物化学反应中起催化作用的蛋白质分子。

3. 田间试验

（1）田间试验申请表。

（2）产品摘要资料

① 产品化学　如已有产品质量标准应提供产品标准，没有产品质量标准的，则提供下列资料。

a. 有效成分：通用名称、化学文摘登录号（CAS RN）、国际农药分析协会委员会（CIPAC）数学代号、开发号、实验室、相对分子质量、结构式、化学名称，主要物化参数，如外观、熔点（或沸点）、密度（堆积度）、旋光度（如为手性化合物）、蒸气压、溶解度、分配系数。

b. 原药：有效成分含量、主要杂质名称和含量，主要物化参数，如外观、熔点（或沸点）、密度（堆积度）、旋光度（如为手性化合物），有效成分分析法等。

c. 制剂：剂型、有效成分含量、其他成分及含量、主要物化参数。

② 毒理学资料

a. 原药：急性经口毒性，急性经皮毒性，急性吸入毒性（根据物化参数和用途决定是否需要，下同），皮肤、眼睛刺激性及皮肤致敏性。

b. 制剂：急性经口毒性，急性经皮毒性，急性吸入毒性（根据物化参数和用途决定是否需要，下同），中毒急救治疗措施等。

③ 药效资料　包括作用机理、作用谱、室内活性测定、申请田间试验作物、防治对象、施药方法及注意事项；对混配要求说明混配目的，提交方案筛选报告。

④ 其他资料　在其他国家或地区已有的田间药效、残留、环境生态试验和登记情况资料或综合查询报告等。

4. 临时登记

（1）原药临时登记

① 临时登记申请表。

② 产品摘要资料　包括产品化学、毒理学、环境生态、残留、境外登记情况等资料简述。

③ 产品化学资料　同新农药登记。

④ 毒理学资料

a. 基本毒理学资料：急性经口毒性，急性经皮毒性，急性吸入毒性，眼睛刺激性，皮肤刺激性，致癌性。

b. 补充毒理学资料：如基本毒理学试验发现对哺乳动物高毒或剧毒，则应根据具体情况补充 90d 大鼠喂养试验，特殊需要时要求 21d 经皮毒性、免疫毒性、致突变性、致畸性、致癌性试验等资料。

⑤ 标签、说明书（样张）同新农药。

⑥ 其他资料。

（2）制剂临时登记

① 临时登记申请表。

② 产品摘要资料　包括产品化学、毒理学、药效、环境生态、残留、境外登记情况等资料简述。

③ 产品化学资料　同新农药登记。

④ 毒理学资料

a. 急性经口毒性；

b. 急性经皮毒性；

c. 急性吸入毒性；

d. 眼睛刺激性；

e. 皮肤刺激性；

f. 致敏性。

⑤ 药效资料

a. 室内活性测定报告。在实验室测定的生物活性结果报告（LD_{50}、LC_{50}、EC_{50} 或 EC_{90}、作用谱等），对混配制剂还应说明混配目的，提供配方筛选报告。

b. 室外药效报告。杀虫剂（包括杀螨剂、杀软体动物剂）和杀菌剂（包括杀线虫剂）提供在中国 4 个以上自然条件或耕作制度不同的省级行政地区、2 年以上的田间小区药效试验报告；但仓储用农药、保鲜用农药和用于食用菌上的农药，可提供在中国 2 个以上自然条件或耕作制度不同的省级行政地区、1 年以上的药效试验报告。除草剂、植物生长调节剂提供在中国 5 个以上自然条件或耕作制度不同的省级行政地区、2 年以上的田间小区药效试验报告。

局部地区种植的作物（包括特种蔬菜、中草药材和特殊用途的经济作物及局部地区栽培的作物等），如亚麻、甜菜、油菜、人参、橡胶树、荔枝树、龙眼树、香蕉树、芒果树等及某些特种花卉等可提供 3 地 2 年或 2 地 2 年的田间小区药效试验报告。

⑥ 环境生态资料　视需要，提供环境生态方面的资料。

⑦ 标签、说明书（样张）同新农药。

⑧ 其他资料。

5. 正式登记

（1）原药正式登记

① 正式登记申请表。

② 产品摘要资料　包括产品化学、毒理学、残留、环境生态、境外登记情况等资料简述。

③ 产品化学资料　除临时登记时所要求的产品化学资料外，还应提供以下资料：

a. 2 年常温储存稳定性试验报告；

b. 产品质量报告和有效成分含量分析方法的试验报告。

④ 毒理学资料　在临时登记资料要求的基础上，如发现有特殊问题，可根据具体情况要求补充必要的试验资料。

⑤ 环境生态资料　视需要，提供环境行为特征方面的资料。

⑥ 规范的标签、说明书　同新有效成分。

（2）制剂正式登记

① 正式登记申请表。

② 产品摘要资料　包括产品化学、毒理学、药效、残留、环境生态及境外登记情况等资料简述。

③ 产品化学资料　除临时登记时所要求的产品化学资料外，还应提供以下资料：

a. 2 年常温储存稳定性试验报告（临时登记对已经提供的，可不再提供）；

b. 产品质量检验报告和有效成分含量分析方法的验证报告。

④ 毒理学资料　要求提供下列各项详细的试验报告，临时登记时已提供的，正式登记时可不再提供。

a. 急性经口毒性；

b. 急性经皮毒性；

c. 急性吸入毒性；

d. 眼睛刺激性；

e. 皮肤刺激性；

f. 致敏性。

⑤ 药效资料　提供临时登记期间使用情况综合报告，内容包括：产品推广面积、主要推广地区、使用技术、使用效果、抗性发展、作物安全性及非靶标生物的影响等方面的综合评价。

⑥ 残留资料　视农药特性和使用方法，提供在中国 2 个以上自然条件或耕作制度不同的省级行政地区、2 年以上的田间残留试验报告；但仓储用农药和用于食用菌上的农药，提供在中国 2 个以上自然条件和耕作制度不同的省级行政地区、1 年以上的残留试验报告。临时登记已经提供的，可不再提供。

⑦ 环境毒理资料　视农药特性和使用方法，提供环境毒理学资料。

⑧ 规范标签、说明书　同新农药。

二、微生物农药

1. 定义和范围

微生物农药是生物农药的一类，包括由细菌、真菌、病毒和原生动物或基因修饰的微生物等自然产生的防治病、虫、草、鼠等有害生物的制剂。

2. 田间试验

（1）田间试验申请表。

（2）摘要资料　提供包括下列内容的摘要资料。

① 生物特性　名称、分类、剂型、含量等。

② 毒理学　急性经口毒性、致病性。

③ 药效　作用机理、作用谱、室内活性测试测定（LD_{50}、LC_{50}、EC_{50} 或 EC_{90} 等）及申请田间试验的试验作物、防治对象、施药方法及注意事项；对混配制剂要求说明混配目的，提交配方筛选报告。

④ 境内外研究、登记情况。

3. 临时登记

（1）原药临时登记

① 临时登记申请表。

② 产品摘要资料　包括产品特性、毒理学、环境生态、境外登记情况等资料的简述。

③ 产品特性及标准资料

a. 产品标准及编制说明。内容包括：通用名称（生物学名），分类名称和品系，微生物的自然存在形式，生产流程（简述），鉴定试验程序和标准（如形态学、生物化学或血清学），其他成分含量，测定方法，包装、运输和储存注意事项。

b. 质量检验报告。包括有效成分的生物学鉴定报告和产品中所含的杂菌等杂质情况的说明。

④ 毒理学资料　应确认微生物农药的有效成分不是人或其他哺乳动物的已知病原体，制剂不含有作为污染物或突变子存在的病原体。提供以下基本毒理学资料：急性经口毒性，急性经皮毒性，急性吸入毒性，眼睛刺激试验或侵染性，致敏性，致病性。

如发现有毒性问题或感染症状，可要求提供原药其他试验资料，如亚慢性毒性，灵长类动物致病、致突变性等。

⑤ 环境生态资料　在环境中的繁衍能力及对非靶标生物的影响（具体对象根据农业品种而定）。

⑥ 标签、说明书（样张）　同新农药。

⑦ 其他资料。

（2）制剂临时登记

① 临时登记申请表。

② 产品摘要资料　包括产品特性、毒理学、药效、残留、环境生态、境外登记情况等资料的简述。

③ 产品特性及标准

a. 产品标准及编制说明。内容包括：产品名称和剂型，有效成分含量，其他成分的种类和含量（如紫外线保护剂、保水剂等），项目控制指标，产品稳定性及温度，储存条件对产品生物活性的影响，测定方法，包装、运输和储存注意事项等。

b. 质量检验报告。产品中所含的杂菌等情况的说明。

④ 毒理学资料

a. 急性经口毒性；

b. 急性经皮毒性；

c. 急性吸入毒性；

d. 眼睛刺激性；

e. 皮肤刺激性；

f. 致敏性；

g. 致病性。

⑤ 药效资料

a. 室内活性测定报告。在实验室测定的生物活性结果报告（LD_{50}、LC_{50}、EC_{50} 或 EC_{90}、作用谱等），对混配制剂还应说明混配目的，提供配方筛选报告。

b. 室外药效报告。杀虫剂（包括杀螨剂、杀软体动物剂）、杀菌剂（包括杀线虫剂）提供在中国 4 个以上自然条件或耕作制度不同的省级行政地区、2 年以上的田间小区药效试验报告；但仓储用农药、保鲜用农药和用于食用菌上的农药，可提供在中国 2 个以上自然条件和耕作制度不同的省级行政地区、1年以上的药效试验报告。除草剂、植物生长调节剂提供在中国5个以上自然条件或耕作制度不同的省级行政地区、2年以上的田间小区药效试验报告。

局部地区种植的作物（包括特种蔬菜、中草药材和特殊用途的经济作物及局部地区栽培的作物等），如亚麻、甜菜、油葵、人参、橡胶、荔枝树、龙眼树、香蕉树、芒果树等及某些特种花卉等可提供3地2年或2地2年的田间小区药效试验报告。

c. 其他资料。在其他国家或地区已有的药效试验结果或综合查询报告；对天敌的影响；作用方式和作用机制；抗性研究；产品特点和使用注意事项等。

⑥ 环境生态资料　在环境中的繁衍能力及对非靶标生物的影响（具体对象根据农业品种而定）。

⑦ 标签、说明书（样张）　同新农药。

⑧ 其他资料。

4. 正式登记

(1) 原药正式登记

① 正式登记申请表。

② 产品概括摘要资料　包括产品化学特性、毒理学、境外登记情况等资料简述。

③ 产品特性及标准资料　除临时登记时所要求的产品特性资料外，还应提供以下资料：

a. 2年常温储存稳定性试验报告；

b. 产品质量报告和有效成分含量分析方法的试验报告。

④ 毒理学资料　如果发现有特殊问题，可根据具体情况要求补充必要的资料。

⑤ 规范的标签、说明书　同新农药。

(2) 制剂正式登记

① 正式登记申请表。

② 产品概况摘要资料　包括产品化学、毒理学、药效、残留、境外登记情况等资料简述。

③ 产品特性及标准资料　除临时登记时所要求的产品特性资料外，还应提供以下资料：

a. 2年常温储存稳定性试验报告（临时登记已经提供的，可不再提供）。

b. 产品质量报告和有效成分含量分析方法的试验报告。

④ 毒理学资料　在临时登记资料要求的基础上，如果发现有特殊问题，可根据具体情况要求补充必要的资料。

⑤ 药效　提供临时登记期间的使用情况综合报告，内容包括：产品推广面积、主要推广地区、使用技术、使用效果、抗性发展、作物安全性及对非靶标生物的影响等方面的综合评价。

⑥ 残留资料　视农药特性和使用方法，提供在中国2个以上自然条件或耕作制度不同的省级行政地区、2年以上的田间小区药效试验报告；但仓储用农药、保鲜用农药和用于食用菌上的农药，可提供在中国2个以上自然条件或耕作制度不同的省级行政地区、1年以上的残留试验报告。临时登记已经提供的，可不再提供。

⑦ 环境生态资料　在使用地菌种存活期、种群数量和对其他生物影响的调查报告。

⑧ 规范的标签、说明书　与新农药规范管理相同。

三、植物源农药

1. 定义

植物源农药是指有效成分来源于植物体的农药。

人工模拟合成的植物农药按新农药要求提供登记资料。

2. 田间试验

植物源农药的田间试验资料要求同新农药资料要求。

3. 临时登记

植物源农药临时登记资料要求除以下特殊要求外，其他同新农药。

（1）产品化学资料

a. 要求原药通常应为固体，如无法进行全分析检测时，应说明原因，并提供农药登记机构认可的单位证明。

b. 选择一种以上的成分作为有效成分的代表。所选择的代表成分应有作为农药成分的相关报道。

c. 说明其加工原料来源（人工专门栽培或野生植物）和植物的部位（种子、果实、树叶、根、皮、茎和树干等）。

（2）残留资料　原药为中等毒以上的产品提供在中国2个以上自然条件或耕作制度不同的省级行政地区、1年以上的残留试验报告；残留资料具体要求同新农药。

4. 正式登记

植物源农药正式登记资料要求除以下特殊要求外，其他同新农药。

（1）原药毒理学资料　同新农药登记，临时登记已经提供的，正式登记时可不再提供。但对已在国家药典或地方标准等批准作为食品添加剂、保健食品、药品等使用的，可以不提供繁殖毒性、致癌试验等资料。

（2）原药环境生态资料　提供产品水解作用和光解作用的环境化学试验报告。

（3）制剂残留资料　原药为中等毒以上的制剂产品，提供在中国2个以上自然条件或耕作制度不同的省级行政地区、2年以上的田间残留试验报告，但仓储用、防腐用、保鲜用和食用菌上的农药，提供在中国2个以上自然条件或耕作制度不同的省级行政地区、1年以上的残留试验报告。临时登记已经提供的，可不再提供。

四、转基因生物

1. 定义和范围

转基因生物是指具有防治《农药管理条例》第二条所述有害生物以及耐除草剂等的，利用外源基因工程技术改变基因组构的农业生物。不包括：自然发生、人工选择和杂交育种，或由化学物理方法诱变，通过细胞工程技术得到的植物和自然发生、人工选择、人工受精、超数排卵、胚胎嵌合、胚胎分割、核移植、倍性操作得到的动物以及通过化学诱变、物理诱变、转导、接合等非重组DNA方式进行遗传性状修饰的微生物。

2. 田间试验

（1）田间试验申请表。

（2）摘要资料

① 遗传工程体概况

a. 遗传工程体类别。植物、动物、微生物及其类别。

b. 受体生物。中文名、学名、分类学地位、安全等级。

c. 目的基因。名称、供体生物、生物学功能。

d. 载体。名称、来源、标记基因、报告基因。

e. 转基因方法。基因操作类型。

f. 遗传工程体安全等级及审批结论。

② 试验目的、试验地点、试样面积（释放规模）、试验时间、试验单位、试验设计等。

③ 境外研究、登记情况。

3. 临时登记

（1）临时登记申请表。

（2）产品概况摘要资料　包括遗传工程体概况、毒理学、效果、残留、环境生态、境外登记情况等资料简述。

（3）遗传工程体概况　同田间试验。

（4）毒理学　遗传工程体对哺乳动物（大鼠）急性经口毒性；急性经皮毒性；吸入毒性、致敏性、食品安全性等。

（5）效果

① 药效报告

a. 室内活性测定报告。在实验室测定的生物活性结果报告（LD_{50}、LC_{50}、EC_{50} 或 EC_{90}、作用谱等），对混配制剂还应说明混配目的，提供配方筛选报告。

b. 室外药效报告。杀虫剂（包括杀螨剂、杀软体动物剂）、杀菌剂（包括杀线虫剂）提供在中国 4 个以上自然条件或耕作制度不同的省级行政地区、2 年以上的田间小区药效试验报告；但仓储用农药、保鲜用农药和用于食用菌上的农药，可提供在中国 2 个以上自然条件或耕作制度不同的省级行政地区、1 年以上的药效试验报告。除草剂、植物生长调节剂提供在中国 5 个以上自然条件或耕作制度不同的省级行政地区、2 年以上的田间小区药效试验报告。

局部地区种植的作物（包括特种蔬菜、中草药材和特殊用途的经济作物及局部地区栽培的作物等），如亚麻、甜菜、油菜、人参、橡胶树、荔枝树、龙眼树、香蕉树、芒果树等及某些特种花卉等可提供 3 地 2 年或 2 地 2 年的田间小区药效实验报告。

② 抗性研究及庇护区的设置。

③ 对收获物品质的影响。

④ 对后茬作物的影响。

⑤ 存在问题及改进措施。

（6）残留　如果毒理学测定表现有毒性问题，应测定农产品毒性物质残留量。

（7）环境生态

① 遗传工程体残体在环境的影响　包括基因漂移对生态系统的影响、基因构成、光解、水解、半衰期等。

② 遗传工程体残体在环境中分解特性及对环境的影响

a. 土壤微生物；

b. 鸟；

c. 蜜蜂；

d. 水生生物。

（8）标签、说明（样张）。

（9）转基因生物正式登记资料要求另行规定。

五、天敌生物

1. 定义和范围

天敌生物是指商业化（除微生物农药以外）具有防治《农药管理条例》第二条所述的病、虫、草等有害生物的生物活体。

2. 临时登记

① 临时登记表申请。

② 产品摘要资料　包括生物特性、效果、环境生态、境外登记情况等资料简述。

3. 生物学特性及产品标准

① 生物学特性　同田间试验。

② 产品标准。

③ 效果　在中国2个以上自然条件或耕作制度不同的地区、2年以上的田间小区药效试验报告。内容包括防治对象、适用范围、防治效果、经济效益、存在问题、改进措施等。

④ 对农作物的影响。

⑤ 对国家保护物种的影响。

⑥ 对有益生物影响。

⑦ 对靶标生物的影响。

⑧ 与本地品系杂交的可能及影响。

⑨ 标签、说明书。

4. 正式登记

天敌生物正式登记资料要求另行规定。

第四节　国内和国外对生物农药的规范管理

目前世界上大多数国家农药实施登记管理，对微生物农药也不例外，如美国、欧盟、加拿大、澳大利亚、日本等许多发达国家和地区都制订了农药指令及法律、法规等，他们对农药实施登记管理历史比我国悠久。由于各国制订的农药法规和负责农药登记的部门有所不同，登记农药的范围和种类也存在差异，但其框架和总模式大都基本相同或相似。我国农药登记起步较晚，参考借鉴了其他国家的经验，正在探索制定具有中国特色的生物农药规范管理制度。

一、国内对生物农药的规范管理

1. 我国微生物农药登记现状

微生物农药主要包括：细菌、真菌和病毒等，主要有杀虫、杀菌和除草等功能。微生物农药主要用于大田、林业和卫生等方面。目前在我国已有近30种微生物有效成分取得登记（见表5-5）。

表5-5　在我国已取得登记的微生物农药有效成分名单

农药种类	数量	有效成分种类
细菌	10	苏云金芽孢杆菌(库斯塔克亚种、以色列亚种)、球形芽孢杆菌、枯草芽孢杆菌、蜡质芽孢杆菌、地衣芽孢杆菌、假单胞杆菌、荧光假单胞杆菌、类产碱假单胞杆菌、多黏类芽孢杆菌、放射土壤杆菌
真菌	6	金龟子绿僵菌、球孢白僵菌、木霉菌、淡紫拟青霉、耳霉菌、厚孢轮枝菌
病毒	13	①核型多角体病毒：茶尺蠖核型多角体病毒、甜菜夜蛾核型多角体病毒、苜蓿银纹夜蛾核型多角体病毒、斜纹夜蛾核型多角体病毒、油桐尺蠖核型多角体病毒、草原毛虫核型多角体病毒、黏虫核型多角体病毒 ②质型多角体病毒：棉铃虫核型多角体病毒、松毛虫质型多角体病毒 ③颗粒体病毒：菜青虫颗粒体病毒、黏虫颗粒体病毒、蟑螂浓核病毒、小菜蛾颗粒体病毒

目前我国已取得30个品种的微生物农药登记（占已登记有效成分品种4.7％），产品

327 个（占已登记的 1.6％），其中细菌有 11 个品种，270 个产品；真菌有 6 个品种，22 个产品；病毒有 12 个品种，35 个产品。我国微生物农药产品的主要剂型有：母药、可湿性粉剂、悬浮剂、油悬浮剂、微粒剂、饵剂、水分散粒剂、悬乳剂、微囊悬浮剂、粉剂、颗粒剂、种衣剂等。

其中，在农业上使用的微生物农药品种有：苏云金芽孢杆菌、枯草芽孢杆菌、蜡质芽孢杆菌、地衣芽孢杆菌、荧光假单胞杆菌、类产碱假单胞菌；金龟子绿僵菌、球孢白僵菌、木霉菌、淡紫拟青霉、耳霉菌、厚孢轮枝菌；茶尺蠖核型多角体病毒、甜菜夜蛾核型多角体病毒、苜蓿银纹夜蛾核型多角体病毒、斜纹夜蛾核型多角体病毒、油桐尺蠖核型多角体病毒、棉铃虫核型多角体病毒、菜青虫颗粒体病毒、黏虫颗粒体病毒等。

在林业上使用的微生物农药品种有：苏云金芽孢杆菌、松毛虫质型多角体病毒、球孢白僵菌、绿僵菌（没有登记的为美国白蛾病毒、茶尺蠖病毒、舞毒蛾病毒、杨扇舟蛾病毒、蜀柏毒蛾病毒）等。

在卫生上使用的微生物农药品种有苏云金芽孢杆菌（以色列亚种）、球形芽孢杆菌、金龟子绿僵菌等。

目前，我国微生物农药施用面积仅占病虫害防治总面积的 10％～15％，其销售额超过 60 亿元，其中苏云金芽孢杆菌占市场份额的 2％，棉铃虫核型多角体病毒占 0.2％。据有关专家预测，今后 10 年内，生物农药可能将取代 20％以上的化学农药。

2. 我国农药的规范管理

2007 年底我国农业部连续颁布了 6 项有关农药规范管理的新规定。新规定对微生物农药的主要要求如下。

（1）限定农药产品的有效成分含量范围　新的农药登记资料规定中列出了农药制剂有效成分含量的允许波动范围（见表 5-6）。但由于微生物农药产品具有特殊性，其有效成分含量的单位、测定方法及精确度均不同于化学农药，因此其含量的允许波动范围也应特殊规定。

表 5-6　农药产品中有效成分含量范围要求

标明含量 X[％或 g/100mL,(20±2)℃]	允许波动范围
$X \leqslant 2.5$	±15％X（对乳油、悬浮剂、可溶液剂等均匀制剂）
	±25％X（对颗粒剂、水分散粒剂等非均匀制剂）
$2.5 < X \leqslant 10$	±10％X
$10 < X \leqslant 25$	±6％X
$25 < X \leqslant 50$	±5％X
$X > 50$	±2.5％或 2.5g/100mL

（2）增加了环境、药效、毒性和残留资料，提高了农药登记安全性评价要求

① 强化微生物农药登记　根据国际惯例，对微生物农药可申请减免部分资料。由于它是生物活体，要求提供有关使用后风险性评价资料；并针对其特点，强化菌种鉴定和微生物在环境中的繁衍能力，及在环境中释放变异情况及其风险性。微生物母药可减免环境行为资料，可申请减免部分环境资料。

② 药效资料方面　对新微生物农药品种和新防治对象要求提供室内活性测定报告，并进一步细化，尽可能考虑特殊情况。

③ 环境影响资料方面　相对于化学农药，根据微生物农药的特性、剂型、使用范围和使用方式等特点的不同，通常可以申请减免部分环境生物的影响试验报告。如果试验表明微

生物农药对环境生物具有高毒或致病性，还需要对该种微生物在环境中的繁衍能力进行试验。

④ 毒理学资料方面　微生物母药的致病性要求提供经口、吸入致病性、注射致病性（细菌和病毒进行静脉注射试验；真菌或原生动物进行腹腔注射试验）的报告；如果发现微生物农药产生毒素、出现明显的感染症状或者持久存在等迹象，可视情况补充试验资料，如亚慢性毒性、致突变性、生殖毒性、慢性毒性、致癌性、免疫缺陷、灵长类动物致病性等；根据农药的特性或用途的不同，可适当减免部分制剂的环境试验报告。但当试验表明原药对环境生物为高毒或具有致病性的，需对此种微生物在环境中的繁衍能力进行试验，在正式登记时提交在环境中释放变异情况及其风险性说明。明确应进行急性吸入的产品及登记要求，即符合下列条件之一产品需提供急性吸入毒性试验资料：气体或者液化气体；发烟制剂或者熏蒸制剂；用雾化设备施药的制剂；蒸汽释放制剂；气雾剂；含有直径$<50\mu m$的粒子占相当大比例（按重量计$>1\%$）制剂；用飞机施药可能产生吸入接触的制剂；含有活性成分的蒸气压$>1\times10^{-2}Pa$，并可能用于仓库或者温室等密闭空间的制剂；根据使用方式，能产生直径$<50\mu m$粒子或小滴占相当大比例（按重量计$>1\%$）的制剂。

⑤ 残留试验资料方面　微生物农药具有特殊性，通常为了使其在田间发挥较好的防治效果需要其在作物上、土壤等环境条件中具有较高的生存定植能力，对于没有危害的微生物农药可以申请残留试验资料减免，否则需根据微生物农药特性和使用方法，按照评审委员会意见，提供在我国进行的 2 年以上的残留试验报告。

(3) 规范相同农药产品认定和登记

① 质量无明显差异的相同微生物农药母药　在产品技术指标相同或优于被认定产品的情况下，对比其相关杂质、非相关杂质的组成是否相同，含量在所规定的范围内。在杂质组成不完全符合要求的情况下，可通过提交相关毒理学资料和环境毒理学资料说明两者是等同的。对相同试验项目，毒理学试验结果相比在 2 倍范围内、环境毒理试验结果相比在 5 倍范围内，将认定两者试验结果为等同的。

② 相同微生物农药制剂　在产品技术指标相同或优于被认定产品的情况下，对比助剂种类是否相同，含量是否在允许波动范围内。在助剂组成不完全符合要求情况下，如认定产品中不新增易对人畜、环境危害较大的助剂、不包含尚未在我国登记备案的新助剂，且产品中严格控制含量的助剂，种类相同、含量偏差不大于允许偏差范围，可通过提交产品毒理学、环境毒理学资料说明两者是等同的。对相同试验项目，毒理学试验结果相比 2 倍范围内、环境毒理学试验结果相比在 5 倍范围内，将认定两者试验结果为等同。

(4) 强化行政许可的监督机制　强化验证试验，由提供的质检报告改为质量检测和分析方法的验证报告，要求对方法可行性进行评价。

(5) 其他　新的农药登记资料规定中更加强化知识产权保护，建立了登记产品的退出机制。另外，产品扩大使用范围、改变使用方法或变更使用剂量，不改变产品的登记有效期。已取得正式登记的产品申请扩大使用范围、改变使用方法或变更使用剂量，应按正式登记资料规定申请。电子资料要求：申请表、产品摘要资料和产品安全数据单（MSDS）应提供电子文本。登记资料应提供 2 份，且内容应当完全一致，至少有一份应是原件。复印件资料的产品化学、毒理学、药效、残留、环境影响、包装和标签等资料应分别与申请表、产品摘要资料分册装订。

3. 微生物农药产品的标准化

目前国内外的微生物类农药产品工业化生产不多，其产品的质量标准也就相对较少，我国在微生物农药标准化方面已完成的工作如下。

(1) **细菌微生物农药** 在国际上 FAO/WHO 公布了 5 个细菌（母药、可湿性粉剂、水分散粒剂、可分散片剂、悬浮剂）标准编写规范；我国已制订了 3 个产品的国家标准（苏云金芽孢杆菌原粉 GB/T 19567.1—2004、苏云金芽孢杆菌悬浮剂 GB/T 19567.2—2004、苏云金芽孢杆菌可湿性粉剂 GB/T 19567.3—2004）。

(2) **真菌微生物农药** 我国制订了 5 个产品编写规范的国家标准（真菌农药母药产品标准编写规范 GB/T 21459.1—2008、真菌农药粉剂产品标准编写规范 GB/T 21459.2—2008、真菌农药可湿性粉剂产品标准编写规范 GB/T 21459.3—2008、真菌农药油悬浮剂产品标准编写规范 GB/T 21459.4—2008、真菌农药饵剂产品标准编写规范 GB/T 21459.5—2008），该标准已于 2008 年 8 月 1 日实施。这是我国首次制定微生物真菌的基础性国家农药标准，具有一定探索性和规范性。它对微生物农药领域的各种产品质量起到积极的推动作用，促进微生物农药的发展。

标准中规定真菌类农药术语，制定产品标准的鉴定技术和检测方法的规范性编写要求，是比较完整、科学的系列基础标准。标准的实施将统一和规范真菌农药产品质量管理，有助于推动真菌农药的产业化，促进其生产、经营、使用、管理和科研的发展，有助于我国真菌农药行业与国际接轨，促进对外交流和国际贸易，有助于促进中国真菌农药走进国际市场。

(3) **病毒微生物农药** 我国正在制订 3 个产品的农业行业标准（棉铃虫核型多角体病毒可湿性粉剂、小菜蛾颗粒体病毒可湿性粉剂、苜蓿银纹夜蛾核型多角体病毒悬浮剂），首次将采用先进的 DNA-PCR 和限制性内切酶法进行定性检测，定量采用显微计数和生物测定两种方法结合，相互验证，解决鉴别活病毒还是失活病毒技术难题。

(4) **抗性分析** 抗性的治理是通过降低靶标病原菌对风险中的杀菌剂的暴露获得的。对葡萄霜霉病病原菌而言，可以通过减少每季的用药次数来降低抗性风险；由于葡萄霜霉病对 QoIs 的抗性不稳定，交替用药也应该可以有效降低抗性风险。这些措施与 FRAC 对 QoI 杀菌剂提出的使用指南相一致，即为了降低 QoI 杀菌剂的抗性风险，FRAC 建议混配和交替用药。总之，在黄斑病细胞色素 b 基因中已经检测到几个突变体，这些突变体赋予了病原菌对 QoIs 杀菌剂不同的抗性水平，其中以 G143A 突变体的影响最大，而由 F129L 和 G137R 引起的抗性比 G143A 引起的抗性小。由于细胞色素 b 基因 143 位点处的 1 个内含子的存在，可以推测在网斑病病原体中不会发生由 G143A 引起的抗性。事实上，在网斑病病原体中，到目前为止只检测到 F129L 突变体，对于已经产生 F129L 突变体的网斑病，可以通过使用田间推荐上限剂量下的 QoIs 控制这种病害。所有的锈病及早疫病中由于氨基酸 143 位点后内含子的存在，阻止了该位点的甘氨酸向丙氨酸的转变，从而使 QoIs 杀菌剂对这些病原菌仍具有较高的敏感性。疫病、白粉病、稻瘟病、黑条叶斑病、叶枯病、黑星病和霜霉病等，由于其细胞色素 b 基因结构中 143 位点的氨基酸之后，不存在 I 型内含子，从而导致了 G143A 突变体的形成，最终使 QoIs 杀菌剂对这类病害产生高抗性。QoIs 的抗性问题从其入市后不久便伴随左右，成为科研人员不得不花大力气研究的重要课题。随着人们对抗性机理不断深入的了解，可以使 QoIs 更广泛、有效、长期地服务于农业。目前为了延缓这类杀菌剂的抗药性，减少用药次数、交替用药以及将 QoIs 与其他合适的杀菌剂复配等都已成为农业生产中常用的有效措施。

二、国外对生物农药的规范管理

国外对生物农药的规范管理起步较早，例如欧盟和美国。

1. 欧盟

农药登记分为有效成分和制剂，其中有效成分（原药）统一在欧盟水平登记，制剂则由各成员国负责，其登记结果可互认。欧盟对 1993 年前市场上的 983 个和 1993 年后新增的 144 个有效成分（共 1127 个）分 4 个阶段进行重新评估登记。由于需要进行大量试验和投入高额费用，出于经济利益考虑，对前景不被看好的农药，在没有获得重新登记所需资料而被排除在附录Ⅰ之外，当然也有部分农药是因为环境或其他因素而淘汰。截至 2008 年 8 月 1 日，欧盟已完成 897 个农药的评估，有 215 个（占 19%）已列入附录Ⅰ，其中包括 24 种微生物农药被列入在其中（见表 5-7），已陆续撤销 682 个（占 61%）农药登记，还有 230 个农药处在评价中。

表 5-7　欧盟列入附录Ⅰ中的微生物农药名单

农药类别	数量	有效成分含量
杀虫剂	8	苏云金杆菌(鲇泽亚种、库斯塔克亚种、拟步甲亚种)、球孢白僵菌、苹果蠹蛾颗粒体病毒、甜菜夜蛾核型多角体病毒、金龟子绿僵菌、大丽花轮枝菌、绿针假单胞菌(MA342)、蜡蚧轮枝菌
杀菌剂	12	哈茨木霉菌(T-11、T-12)、多孢木霉菌、莲微素鼠青绿、枯草芽孢杆菌(QST713)、白粉寄生菌(AQ10)、淡紫拟青霉、链孢黏帚霉分离株(J1446)、盾壳霉、玫烟色拟青霉菌、大伏革菌、寡雄腐霉(M1)、绿色木霉菌(ICC080)

2. 美国

美国是农药管理制度建立较早的国家之一，也是从事农药管理人员最多的国家。美国农药管理分常规和特殊两种登记，其中常规登记的有效期为 5 年；特殊需要登记的有效期为 1 年。农药登记按使用类型不同分为：旱地（食品作物和非食品作物）、水田（食品作物和非食品作物）、温室（食品作物和非食品作物）、森林、庭院和室内（卫生用），其需要提供的资料也不同。美国执行资料补偿或成本共同承担原则，对相同产品登记实施资料补偿，一般由企业间协调，但也会进行仲裁裁决，资料拥有者也有权请求 EPA 撤销其相同产品的登记。美国农药登记分化学农药、生物农药和消毒剂三大类进行评审。生物农药包括危害较低、风险较小的农药，在生物农药办公室进行专项管理，评审周期较化学农药快，一般期限为 1 年。目前已登记注册了 237 个生物农药。

[本章小结]

美国登记生物农药要求的资料包括：①产品鉴定；②生产过程描述；③动物毒性试验资料；④非靶标生物的毒性资料。登记生物化学农药要求的资料：①产品鉴定和分析资料；②哺乳动物毒性资料；③非靶标生物试验资料。登记转基因植物农药要求的资料包括：产品鉴别、转基因植物农药中基因对非靶标生物的影响和基因在环境中的归宿。

欧盟国家登记生物农药的资料包括：①植物保护产品的特性；②产品的技术特征；③应用资料；④制剂的进一步资料；⑤分析方法；⑥田间试验；⑦毒性和/或致病性和传染性试验；⑧被处理产品、食物和饲料中的残留；⑨环境中的归宿和行为；⑩生态毒理学试验；⑪对⑨、⑩的总结和评估；⑫进一步资料。

中国登记生物农药的资料包括：①定义；②登记范围；③田间试验；④临时登记；⑤正式登记。

中国对生物农药的规范管理包括：①限定农药产品的有效成分含量范围；②增加了环境、药效、毒性和残留资料，提高农药登记安全性评价要求；③规范相同农药产品认定和登记；④强化行政许可的监督机制等。

欧盟国家对生物农药的规范管理：农药登记分为有效成分和制剂，其中有效成分（原药）统一在欧盟水平登记，制剂则由各成员国负责，其登记结果可互认。

美国对生物农药的规范管理：美国农药管理分常规和特殊两种登记，其中常规登记的有效期为5年；特殊需要登记的有效期为1年。美国农药登记分化学农药、生物农药和消毒剂三大类进行评审。生物农药在生物农药办公室进行专项管理，评审周期一般期限为1年。

［复习思考题］

1. 美国生物农药登记要求的资料包括哪些？
2. 欧盟国家生物农药登记要求的资料包括哪些？
3. 中国生物农药登记要求的资料包括哪些？
4. 简述国内和国外对生物农药的规范管理办法。

实训一　微生物农药主要品种识别

一、目的要求

1. 了解微生物农药的主要类别、防治对象、使用方法及其使用浓度。

2. 学习微生物农药的鉴别方法，培养学生分析问题、解决问题的能力。

二、材料与用具

微生物杀虫剂的品种样本、微生物杀菌剂的品种样本、微生物除草剂的品种样本、记录纸；烧杯、玻璃棒、pH 试纸、手套、口罩等。

三、内容和方法

1. 微生物杀虫剂

（1）细菌杀虫剂　苏云金杆菌、棉丰杀虫剂、虫死定、杀螟杆菌。

（2）真菌杀虫剂　白僵菌、绿僵菌、淡紫拟青霉。

（3）病毒杀虫剂　核型金角体病毒（NPV）、颗粒体病毒（GV）、质型核多角体病毒（CPV）。

（4）病原线虫杀虫剂。

（5）原生动物微孢虫杀虫剂。

2. 微生物杀菌剂

（1）细菌杀菌剂　枯草芽孢杆菌、假单胞杆菌、蜡质芽孢杆菌、草生欧氏杆菌、地衣芽孢杆菌。

（2）真菌杀菌剂　木霉制剂、球毛壳菌制剂、非致病性的尖孢镰刀菌制剂、盾壳霉。

（3）农用抗生素　春雷霉素、多氧霉素、庆丰霉素、井冈霉素、公主岭霉素、中生菌素、武夷菌素、宁南霉素、华光霉素、嘧肽霉素、磷氮霉素等。

3. 微生物除草剂

（1）细菌除草剂　AM301。

（2）真菌除草剂　Dr. Biosedge、Biochon、胶孢炭疽菌、Biomal、Collego、Devine。

（3）微生物源除草剂　茴香霉素、去草酮、双丙氨膦等。

四、作业

填写表 6-1。

表 6-1　微生物农药品种、防治对象、使用方法、使用浓度和注意事项一览

类别	按成分分类	品种名称	防治对象	使用方法	使用浓度	注意事项
微生物杀虫剂	细菌杀虫剂					
	真菌杀虫剂					
	病毒杀虫剂					
	病原线虫杀虫剂					
	微孢子虫杀虫剂					
微生物杀菌剂	细菌杀菌剂					
	真菌杀菌剂					
	农用抗生素					
微生物除草剂	真菌除草剂					
	细菌除草剂					
	微生物源除草剂					

实训二　植物及植物源农药主要品种的识别

一、目的要求

1. 了解杀虫、抗菌植物的主要类别及其特点。
2. 学习杀虫植物的鉴定方法，培养学生分析问题、解决问题的能力。

二、材料与用具

放大镜、枝剪、记录纸；除虫菊、万寿菊、藿香蓟、猪毛蒿、金腰箭鱼藤、苦豆子、苦参、雷公藤、苦皮藤等。

三、内容和方法

1. 形态观测记录

（1）菊科杀虫植物　花序为头状花序，果实有冠毛为瘦果。
（2）豆科杀虫植物　蝶形花冠、二体雄蕊、荚果。

2. 立地条件调查记录

（1）土壤　种类、质地、颜色、pH 值。
（2）地形　种类、海拔、坡向、坡度、地下水位。
（3）光照情况　阳性、中性或阴性。

四、作业

能正确识别除虫菊、万寿菊、藿香蓟、猪毛蒿、金腰箭苦豆子、苦参、雷公藤、苦皮藤，并说出其主要特点。

实训三　柑橘小实蝇的诱杀试验

一、目的要求

1. 学会利用性诱剂防治柑橘小实蝇的方法。
2. 学会性诱剂诱杀柑橘小实蝇的调查方法。

二、材料与用具

中国科学院上海昆虫研究所生产的性诱剂诱芯，塑料水桶、铁丝等。

三、内容和方法

① 将市售的直径 25cm、深 30cm 的蓝色硬质塑料桶，内盛 0.2％的洗衣粉水，用细铁丝穿一枚诱芯横放在桶口中间并固定住，与水面距离为 0.5～1cm，制成柑橘小实蝇性诱剂诱捕器。

② 在柑橘小实蝇盛发的 7 月上旬，在柑橘种植园每亩内随机选择 5 棵果树。

③ 每棵果树上悬挂柑橘小实蝇诱捕器一个，诱捕器离地面 1.0m，每日傍晚将诱盆水面添至排水孔；每周或大雨过后补加一次洗衣粉，诱芯一般在 15 d 后更换。

④ 每天上午 8 点调查诱虫 1 次，并记录诱杀量。

四、作业

根据实验结果，说明诱杀量与诱芯更换时间的关系。

实训四　斜纹夜蛾的诱杀试验

一、目的要求

1. 学会利用性诱剂防治斜纹夜蛾的方法。
2. 学会性诱剂诱杀斜纹夜蛾的调查方法。

二、材料与用具

中国科学院上海昆虫研究所生产性诱剂诱芯，塑料水盆、铁丝、竹竿等。

三、内容和方法

① 在斜纹夜蛾盛发的 7 月上旬，随机选择一块种植有花椰菜、茄子或白菜等的蔬菜基地。

② 将市售的直径 25cm、深 8cm 的蓝色硬质塑料盆，内盛 0.2％的洗衣粉水，用细铁丝穿一枚诱芯横放在盆口中间并固定住，与水面距离为 0.5～1cm，制成斜纹夜蛾性诱剂诱捕器。

③ 在蔬菜基地内每亩设置以上制作的斜纹夜蛾性诱剂诱捕器 5 个，将其安放在用竹竿支起的三角支架上，离地面 1.0m，每日傍晚将诱盆水面添至排水孔；每周或大雨过后补加一次洗衣粉，诱芯一般在 15d 后更换。发现诱虫量明显增大时改为 10d 后更换。

④ 每天上午 8 点调查诱虫 1 次，并记录诱杀量。

四、作业

练习利用性诱剂诱杀甜菜夜蛾。

实训五　常见天敌昆虫的识别与观察

一、目标要求

掌握天敌昆虫识别的基本方法，为生物防治奠定基础。认识当地常见天敌昆虫。

二、材料与用具

捕虫网，放大镜，体视镜，解剖针，吸虫管，毒瓶，镊子等。

三、内容和方法

1. 认识各种采集工具

(1) 捕虫网　一种是普通采集网，另一种是扫网。

(2) 吸虫管　用以采集小型昆虫，或用以调查虫口密度，颇为方便。

(3) 毒瓶　用以杀死采集到的昆虫成虫。

2. 掌握天敌昆虫活动、取食的场所特点和时间规律及采集方法

一般天敌常出现在农药施用量较少、阳光充足、植被丰富、湿度较大、蜜源植物较多的农田或野外。大多数捕食性天敌成虫在白天活动，采集时间以每天上午 7：00～10：00 较为适宜。瓢虫类、草蛉类皆可取食多种蚜虫，螳螂、蜻蜓在农田和野外的食料丰富，种群数量多，使用捕虫网进行搜索和捕捉，十分容易。食蚜蝇和寄蝇的成虫与幼虫的食性和活动场所有很大不同。蜜源植物丰富以及有蚜虫和介壳虫分泌物的场所，可发现大量的蝇类天敌的成虫。但步甲类天敌的捕食对象多在土壤中生活，选择在这类场所挖土捉虫，成功的概率高。

捕食螨类、蓟马等可使用 10～20 倍的放大镜在被害叶片上寻找。也可将被害叶片摘下，放入纸袋中，带回室内，在双目解剖镜下检查挑取。在识别食蚜蝇时，要注意到食蚜蝇成虫的拟态，其形态与蜜蜂极为相似，但其飞行活动时，声音柔和，与蜂类较清脆的音色不同。寄生蜂类天敌成虫因其个体十分细小，田间不容易发现，可先搜索其寄主，带回室内进行饲养后得到成虫。如松毛虫赤眼蜂寄生在多种害虫卵内，被寄生的卵漆黑一片，而未被寄生的卵则呈白色或有黑点。

（1）草蛉　有大草蛉、中华草蛉等。一年发生 4～5 代，发生期 5～10 月份，多以幼虫捕食各种蚜虫、红蜘蛛、介壳虫、木虱、粉虱及尺蠖的卵等。

（2）瓢虫　瓢虫是捕食性昆虫，最有利用价值的有七星瓢虫、大红瓢虫、异色瓢虫、澳洲瓢虫、红点唇瓢虫、龟纹瓢虫、多异瓢虫等。发生代数不等，盛发期为 4～9 月份。它们能捕食蚧类、螨类、蚜虫和部分鳞翅目害虫的低龄幼虫等。

（3）食蚜蝇　一年发生 4～5 代，盛发在 4～10 月份，以幼虫取食蚜虫。在食蚜蝇发生期果园不喷或少喷广谱触杀性杀虫剂。

（4）寄生蜂　蚜虫寄生蜂有蚜茧蜂、蚜小茧、金小蜂等，一年发生 10 余代，世代重叠，交替寄生。介壳虫寄生蜂有粉蚧短角跳小蜂，一年发生 3 代，发生盛期为 5～9 月份；对鳞翅目害虫的寄生蜂有姬蜂、绒茧蜂、小茧蜂、肿腿蜂类等，一年发生 20～30 代。

四、作业

正确识别 5 个天敌昆虫标本，指出它们各自所属的目。

实训六　捕食性昆虫天敌捕食功能的测定

一、目的要求

1. 了解昆虫天敌对害虫的捕食功能。
2. 掌握七星瓢虫对棉蚜捕食功能的测定方法。

二、材料与用具

采集七星瓢虫成虫，在室内用棉蚜饲养至成虫产卵，卵孵化后幼虫用棉蚜饲养，获得的整齐一致的各龄幼虫及成虫作为供试虫源；棉田中采集的新鲜棉蚜（去除母蚜及初孵蚜）；人工气候箱；培养皿。

三、内容和方法

① 在 5 只直径为 9cm、高为 15mm 的培养皿中，分别置入七星瓢虫 1 龄幼虫、2 龄幼虫、3 龄幼虫、4 龄幼虫和成虫各一头，1 龄、2 龄幼虫饥饿 12h，3 龄、4 龄幼虫及成虫饥

饿 24h。每个虫态设置 5 次重复。

② 在 1 龄、2 龄幼虫的培养皿中放置棉蚜分别为（头/皿）10、20、30、40、50；在 3 龄幼虫的培养皿中放置棉蚜分别为（头/皿）50、70、90、110、130；在 4 龄幼虫和成虫的培养皿中放置棉蚜分别为（头/皿）100、150、200、250、300。

③ 将所有培养皿放在 25℃±2℃、RH 80％±5％、L：D＝13：11 的人工气候箱内进行饲养，24h 后检查并记录猎物被捕食的数量。

④ 计算出每个虫态捕食量的平均值。

四、作业

设计草蛉捕食蚜虫的评估测定。

实训七　寄生性昆虫天敌的释放及效果调查

一、目的要求

1. 学会利用管氏肿腿蜂防治锈色粒肩天牛的释放方法。
2. 利用管氏肿腿蜂防治锈色粒肩天牛的调查方法。

二、材料与用具

从山东省青岛林业科学研究所购买的当年生产的管氏肿腿蜂，每管 100 头雌成虫；发生锈色粒肩天牛的国槐树。

三、内容和方法

① 天牛幼虫尚未化蛹之前，选择近期无雨、风力不大、气温在 25℃左右的晴好天气释放肿腿蜂，当天放蜂时间上午在 9：00～11：00 时，下午在 15：00～18：00 时。放蜂时先在树干上斜插 1 根大头钉，把蜂管的棉塞打开，再把管口倒套在大头钉上或把管口倒套在国槐树的枝桠上，高度离地面 2～3m，管底要略高于管口，以防雨水浸死部分尚未羽化的蜂蛹。

② 试验的三个不同处理：管氏肿腿蜂的释放时间分别是 7 月下旬、8 月中旬和 9 月上旬，不同处理。

③ 试验中粒肩天牛幼虫与管氏肿腿蜂的虫蜂比为 1：1、1：5 和 1：103 三种比例。

④ 放蜂后 30d 进行检查，采用随机取样法检查，对成片的试验林采用随机伐木剥皮或劈开蛀道检查天牛幼虫的寄生情况，并记录诱杀量。

四、作业

以实例说明管氏肿腿蜂释放技术。

实训八　微生物农药田间药效试验

一、目的要求

通过本实训，使学生了解微生物农药田间药效试验的内容，掌握微生物农药防治效果的调查和计算，为植物病虫害大面积的防治提供保障。

二、材料与用具

（1）材料　当地常用的微生物杀虫剂、微生物杀菌剂、微生物除草剂。

（2）用具　显微镜、镊子、滴瓶、纱布、放大镜、挑针、刀片、盖玻片、载玻片、搪瓷盘、天平、牛角匙、试管、量筒、烧杯、玻璃棒、病害标本采集箱、毒瓶、捕虫网、果枝剪、卷尺、笔记本、铅笔、叶部病害的盒装标本、瓶装标本、散装标本、挂图等。

三、内容和方法

1. 田间药效试验设计的方法

（1）选地　选择地力、田间管理水平、植物品种等一致，病虫害发生有代表性的绿地进行试验。

（2）设置重复　小区试验，每项处理设 3～4 次重复，以减少试验误差。

（3）设置对照区　对照区通常分空白对照区和标准对照区两种。空白对照区设计的目的是获得微生物农药品种的真实防治效果；标准对照区是以当地常用农药或目前防治效果最好的农药作为标准药剂对照。微生物除草药效试验应设人工除草和不除草作对照。

（4）设保护行　试验地应设保护区和保护行，以避免外来因素的干扰。

2. 田间药效试验类型和程序

（1）田间药效试验类型

① 微生物农药品种比较试验。农药新品种在投入使用前或在当地从未使用过的农药品种，需要做药效试验，为当地大面积推广使用提供依据。

② 微生物农药剂型比较试验。对农药的各种剂型做防治效果对比试验，以确定生产上最适合的农药剂型。

③ 微生物农药使用方法试验。包括用药量、用药浓度、用药时间、用药次数等进行比较试验，综合评价药剂的防治效果，以确定最适宜的使用技术。

④ 特定因子试验。研究不同环境条件对药效的影响、药害、农药混用等问题进行的试验。

（2）田间药效试验程序

① 小区药效试验。微生物农药新品种经过实验室测定有效后，需要进行田间实际药效测定而进行的小面积试验。

② 大区药效试验。在小区药效试验基础上，选择药效较高的药剂进行大区药效试验，进一步观察药剂的适用性。

③ 大面积示范试验。经小区和大区试验后，选择最适宜的农药使用技术进行大面积示范试验，经过实践检验，切实可行的，方可正式推广使用。

3. 田间药效试验的方法

（1）小区药效试验

① 确定试验处理和小区面积　根据试验项目和试验材料，首先确定试验处理的项目，然后参照试验的土地条件、植物种类、栽培方法、供试病虫习性等确定试验面积。小区试验面积在几平方、数十或上百平方米不等，通常 $15～50m^2$。

② 小区设计。通常采用随机区组设计，区组数与重复数相同，一般设置重复 3～4 次。每个区组包括每一种处理，每一种处理只出现 1 次，并随机排列。

③ 设置保护区。在试验区四周设保护区，保护区宽度可根据试验地面积、试验植物种

类等来确定。田间设计图可参考图 6-1。

④ 小区施药作业。首先在小区施药前要插上处理的项目标牌，然后按供试农药品种及所需浓度施药。通常喷雾法施药先喷清水作为对照区，然后是药剂处理区，不同浓度或剂量的试验应按从低到高的顺序进行喷药。施药时除试验因子外，其他方面应尽量保持一致。

⑤ 试验观察与记载。

（2）大区药效试验　大区试验需 3～5 块试验地，每块面积在 300～1200m² 之间；微生物除草

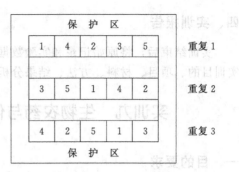

图 6-1　田间设计图

小区试验面积不小于 333m²，大区试验面积不小于 1.4hm²。大区药效试验可不设重复，必要时可设几次重复。大区试验一般误差较小，试验结果的准确性较高。试验应设标准药剂对照区。

（3）大面积示范试验　经过小区和大区试验，确认药效和经济效益符合要求的农药品种，可继续进行大面积多点示范试验，然后推广使用。

4. 田间药效调查

（1）调查时间

① 杀虫剂药效试验。杀虫剂药效通常用虫口减退率或害虫死亡率来表示。一般在施药后 1d、3d、7d 各调查 1 次。

② 杀菌剂药效试验。分别在最后 1 次喷药后 7d、10d、15d 调查发病率和病情指数。

③ 除草剂药效试验。芽前使用的除草剂应在空白对照区杂草出苗时进行调查，苗后除草剂应在施药后 10d、20d、30d 各调查 1 次。

（2）调查方法　杀虫剂以及杀菌剂的田间药效调查取样方法与病虫害的田间调查方法相同，除草剂以对角线取样法各取 3～5 点，每点不少于 1m²。

5. 防治效果的统计

（1）杀虫剂药效试验结果的统计

$$害虫死亡率或虫口减退率 = \frac{施药前活虫数 - 施药后活虫数}{施药前活虫数} \times 100\%$$

当自然死亡率高、繁殖力强的害虫，如蚜虫、螨类等为反映真实药效，须作校正。

$$害虫校正死亡率或校正虫口减退率 = \frac{防治区虫口减退率 - 对照区虫口减退率}{1 - 对照区虫口减退率} \times 100\%$$

（2）杀菌剂药效试验结果的统计

$$相对防治效果 = \frac{对照区病情指数 - 处理区病情指数}{对照区病情指数} \times 100\%$$

若检查杀菌剂的内吸治疗效果，则以实际防治效果表示：

$$实际防治效果 = \frac{对照区病情指数增长值 - 处理区病情指数增长值}{对照区病情指数增长值} \times 100\%$$

其中，病情指数增长值 = 检查药效时病情指数 - 施药时的病情指数

（3）除草剂药效试验结果的统计

$$除草效果 = \frac{对照区杂草株数或鲜重 - 施药区杂草株数或鲜重}{对照区杂草株数或鲜重} \times 100\%$$

四、实训报告

实训结束后，将原始记录和实验数据归纳、整理，写出实训报告。实训报告内容包括：实训目的、项目、材料、方法、结果分析和结论。

实训九　生物农药与化学农药的田间药效对比试验

一、目的要求

通过本实训，使学生了解生物农药和化学农药田间药效试验的方法，掌握这两类农药防治效果的调查和计算方法，为植物病虫害无公害防治打好基础。

二、材料与用具

（1）材料　当地常用的生物农药、化学农药。

（2）用具　显微镜、镊子、滴瓶、纱布、扩大镜、挑针、刀片、盖玻片、载玻片、搪瓷盘、天平、牛角匙、试管、量筒、烧杯、玻璃棒、病害标本采集箱、毒瓶、捕虫网、果枝剪、卷尺、笔记本、铅笔、叶部病害的盒装标本、瓶装标本、散装标本、挂图、幻灯片、喷雾器、量筒、烧杯、配药用塑料桶等。

三、内容和方法

1. 田间药效对比试验设计

（1）选地　选择地力、田间管理水平、植物品种等一致，病虫害发生有代表性的绿地进行试验。

（2）设置重复　小区试验，每项处理设 3～4 次重复，以减少试验误差。

（3）设置对照区　对照区通常分空白对照区和标准对照区两种。空白对照区设计的目的是获得微生物农药品种的真实防治效果；标准对照区是以当地常用化学农药作为标准药剂对照。微生物除草药效试验应设化学除草、人工除草和不除草作对照。

（4）设保护行　试验地应设保护区和保护行，以避免外来因素的干扰。

2. 田间药效对比试验项目

（1）微生物农药与化学农药药效对比试验　通过药效对比试验，为当地大面积推广使用提供依据。

（2）微生物农药与化学农药防治速率比较试验　通过微生物农药与化学农药防治速率比较试验，以确定生产上它们的防治速度。

（3）微生物农药与化学农药防治后农药有毒物质残留检测　微生物农药与化学农药防治后，检测两个试验区产品农药残留量。

（4）微生物农药与化学农药引起病虫抗性对比试验　试验研究微生物农药与化学农药防治后引起的病虫害抗性速度。

四、实训报告

实训结束后，将原始记录和数据归纳、整理，参照实训八中各种指标值的计算方法，计算微生物农药与化学农药各自的防治效果、防治速率、试验区产品农药残留量和病虫害抗性速度，然后写出实训报告。实训报告内容包括：实训目的、项目、材料、方法、结果分析和结论。

实训十 植物源杀虫剂的田间药效试验

一、目的要求

掌握生物杀虫剂苦皮藤素防治二化螟的田间试验的常用方法，为正确使用农药和防止病虫害奠定基础。

二、材料与用具

（1）仪器用具 喷雾器，玻璃棒，胶皮手套，插地杆，记号牌和标签等。

（2）实验材料 1％苦皮藤素 KPTEC，设 10mL/亩、20mL/亩、30mL/亩、40mL/亩；以 15％阿维三唑磷 EC，60mL/亩常规药剂作标准对照；二化螟发生严重水稻田地块。

三、内容和方法

1. 试验方法

参照农业部农药检定所生测室制订的农药田间药效试验准则，选择地势平坦、管理条件好的水稻田，试验小区面积 0.1 亩，设三次重复，随机排列，小区之间设保护行。用喷雾器进行常规喷雾。

2. 调查方法

每个小区每次用双行平行取样法查 100 株稻，分别于施药前调查虫口基数，记录活虫数。施药后分别在 24h、48h 和 72h 调查活虫数（见表 6-2）。

计算农药防效应用的主要公式：

$$虫口减退率 = \frac{处理前虫口密度 - 处理后虫口密度}{处理前虫口密度} \times 100\%$$

$$校正防效 = \frac{处理区虫口减退率 - 对照区虫口减退率}{100 - 对照区虫口减退率} \times 100\%$$

3. 结果

调查结果填入表 6-2。

表 6-2 1％苦皮藤素防治二化螟药效试验调查

药剂名称	用量/(mL/亩)	虫口密度	药后 24h			药后 48h			药后 72h		
			虫口密度	虫口减退率/%	校正防效/%	虫口密度	虫口减退率/%	校正防效/%	虫口密度	虫口减退率/%	校正防效/%
1％苦皮藤素 EC	10										
	20										
	30										
	40										
15％阿维三唑磷 EC											
清水											

四、作业

计算出 1％苦皮藤素防治二化螟药效试验虫口减退率。

实训十一　植物源杀菌剂的田间药效试验

一、目的要求

了解植物源杀菌剂"402"防治桃黑星病的效果,掌握生物农药田间试验的常用方法。

二、材料与用具

(1) 仪器用具　喷雾器,玻璃棒,胶皮手套,记号牌和标签等。

(2) 实验材料　试验树种:桃,3年树龄,桃黑星病发生严重。"402"植物源生物农药设10倍、50倍、100倍、200倍液共4个浓度处理。70%甲基托布津可湿性粉剂(简称甲托)1000倍液为标准对照、清水为空白对照。

三、内容和方法

1. 实验设计

以单株为小区,随机区组排列,重复6次。按梯地地形,由下而上,每一台梯地设为一个重复。喷药机械采用常规背负式手动喷雾器,每株均匀喷雾至叶面正反面湿润,滴水为度。每株用药液约0.68L,折合1132L/hm²。喷药时,每小区用塑料薄膜进行人工遮挡。

2. 调查方法

第一次喷药前,调查各处理病情指数、桃生长状况及异常现象;第二次、第三次施药前,观察发病情况;最后调查在果实成熟时,按小区全部采收(第三次施药后13天),称重并分级计数,统计病果率、病情指数及防治效果。本实验第一次施药时未发病,病情指数为0。

果实分级方法:

0级,无病斑;

1级,每个果上有病斑1~2个;

3级,每个果上有病斑3~4个;

5级,每个果上有病斑5~6个;

7级,每个果上有病斑7~10个,部分病斑相连占果面积1/5左右;

9级,每个果上有病斑10个以上,病斑相连占果面积1/4以上。

药效计算公式:

$$病果率 = \frac{病果数}{调查总果数} \times 100\%$$

$$病情指数 = \frac{\sum(病情级数 \times 相应级病果数)}{调查总果数 \times 9} \times 100\%$$

$$防治效果 = \frac{对照区病情指数 - 处理区病情指数}{对照区病情指数} \times 100\%$$

调查结果用DMRT法进行统计分析。

3. 试验结果

试验结果填入表6-3。

表 6-3 "402"防治桃黑星病效果

处　　理	病果率/%	病情指数	防效
"402"10 倍			
"402"50 倍			
"402"100 倍			
"402"200 倍			
甲托 1000 倍			
清水			

四、作业

对"402"防治桃黑星病的结果进行分析。

第二篇

生物肥料

【学习目标】
1. 了解生物肥料的定义和种类。
2. 了解发展生物肥料的意义。

【能力目标】
1. 熟悉生物肥料的特点和作用。
2. 结合市场和生产实际，正确面对生物肥料发展中存在的问题。

生物肥料是一类以微生物生命活动及其产物导致农作物得到特定肥料效应的微生物活体制品。生物肥料在培肥地力，提高化肥利用率，抑制农作物对硝态氮、重金属、农药的吸收，净化和修复土壤，降低农作物病害发生，促进农作物秸秆和城市垃圾的腐熟利用，保护环境，以及提高农作物产品品质和食品安全等方面表现出了不可替代的作用。尤其是在人类面临能源危机、资源紧缺、环境污染等压力下，生物肥料的研究和应用比以往任何时期都更加受到世界各国的重视。目前，世界上已有 70 多个国家和地区开发应用了生物肥料，在欧美发达国家农业生产中，生物肥料的使用已占到了肥料总量的 20% 以上，其产量每年以 10%～20% 的速度递增。为了农业的可持续发展，我国研究和应用生物肥料是一条必由之路。据统计，在优质农产品的生产方面，如国家生态示范区、绿色和有机农产品基地等，生物肥料已成为主力军，其用量超过 150 万吨，约占我国生物肥料年产量的 30%，而这一数字还呈不断上升趋势。随着生物肥料的使用效果逐渐被使用者认可，应用范围在不断拓宽。生物肥料的应用是我国农业生产的必然选择。

一、生物肥料的概念

现有生物肥料都以有机质为基础，然后配以菌剂和无机肥混合而成。为广泛改善这种一般性和传统性的状况，生物肥料产品则远远超越了现有概念。其将扩大至既能提供作物营养，又能改良土壤；同时还应对土壤进行消毒，即利用生物（主要是微生物）分解和消除土壤中的农药（杀虫剂和杀菌剂）、除莠剂以及石油化工等产品的污染物，并同时对土壤起到修复作用。

狭义的生物肥料，即指微生物（细菌）肥料，简称菌肥，又称微生物接种剂。它是由具有特殊效能的微生物经过发酵（人工培制）而成的，含有大量有益微生物，施入土壤后，或能固定空气中的氮素，或能活化土壤中的养分，改善植物的营养环境，或在微生物的生命活动过程中，产生活性物质，刺激植物生长的特定微生物制品。

广义的生物肥料泛指利用生物技术制造的、对作物具有特定肥效（或有肥效又有刺激作用）的生物制剂，其有效成分可以是特定的活生物体、生物体的代谢物或基质的转化物等，这种生物体既可以是微生物，也可以是动、植物组织和细胞。生物肥料与化学肥料、有机肥料一样，是农业生产中的重要肥源。近年来，由于化学肥料和化学农药的大量不合理施用，不仅耗费了大量不可再生的资源，而且破坏了土壤结构，污染了农产品品质和环境，影响了人类的健康生存。因此，从现代农业生产中倡导的绿色农业、生态农业的发展趋势看，不污染环境的无公害生物肥料，必将会在未来农业生产中发挥重要作用。

二、生物肥料的分类

按目前生物肥料的制品和种类来分析，可以分为两类。

通过其中所含微生物的生命活动，增加了植物元素营养的供应量，包括土壤和生产环境中植物营养元素的供应总量和植物营养元素的有效供应量，导致植物营养状况的改善，进而产量增加，这一类微生物肥料的代表品种是根瘤菌肥料。

其制品虽然也是通过其中所含的微生物生命活动的关键作用导致作物增产，但是其中微生物生命活动的关键作用不限于提高植物的元素营养供应水平，包括了它们所产生的植物生长刺激素对植物的刺激作用，促进植物对营养元素的吸收作用，或者是有拮抗某些病原微生物的致病作用，减轻作物病虫害而导致产量增加。这类微生物的种类和制品比较多，也比较复杂。但随着研究的深入发展，此类微生物及其制品将会有比较合理、比较科学的归属、分类。

三、生物肥料的种类

生物肥料（微生物肥料）的种类较多，按照制品中特定的微生物种类可分为细菌肥料（如根瘤菌肥、固氮菌肥）、放线菌肥料（如抗生菌肥料）、真菌类肥料（如菌根真菌）；按其作用机理分为根瘤菌肥料、固氮菌肥料（自生或联合共生类）、解磷菌类肥料、硅酸盐菌类肥料；按其制品内所含分为单一的微生物肥料和复合（或复混）微生物肥料。复合微生物肥料又有菌、菌复合，也有菌和各种添加剂复合的。

我国目前市场上出现的品种主要有：固氮菌类肥料、根瘤菌类肥料、解磷微生物肥料、硅酸盐细菌肥料、光合细菌肥料、芽孢杆菌制剂、分解作物秸秆制剂、微生物生长调节剂类、复合微生物肥料类、与 PGPR 类联合使用的制剂以及 AM 菌根真菌肥料、抗生菌 5406 肥料等。

按生物肥料的功能，可将其分为以下几类。

① 具有固氮能力的生物肥料。这类生物肥料中以固氮微生物为主，通过其中固氮酶的作用，将空气中的 N_2 还原为可被作物吸收利用的 NH_3。固氮生物肥料的功能微生物为自生固氮细菌，该菌因其在自生独立生活条件下固氮而得名，自生固氮菌不及共生固氮菌的效率高。但共生固氮有寄主专一性，故一定的根瘤菌剂只能用于一定的豆科作物，而且菌剂的生产和使用均有季节性。自生固氮菌不受这些因素的限制，相对来说，其生产和使用都很方便。自生固氮菌的种类很多，其间的生态差异很大，有好气性的（以固氮菌属为代表）、厌气性的（如芽孢梭菌属）、兼厌气性的（如肺炎克氏杆菌、粪产碱杆菌等），也有光合固氮细菌（如固氮红螺菌等），还有与植物的关系较密切，具有一定程度专一性的联合固氮细菌。利用生物固氮作用，不仅大大节约了工业用能源，也减少了氮肥生产和施用中对环境的污染，并使氮素的利用效率提高。

② 分解有机物质的生物肥料。指利用微生物分解土壤中有机物质，并提供作物养分的生物肥料。此类肥料如有机磷细菌肥料（包括解磷大芽孢杆菌及解磷极毛杆菌制剂等）、综合细菌肥料（如 AMB 细菌肥料）等，但目前应用不多。使用这种生物肥料，不仅可以为农作物提供磷素等养分，还能使土壤中的有机磷农药残留物分解，从而达到净化土壤的作用。

③ 分解难溶矿物的生物肥料。指利用微生物对土壤中难溶矿物的分解作用，为作物生长提供养分的生物肥料。此类生物肥料在 20 世纪 80 年代中期、后期应用较多，如硅酸盐细

菌肥料（包括硅酸盐细菌、钾细菌等）、无机磷细菌肥料（包括83-8磷细菌、黑曲霉、氧化硫硫杆菌等）。这些微生物可分解土壤中某些原生、次生矿物，并同时将这些矿物所固定的养分释放出来。但由于此类微生物对环境较敏感，加之土壤矿物类型复杂等原因，故其表现时好时坏，这也是导致其目前应用较少的重要原因。

④ 抗病、刺激作物生长的生物肥料。指利用某些微生物的代谢产物对作物生长具有刺激作用的生物肥料，如"5406"菌肥、"G4"放线菌制剂等。它们除刺激作物的生长发育外，还具有一定的提高作物抗病能力等效果，但由于对提高土壤养分等方面的作用相对不大，使其应用范围受到限制，故目前应用不多。

四、生物肥料的特点

生物肥料是汲取传统有机肥料之精华，结合现代生物技术，加工而成的高科技产品。其营养元素集速效、长效、增效为一体，具有提高农产品品质、抑制土传病害、增强作物抗逆性、促进作物早熟的作用，其主要特点如下。

① 无污染、无公害。生物复合肥是天然有机物质与生物技术的有效组合。它所包含的菌剂，具有加速有机物质分解的作用，为作物制造或转化速效养分提供"动力"。同时菌剂兼具有提高化肥利用率和活化土壤中潜在养分的作用。

② 配方科学、养分齐全。生物有机复合肥一般是以有机物质为主体，配合少量的化学肥料，按照农作物的需肥规律和肥料特性进行科学配比，与生物"活化剂"完美组合，除含有氮、磷、钾大量营养元素和钙、镁、硫、铁、硼、锌、硒、钼等中微量元素外，还含有大量有机物质、腐殖酸类物质和保肥增效剂，养分齐全、速缓相济、供肥均衡、肥效持久。

③ 活化土壤、增加肥效。生物肥料具有协助释放土壤中潜在养分的功效。对土壤中氮的转化率达到5％～13.6％；对土壤中磷、钾的转化率可达到7％～15.7％和8％～16.6％。

④ 低成本、高产出。在生育期较短的第三、四积温带，生物有机复合肥可替代化肥进行一次性施肥，降低生产成本。如大豆每亩施用生物复合专用肥30～40kg，玉米每亩施用专用肥50～75kg，一次性作底肥施入，不需追肥，既节省投资，又节省投工。与常规施用化肥相比，在等价投入的情况下，粮食作物每亩可增产10％～20％。

⑤ 提高产品品质、降低有害积累。由于生物复合肥中的活化剂和保肥增效剂的双重作用，可促进农作物中硝酸盐的转化，减少农产品硝酸盐的积累。与施用化学肥料相比，可使产品中硝酸盐含量降低20％～30％，维生素C含量提高30％～40％，可溶性糖可提高1～4度。产品口味好、保鲜时间长、耐储存。

⑥ 有效提高耕地肥力、改善土壤供肥环境。生物肥中的活化菌所溢出的孢外多糖是土壤团粒结构的黏合剂，能够疏松土壤，增强土壤团粒结构，提高保水保肥能力，增加土壤有机质，活化土壤中的潜在养分。

⑦ 抑制土传病害。生物肥能促进作物根际有益微生物的增殖，改善作物根际生态环境。有益微生物和抗病因子的增加，还可明显地降低土传病害的侵染，降低重茬作物的病情指数，连年施用可大大缓解连作障碍。

⑧ 促进作物早熟。

五、生物肥料的作用

生物肥料的功效是一种综合作用，主要是与营养元素的来源和有效性有关，或与作物吸收营养、水分和抗病（虫）有关。总体来说，生物肥料（微生物肥料）的作用为以下几点。

1. 增进土壤肥力

施用固氮微生物肥料，可以增加土壤中的氮素来源；解磷、解钾微生物肥料，可以将土壤中难溶的磷、钾分解出来，转变为作物能吸收利用的磷、钾化合物，改善作物的营养条件。

2. 制造和协助农作物吸收营养

根瘤菌侵染豆科植物根部，固定空气中的氮素。微生物在繁殖中能产生大量的植物生长激素，刺激和调节作物生长，使植株生长健壮，促进对营养元素的吸收。

3. 增强植物抗病和抗旱能力

微生物肥料由于在作物根部大量生长繁殖，抑制或减少了病原微生物的繁殖机会；抗病原微生物可减轻作物的病害；微生物大量生长，菌丝能增加对水分的吸收，使作物抗旱能力提高。

4. 减少化肥的使用量和提高作物品质

使用微生物肥料后对于提高农产品品质，如蛋白质、糖分、维生素等的含量上有一定作用，有的可以减少硝酸盐的积累。在有些情况下，品质的改善比产量提高好处更大。

六、发展生物肥料的重要意义

1. 改善作物品质、提高作物产量

微生物肥料可将无机元素转化为有益植物生长的有机化合物，改善土壤氧化还原条件，减低氮素脱氧和氧化过程，从而降低硝酸盐含量。多项试验表明，施用生物菌肥，蔬菜硝酸盐含量减少 $25.44 \sim 4.3 \mathrm{mg/kg}$，平均降低 19.09%；维生素 C 含量平均提高 $9.96 \mathrm{mg/kg}$；糖分含量平均提高 $0.66 \mathrm{mg/kg}$。施生物菌肥的稻米蛋白质比对照组提高 $0.05\% \sim 0.65\%$。植物根际促生细菌（PGPR）是微生物肥料的生命力所在，其促进植物生长的机制是产生生长素、抑制病原菌、根际固氮和分解难溶性磷钾元素等。

2. 降低了生产成本

据有关报道，用哈伯氏制氨法合成氨时，每制造含 1kg 纯氮的肥料并输送到用户，其所消耗的燃油约为 1.5kg，而固氮生物能直接或间接利用光能生产氨，且这种生产是就地发生的，不仅节约了肥料生产所需的能源和劳动力，而且又不必花费将所生产的肥料运往田间撒施的代价，同时亦节省了建造化工厂的费用等，可谓是一举多得。对磷、钾矿的开采也是一样，开采磷、钾矿不仅需要花费大量的劳动力，也要耗费大量能源，酸制法生产磷肥还要消耗大量的硫酸等，并占用很大的场地，在肥料的搬运中亦将消耗掉大量能量。由于氮、磷、钾肥生产成本较高，使得农民每施用 1kg 纯氮、P_2O_5 和 K_2O，就分别约需花费 4.00 元、4.50 元和 4.00 元，同时，农民将肥料买回家后，还必须花大量的劳动力将其运到田间并施入农田中。

3. 有效地利用了大气中的氮素或土壤中的养分资源

据有关资料估计，全球每年生物固氮作用所固定的氮素（以 N 计）大约为 $130 \times 10^9 \mathrm{kg/}$年，而工业和大气的固氮量（以 N 计）则少于 $50 \times 10^9 \mathrm{kg/}$年，即依靠生物所固定的氮素是工业和大气固氮（如雷电对氮素的固定等）量之和的 2.6 倍，因此，开发和利用固氮生物资源，是充分利用空气中氮素的一个重要方面。从目前的研究结果来看，虽然微生物的固氮效率因土壤条件的不同而有较大差异，但这种作用的存在无疑是氮肥工业的一个有力补充。作物对土壤中磷、钾等矿质养分的利用能力较差，且磷、钾等肥料的利用率也较低，据有关研究结果，磷肥的当季作物利用率大多不到 20%，钾肥的当季作物利用率一般亦在 40% 以下。从我国目前情况来看，磷钾资源严重不足，特别是钾肥大量依靠进口，所以，如何将土壤中的无效态磷、钾转化成可供作物吸收利用的有效态养分，一直为广大研究者所关注，生物肥料的应用，无疑为其提供了前提条件。

4. 减少了环境污染

当前，施肥所导致的环境污染问题已越来越受到人们的广泛关注。据有关资料统计，在我国主要湖泊的富营养化中，来自农业非点源污染的影响甚至超过了工业污染。化肥施入土壤后，除被作物吸收利用的部分外，还有相当部分通过渗漏、挥发及硝化与反硝化等途径损失，因此将不可避免地导致对大气、水体及土壤等环境的污染，在能量和经济上也是一种浪费。而施用生物肥料如固氮类生物肥料，不仅可适当减少化学肥料的施用量（如前述施用肥力高可减少 10%～30% 的化学氮肥），而且因其所固定的氮素直接储存在生物体内，相对而言，对环境污染的机会也就小得多。

5. 能在一定程度上改善土壤的理化性质

施用生物肥料，由于减少了化肥对土壤养分、结构等方面的不良影响，同时又使微生物的活动能力得到增强，所以在一定程度上改善了土壤的理化性质，并提高了土壤中某些养分的含量和有效性。同时施用生物肥料还可促进土体"三化"的形成，即使土壤腐殖质含量明显提高而达到"腐殖化"、形成多功能的生理群微生物区系而达到"细菌化"，显著改善土体结构使水、气通畅而达到"结构化"。目前应用最多的是根瘤菌肥、固氮菌肥和固氮蓝藻等。

七、发展生物肥料存在的问题、解决办法及其未来发展前景

生物肥料在我国生产和应用已有 50 多年历史，经历了几起几落的发展过程，但从总体速度来看是较慢的。20 世纪 50 年代大力推广应用大豆、绿肥根际固氮菌，当时全国各地差不多每个县都有菌肥厂。这个时期的生物肥料生产只求产量，不顾及质量，持续时间很短。60 年代末至 70 年代初，全国许多地方又恢复了生物肥料生产和推广细菌肥料，大部分采用发酵生产。与 50 年代相比，质量有了提高，但后来许多地方用炉灰渣替代草炭作吸附剂，产品质量下降，农民就不愿意使用了。这两个阶段的生物肥料生产有一个共同点——产品没有严格的质量监督管理。80 年代初至今，我国生物肥料生产及应用由于其增产明显、品质改善、特别是对环保的特殊作用，又呈上升趋势，开始出现了固氮、解磷和解钾生物肥料以及由此演变出来的各种名称各异、千奇百态的生物肥料。目前还不断有新的企业投入生产，有新的产品出现。国外生物肥料生产技术和产品也开始进入中国市场，我国生物肥料的生产又进入了一个新的发展时期。

1. 发展生物肥料存在的问题及解决办法

近 20 年来，许多国家更认识到生物肥料作为活性微生物制剂，其有益微生物的数量和生命活动旺盛与否是质量的关键，是应用效果好坏的关键之一。生物肥料的作用越来越受到人们的重视，但在发展过程中存在一些问题。以下是存在的问题及其解决办法。

（1）存在的问题

① 生物肥料生产企业发展过快过多。据统计我国目前已有 300 多家，但多数是小规模企业、作坊式生产，设备工艺落后、职工素质不高，因此生物肥料产品质量参差不齐，产品中的成分构成不科学。

② 生物肥料种类很多，但多数还是传统的固氮、解磷、解钾细菌，有的甚至还在用酵母菌，缺乏新型高效产品。菌株目标效能不稳定，配方不尽合理、抗逆性差。生物肥料本身的基础研究和应用研究还不够，科研人员相对不足，有些作用机理还不清楚，对土壤和作物的影响还有待于继续研究。基础研究严重滞后于生产实际，生物肥料的推广未能遵从试验、示范、推广的程序。

③ 市场监督管理缺乏必要的条件，少数企业在宣传上夸大使用效果，使用不正当经营手段，甚至生产假冒伪劣产品，给农民造成损失，降低了生物肥料的声誉。管理不够规范，国家虽然实行了登记证管理制度，但管理力度不够，不少未登记的企业或产品甚至假冒伪劣产品还在大张旗鼓地宣传、生产和销售，片面夸大生物肥料的作用，把生物肥料当作是能医治百病的"神仙水"。

④ 对生物肥料的正确宣传和引导还不够，其好处和效果还没有为广大农民所接受，生物肥料在全国肥料中所占的比重还不大。

⑤ 生物肥料试验设计的不合理、不科学，带来试验结果的不真实。检测标准不科学，带来了产品质量的不稳定和不真实。

（2）解决的办法

① 生产企业必须不断改进生产条件、配方、工艺、设备，提高职工素质。注重职工的在职培训，与高等院校合作、与农业科学研究所合作，提高企业的综合实力，增强基础研究力度，制定产品质量标准，生产稳定的高质量的产品。

② 根据市场需求，提倡创新，研究多种类型的高效产品。无论是对哪种类型的生物肥料，均应深入研究其所适用的土壤条件、作物类型、耕作方式、施用方法、施用量以及与之相应的化肥施用状况等，即深入探讨增产效果最大时的施用条件和施用方法，并有针对性地进行应用和推广，这样才能取得最好的增产效果。

③ 建立良好的市场管理秩序。政府管理部门必须加大登记管理和打击假冒伪劣产品的力度，创造良好的社会环境。要加强对生物肥料的质量监督，保证其生产质量，提高市场监督员的专业知识水平，阻止伪劣假冒生物肥料流入市场、坑害农民，鼓励人们举报伪劣假冒产品，让农民群众来监督，对生物肥料的发展是至关重要的。适当改变现有的化肥流通体系，加快生物肥料的流通速度，使其在活性最高的状态下销售到农民手中，以取得最佳的施用效果。

④ 宣传生物肥料与化肥的区别，特别是生物肥料的好处。依靠政府和企业共同努力加强科普宣传工作，加强科普知识的宣传和应用培训，对应用地区的农业技术人员和农民进行培训。向农民传授正确使用生物肥料的知识，通过必要的田间试验示范，使广大农民亲眼看到其施用效果。另外，还要让农民知道生物肥料不能代替化肥和有机肥，相反，由于生物肥料本身所含的养分较少，因此没有施用充足的有机肥和合适的化肥其效果也不能充分显示出来。所以，我们在施用生物肥料的同时，千万不能忽视对化肥和有机肥的合理施用。当然，考虑到生物肥料具有固氮或活化土壤养分等特性，适当减少有关化肥的施用量，不仅节约生产成本，而且对改善作物品质、防止环境污染等也是十分必要的。

⑤ 根据市场营销学原理，设计出适合当地农民使用的产品，定价要注意农民的经济承受能力，加强宣传促销，特别要加强"门外"广告的宣传，建立完善的销售渠道。

2. 生物肥料的未来发展前景

生物肥料生产成本低、应用效果好、不污染环境，施用后不仅增产，而且能改善农产品品质和减少化肥用量，在我国可持续发展农业中占有重要的地位。我国人口日益增多，人民生活水平不断提高，对农产品的数量和质量提出了更高要求。而耕地面积不断减少，化肥施用量增大，生产成本直线上升，环境不断恶化等，这些情况，为生物肥料提供了一个良好的发展机遇。同时，生物肥料本身的发展也为扩大应用奠定了基础。当前世界人口猛增，社会对粮食和肥料的需求日益迫切。然而，作为化肥生产原料和能源的石油资源有限，依赖有限资源难以维持农业的持续性发展，而今后农业的发展方向是持续农业，因此就要发展生物肥料。生物肥料不仅可补充肥源的不足，而且有可能列为绿色食品用肥进入商品市场，成为新兴的"绿色产业"，在农业生产中发挥其应有的经济效益、社会效益和生态效益。

① 开发绿色食品产业迫切需要生物肥料。应用生物肥料促进传统有机肥向肥料技术现代化转变。众所周知，传统有机肥的堆积方式比较落后，一般是延续近百年来的"过圈、坑沤、人挑、马拉"的生产习惯。农业技术发展到今天，有机肥的生产和使用必须向工厂化、专业化、商品化方向迈进，否则，有机肥产业将会萎缩，不利于可持续农业的发展。生物肥料（有机肥发酵剂）的应用，可大大缩短有机肥发酵时间，利于工厂化生产有机肥，使有机肥向商品化方向发展。长期应用生物有机肥可培肥地力，净化农作物生长环境，为农业的可持续发展创造条件。随着经济的不断发展，人民生活水平的不断提高，人们对食品质量的要求越来越严格，应用生物肥料减少化肥用量，可降低农产品中硝酸盐含量，提高农产品质量，切实解决农产品有害物质超标问题，使农产品成为真正的绿色食品。

② 生物肥料从最初的根瘤菌剂到细菌肥料，再到今天的生物肥料，从名称上的演变已说明我国生物肥料逐步发展的过程。目前国际上已有70多个国家生产、应用和推广生物肥料，我国目前也有300家左右企业年产约数百万吨生物肥料应用于生产。这虽与同期化肥产量和用量不能相比，但的确已开始在农业生产中发挥作用，取得了一定的经济效益和社会效应。随着研究的深入和应用的需要，应不断扩大生物肥料新品种的开发。

③ 由单一菌种向复合菌种转化。在这个转化过程中，一是不要单纯去追求营养元素供应水平的提高，要追求多功能，例如抗病、避虫等，如"5406"菌种可增强作物的抗病能力，减少化学农药的使用；联合菌群的应用可使菌种某种或几种性能从原有水平再提高一步，使复合或联合菌群发挥互惠、协同、共生、加强、同位作用，排除相互拮抗的发生。二是要延长微生物在土壤中的存活时间，微生物存活的时间越长，生物肥的特效期越长。微生物在土壤中存活时间的长短，主要取决于土壤中可利用的碳源水平，可在生物肥中加入一种能够分解土壤含碳化合物的菌株，以不断供应其他微生物碳源营养，达到延长微生物在土壤中存活时间的目的。

④ 由单纯生物菌剂向复合生物肥转化。由过去单纯的硅酸盐菌剂、土壤磷活化剂、根瘤菌剂、固氮菌剂等向生物菌剂与营养元素（氮、磷、钾等元素，微量元素）、有机肥、抗生素等复合的复合生物肥转化。这种转化有利于实现生物肥与生物药的结合，增强肥料的多功能作用效果。

⑤ 由单一剂型品种向多元化转化。为适应不同的条件，生物肥料除有液体剂型、草炭载体的粉剂，还有颗粒剂型、冻干剂型、矿油封面剂型等。生物肥料作为生物技术的发展及其在农业生产中的应用，正在酝酿一个良好的发展空间，由低级向高级、由低效到高效并向产业化方向发展。

21世纪，生物肥料开发对我国农业可持续发展具有重要意义，生物肥料将与化肥、有机肥一起构成植物营养之源。因此，生物肥料与化学肥料是相互配合、相互补充的，它不仅是化肥数量上的补充，更主要的是性能上的配合与补充。生物肥料只有与有机肥料和化学肥料同步发展，才更具有广阔的应用前景。

［本章小结］

狭义的生物肥料，即指微生物（细菌）肥料，简称菌肥，又称微生物接种剂。广义的生物肥料泛指利用生物技术制造的、对作物具有特定肥效（或有肥效又有刺激作用）的生物制剂，其有效成分可以是特定的活生物体、生物体的代谢物或基质的转化物等，这种生物体既可以是微生物，也可以是动、植物组织和细胞。我国目前市场上出现的生物肥料品种主要有：固氮菌类肥料、根瘤菌类肥料、解磷微生物肥料、硅酸盐细菌肥料、光合细菌肥料、芽孢杆菌制剂、分解作物秸秆制剂、微生物生长调节剂类、复合微生物肥料类、与 PGPR 类联合使用的制剂以及 AM 菌根真菌肥料、抗生菌 5406 肥料等。

生物肥料（微生物肥料）的作用：①增进土壤肥力；②制造和协助农作物吸收养分；③增强植物抗病和抗旱能力；④减少化肥的使用量和提高作物品质。

发展生物肥料的意义：①改善作物品质、提高作物产量；②降低了生产成本；③有效地利用了大气中的氮素或土壤中的养分资源；④减少了环境污染；⑤能在一定程度上改善土壤的理化性质。

[复习思考题]

1. 谈谈生物肥料有何作用，能否取代化肥？
2. 发展生物肥料对可持续农业发展的意义有哪些？
3. 生物肥料的种类有哪些？

【学习目标】
  1. 了解微生物肥料的种类和作用。
  2. 熟练使用几种常见的微生物肥料。
  3. 发挥微生物肥料的协调农业生态的功效。

【能力目标】
  1. 熟悉微生物肥料的生产原理。
  2. 拥有构建微生物肥料生产的可持续发展理念。

  微生物肥料应用于农业生产，通过其中所含微生物的生命活动，增加植物养分的供应量或促进植物生长，提高产量，改善农产品品质及农业生态环境。它具有制造和协助作物吸收营养、增进土壤肥力、增强植物抗病和抗干旱能力、降低和减轻植物病虫害、产生多种生理活性物质刺激和调控作物生长、减少化肥使用、促进农作物废弃物、城市垃圾的腐熟和开发利用、土壤环境的净化和修复作用、保护环境，以及提高农作物产品品质和食品安全等多方面的功效，在可持续农业战略发展及在农牧业中的地位日趋重要。

第一节　微生物肥料的概念、种类及特点

一、微生物肥料的概念

  微生物肥料就是含有特定微生物活体的制品，应用于农业生产，通过其中所含微生物的生命活动，增加植物养分的供应量或促进植物生长，提高产量，改善农产品品质及农业生态环境。目前，微生物肥料包括微生物接种剂、复合微生物肥料和生物有机肥。

  微生物肥料的主要功能：①增加土壤肥力。微生物可通过增加肥料元素含量，如固氮菌肥料中的固氮菌、根瘤菌固定大气中的氮素为植物可利用的氨态氮。也可以通过转化存于土壤中的各种无效态肥料元素为活化态元素，如解磷、解钾细菌肥料中的细菌可转化矿石无效态磷或钾为有效态磷或钾，为植物所利用。②微生物产生植物激素类物质，刺激植物生长，使植物生长健壮，改善营养利用状况，如自生固氮微生物可产生某些吲哚类物质。③产生某些拮抗性物质，抑制甚至杀死植物病原菌。④也可通过在植物根际大量生长繁殖成为作物根际的优势菌，与病原微生物争夺营养物质，在空间上限制其他病原微生物的繁殖机会，对病原微生物起到挤压、抑制作用，从而减轻病害。这类微生物也叫做植物促生根际菌肥（Plant growth-promoting rhizobacteria，PGPR）。

二、微生物肥料的种类及特点

  微生物肥料的种类很多，如果按其制品中特定的微生物种类可分为细菌肥料（如根瘤菌肥、固氮菌肥）、放线菌肥料（如抗生菌类、"5406"菌肥）、真菌类肥料（如菌根真菌）等；按其作用机理又分为根瘤菌肥料、固氮菌肥料、解磷菌类肥料、解钾菌类肥料等；按其制

品中微生物的种类又可分为单纯的微生物肥料和复合微生物肥料。常用微生物肥料的主要种类适用范围及作用效果如表 8-1 所列。

表 8-1　常用微生物肥料的主要种类适用范围及作用效果

肥料类别	菌种	主要作用	主要用途
固氮菌肥料	固氮菌属（Azotobacter）、固氮梭菌属（Closteridium）、鱼腥属（Anabaesna）等的菌种	固氮	谷物、棉花、蔬菜的氮肥,增加土壤中氮素含量
根瘤菌肥料	根瘤菌属（Rhizobium）、弗兰克菌属（Frankia）等的菌种	固氮	豆科和木本非豆科植物共生固氮,增加土壤中氮素含量
磷细菌肥料	解磷的巨大芽孢杆菌（B. megaterium）、氧化硫硫杆菌（Thiobacillus thiooxidans）	将土壤中不溶磷转化为可溶磷	各种农作物磷肥
钾细菌制剂	胶冻样芽孢杆菌（B. mucilaginosus）	分解长石和云母等硅酸盐类矿物产生有效钾	各类农作物钾肥
"5406"抗生菌肥	细黄链霉菌（S. microflavus）	产生抗生素抗病驱虫,分泌刺激素,促进植物生长,转化矿物质	促进各种作物生长、抗病驱虫
菌根菌制剂	各种外生菌根真菌	植物根部形成菌根,增强植物吸收养分和水分	育苗造林,引种,防治病害,牧草繁育
植物促生根际菌肥（Plant growth-promoting rhizolacteria, PGPR）	各类有益于植物的根际微生物的混合菌种	分泌植物促生物质,抗病驱虫,增加土壤养分	各种农作物的抗病害,增肥效,促生长

1. 根瘤菌肥料

微生物肥料中最重要的品种之一是根瘤菌肥料,用于豆科作物接种,是使豆科作物结瘤、固氮的接种剂。产品分类:按形态不同,分为液体根瘤菌肥料和固体根瘤菌肥料。以寄主种类的不同,分为菜豆根瘤菌肥料、大豆根瘤菌肥料、花生根瘤菌肥料、三叶草根瘤菌肥料、豌豆根瘤菌肥料、首稽根瘤菌肥料、百脉根根瘤菌肥料、紫云英根瘤菌肥料和沙打旺根瘤菌肥料等。用根瘤菌属（Rhizobium）或慢生根瘤菌属（Bradyrhizobium）的菌株制造。用于生产根瘤菌肥料的菌种系属于根瘤菌属（Rhizobium）、慢生根瘤菌属（Bradyrhizobium）、固氮根瘤菌属（Azorhizobium）、中慢生根瘤菌属（Mesorhizobium）等各属中的不同的根瘤菌种,这些菌种必须是经过鉴定的菌株,或有 2 年多点田间试验获得显著增产的菌株。该菌种必须在菌肥生产前一年内经无氮营养液盆栽接种试验鉴定,结瘤固氮性能优良,接种植株干重比对照显著增加。根瘤菌肥料也是采用液体通气发酵法进行生产。固体菌剂最为常用,它是用载体吸附发酵液制成的。常用的载体是草炭。

根瘤菌肥料的作用机理:施用后,其中的根瘤菌可以侵染豆科植物根部,在其根上形成根瘤,生活在根瘤里的根瘤菌类菌体利用豆科植物宿主提供的能量将空气中的氮分子转化成氨,进而转化成谷氨酸类植物能吸收利用的优质氮素,满足豆科植物对氮元素的需求。它和豆科植物共生,进行生物固氮。地球上根瘤菌与豆科植物的年共生固氮量约为 5500 万吨,约占整个生物固氮量的 1/3,超过了全世界合成氮的年产量,在生物固氮中占有重要的地位。

根瘤菌（*Rhizobium*）是指能与豆科植物共生，形成根瘤，并进行生物固氮的一类革兰染色阴性的杆状细菌。与相应的豆科植物共生固氮的根瘤菌很多，迄今为止已有 100 余种，主要分布在根瘤菌属（*Rhizobium*）、慢生根瘤菌属（*Bradrhizobium*）、中华根瘤菌属（*Sinorhizobium*）、固氮根瘤菌属（*Azorhizobium*）和中慢生根瘤菌属（*Mesorhizobium*）内。根瘤中的根瘤细菌初为杆状，它通过豆科植物的根毛，从土壤侵入根内，形成根瘤。豆科植物为根瘤含菌组织，提供生活和固氮作用所必需的能量和矿物营养；这就是根瘤菌的共生固氮作用。因为各种根瘤菌一般有它自己各自相适应的豆科植物，表现了根瘤菌的专异性，一定的根瘤菌只能在一定的植物上结瘤固氮。但这种专性感染亦非绝对，它们之间的交叉感染，甚至与非豆科植物的感染，仍然存在，这对根瘤菌的使用意义更大。随着根瘤发育、体积增大，形状有变为棒状的、T 形的和 Y 形的等，其可叫做类菌体或假菌体，可以固氮。

另外，根瘤菌、放线菌和蓝细菌还能与非豆科植物形成根瘤，并在其中进行固氮。自然界中除了根瘤细菌和豆科植物的共生固氮作用外，还有一些木本双子叶植物的根系上也能形成根瘤，它们也能固氮，但根瘤内共生的并非是根瘤细菌而是共生固氮放线菌，即非豆科植物的共生固氮弗兰克菌（*Frankia*）。它们同样具有固定空气中氮素的能力，有一些的固氮能力比大豆根瘤菌还高。弗兰克菌是一类重要的固氮资源菌。像微生物的营养来源、拮抗微生物的存活、土壤水分、土壤类型、土壤养分、同类微生物的竞争等，这对根瘤菌肥料尤为重要。

2. 固氮菌肥料

固氮菌肥料能在土壤和很多作物根际中同化空气中的氮气，供应作物氮素营养；又能分泌激素刺激作物生长。

（1）产品分类　按剂型不同分为液体固氮菌肥料、固体固氮菌肥料和冻干固氮菌肥料。按菌种及特性分为自生固氮菌肥料、根际联合固氮菌肥料、复合固氮菌肥料。用下列菌种之一制造。

① 自生固氮菌用固氮菌属（*Azotobacter*）、氮单胞菌属（*Azomonas*）的菌种，也可用茎瘤根瘤菌（*Azorhizobiumcaulinodans*）和固氮芽孢杆菌（*Paenibacillusazotofixans*）菌株。

② 根际联合固氮菌可用固氮螺旋菌（*Azospirillum*）、阴沟肠杆菌（*Enterobactercloacae*，经鉴定为非致病菌的菌株）、粪产碱菌（*Alcaligenesfaecalis*，经鉴定为非致病菌的菌株）、肺炎克氏杆菌（*Klebsiellapneumoniae*，经鉴定为非致病菌的菌株）。

③ 其他经过鉴定的用于固氮菌肥料生产的菌种。这些菌主要特征是在含一种有机碳源的无氮培养基中能固定分子态氮。固氮菌肥料菌种在含一种有机碳源的无氮培养基中能固定分子氮，并具有一定的固氮效能。

（2）固氮菌肥料的作用机理　据研究，已经确定明显具有生物固氮功能的微生物有细菌、放线菌和蓝细菌。它们都是原核微生物，分布在 50 多个属中的 200 多个种，其中部分种可用作生产固氮菌肥料的菌种。

① 自生固氮微生物　自生固氮微生物在土壤中独立生活，不与植物共生，利用它们自己具有的固氮酶将大气中的分子态氮固定为氨，供作物吸收。它们因对氧气和能源需求特性不一，可分成不同的类型。有的要在有氧环境中生长和固氮，如棕色固氮菌、贝式固氮菌等；有的只在无氧或缺少化合态氮的环境中生长和固氮，如巴斯德梭菌等；有的在无氧中生长固氮，但在有氧中只生长不固氮，为兼性厌氧微生物，如肺炎克氏杆菌等；还有的要在无氧有光时能固氮，如深红红螺菌等；还有一类仅依靠无机化合物氧化还原提供能量就能固定大气中的氮元素，如氧化亚铁硫杆菌等。自生固氮微生物固氮效率不高，而且只有在不含氮

肥的贫瘠土壤中才能固氮。

② 共生固氮微生物 有些固氮微生物与其他植物共生，宿主植物向固氮微生物提供生长和固氮所需的能源和碳源等营养物质，固氮微生物向宿主植物提供所需的氮素。最常见的就是与豆科植物共生的根瘤菌。它是目前农业生产中最具有实际利用价值的固氮微生物。

③ 联合固氮微生物 某些固氮微生物生活在禾本科植物根部的表面和周围，不形成根瘤菌结构，但可利用植物根分泌的有机酸进行生长固氮，并产生一些植物激素。

④ 内生固氮微生物 有些固氮微生物生活在其他生物体内，证明也有固氮能力，如在甘蔗体内生长的固氮醋酸杆菌利用甘蔗体内丰富的糖分，经过固氮供甘蔗生长所需要的氮源。

固氮菌肥料是利用固氮微生物将大气中的分子态氮气转化为农作物能利用的氨，进而为其提供合成蛋白质所必需的氮素营养的肥料。微生物自生或与植物共生，将大气中的分子态氮气转化为农作物可吸收的氨的过程，称为生物固氮。生物固氮是在极其温和的常温常压条件下进行的生物化学反应，不需要化肥生产中的高温、高压和催化剂，因此，生物固氮是最便宜、最干净、效率最高的施肥过程。固氮菌肥料是最理想的、最有发展前途的肥料。

目前固氮菌肥料的生产基本上采用液体发酵的方法，产品可分为液体菌剂和固体菌剂。从发酵罐发酵后及时分装即成液体菌剂，发酵好的液体再用灭菌的草炭等载体吸附剂进行吸附即成固体菌剂。

3. 磷细菌肥料

解磷微生物肥料常称磷细菌肥料，既能把土壤中难溶性的磷转化为作物能利用的有效磷素营养，又能分泌激素刺激作物生长的活体微生物制品。磷细菌是可将不溶性磷化物转化为有效磷的部分细菌的总称，根据它们对磷的转化形式可分为两类：细菌产生酸使不溶性磷矿物变为可溶性的磷酸盐，称为无机磷细菌（即分解磷酸三钙的细菌），如氧化硫硫杆菌；某些细菌如巨大芽孢杆菌、蜡状芽孢杆菌产生乳酸、枸橼酸等酸类物质，使土壤中的难溶性磷、磷酸铁、磷酸铝及有机磷酸盐矿化，形成植物可吸收的可溶性磷，称为有机磷细菌（如分解磷脂胆碱的细菌）。

(1) 磷细菌肥料的种类 产品分类按剂型不同分为：液体磷细菌肥料、固体粉状磷细菌肥料和颗粒状磷细菌肥料。按菌种及肥料的作用特性分为：有机磷细菌肥料、无机磷细菌肥料。

① 有机磷细菌肥料 能在土壤中分解有机态磷化物（卵磷脂、核酸和植素等）的有益微生物经发酵制成的微生物肥料。分解有机态磷化物的细菌有芽孢杆菌属中的种（*Bacillus sp.*）、类芽孢杆菌属中的种（*Paenibacillus sp.*）。有机磷细菌：芽孢杆菌属的细菌为革兰染色阳性，能产生抗热的芽孢，为椭圆形或柱形周生或侧生鞭毛，能运动，能产生接触酶。

② 无机磷细菌肥料 能把土壤中难溶性的不能被作物直接吸收利用的无机态磷化物溶解转化为作物可以吸收利用的有效态磷化物。分解无机态磷化物的细菌有假单胞菌属中的种（*Pseudomonas sp.*）、产碱菌属中的种（*Alcaligenes sp.*）、硫杆菌属中的种（*Thiobacillus sp.*）。使用本标准规定之外的菌种生产磷细菌肥料时，菌种必须经过鉴定，而且必须为非致病菌菌株。

(2) 磷细菌肥料的作用机理

① 产生各类有机酸（如乳酸、柠檬酸、草酸、甲酸、乙酸、丙酸、琥珀酸、酒石酸、α-羟基酸、葡萄糖酸等）和无机酸（如硝酸、亚硝酸、硫酸、碳酸等），降低环境中 pH 值，使难溶性磷酸盐降解为有效磷；或认为有机酸可螯合闭蓄态 Fe-P、Al-P、Ca-P，使之释放有机磷。

② 产生胞外磷酸酶，催化磷酸酯或磷酸酐等有机磷水解为有效磷。磷酸酶是诱导酶，微生物和植物根对磷酸酶的分泌与正磷酸盐的缺乏程度是正相关的，缺磷时其活性成倍增长。

③ 微生物通过呼吸作用放出 CO_2，能降低它周围的 pH 值，从而引起磷酸盐的溶解。某些细菌还可以释放 H_2S，它能与磷酸铁作用，产生硫酸亚铁和可溶性的磷酸盐。过去的研究还认为芽孢杆菌可产生植酸酶水解植酸；荧光假单细胞、解磷巨大芽孢杆菌产生的多酚氧化酶可分解腐殖酸。

（3）产品类型及使用　目前生产的磷细菌肥料有液体和固体两种，液体磷细菌肥料外观呈棕褐色、浑浊状，每毫升含活菌 5 亿～15 亿个，杂菌数小于 5％，pH5.5～7.0。固体磷细菌肥料是将磷细菌接种在草炭中的制品，外观为黑褐色或褐色粉末状，湿润松散，含水量 20％～35％，每克含活菌 1 亿～3 亿个，杂菌数小于 15％，pH6.0～7.5。有机磷细菌菌肥与无机磷细菌菌肥混用，磷细菌菌肥与固氮菌菌肥混用以及磷菌肥料与"5406"抗生菌菌肥或矿质磷肥配合施用，均比使用单一的菌肥效果要好。解磷微生物肥料施入土壤后，经细菌作用能分解土壤中矿物态磷、被固定的磷酸铁、铝和磷酸钙等难溶性磷以及有机磷，从而增强土壤中磷的有效性，改善作物的磷素营养。还能促进固氮菌和硝化细菌的活动，改善作物氮素营养。

4. 硅酸盐细菌肥料

硅酸盐细菌肥料又称钾细菌肥料，能对土壤中云母、长石等含钾的铝硅酸盐及磷灰石进行分解，释放出钾、磷与其他灰分元素，改善作物的营养条件。本品的生产菌种为胶质芽孢杆菌（*Bacillus mucilginosus*）的菌株及其他经过鉴定的用于硅酸盐细菌肥料生产的菌种。一些研究认为硅酸盐细菌（*Silicatebacteria*）由于其生命活动作用可将含钾矿物中的难溶性钾溶解出来供作物利用，并将其称为钾细菌，用这类菌种生产出来的肥料叫硅酸盐菌肥，俗称钾细菌肥。硅酸盐菌剂，其有效成分为活的硅酸盐细菌，如芽孢杆菌中的胶质芽孢杆菌（*B. mucilaginosus*）和环状芽孢杆菌（*B. circulans*）等，该菌可分解正长石、磷灰石并释放磷钾矿物中磷与钾营养供作物应用，可促进农业增产、提高农产品品质。此外硅酸盐细菌在生命活动中还产生赤霉素、细胞分裂素等生物活性物质刺激植物生长发育；还可产生抗生素物质并增强植株的抗寒、抗旱、抗虫、防早衰、防倒伏的作用；此外硅酸盐细菌死亡后的及其降解物对植物也有营养作用。钾肥菌肥料的主要作用是供应作物部分速效钾，因此在速效钾含量丰富的土壤中不一定需要施用，在缺钾严重的地区，单单施用钾细菌肥料也很难达到满意效果，在实际应用中不仅要注意钾细菌肥料与氮磷化肥的协调，也要注意与钾肥化肥的协调，钾细菌肥料在喜钾作物、缺钾土壤、高产土壤（高氮、高磷）上施用可表现出显著的增产效果和较高的社会、生态和经济效益。

（1）硅酸盐细菌肥料的应用基础　硅酸盐细菌一方面由于其生长代谢产生的有机酸类物质，能够将土壤中含钾的长石、云母、磷灰石、磷矿粉等矿物的难溶性钾及磷溶解出来为作物和菌体本身利用，菌体中富含的钾在菌死亡后又被作物吸收；另一方面它所产生的激素、氨基酸、多糖等物质促进作物的生长。同时，细菌在土壤中繁殖，抑制其他病原菌的生长。这些都对作物生长、产量提高及品质改善有良好作用。

（2）硅酸盐细菌种类及其生产应用　硅酸盐细菌主要指胶冻样芽孢杆菌（*Bacillus mucilaginosus*）的一个变种或环状芽孢杆菌（*B. circulans*）及其他经过鉴定的菌株。*B. circulans* 是得到国际承认的菌株，有文献表明其有一定毒力，需慎重对待。但我国和前苏联学者一般认为硅酸盐细菌是指胶冻样芽孢杆菌（*Bacillus mucilaginosus*），国际上现已承认其分类上的名称。后来有些研究表明某些非硅酸盐细菌也有类似的分解钾、磷的功能。

（3）硅酸盐细菌肥料的作用机理　其作用机理不清，据报道，施用这类细菌肥料对各种喜钾作物，如甘薯、烟草、水稻、棉花、小麦等均有明显增产效果。但是，关于此类细菌肥料的"解钾"机理历来颇有争议，研究也不够深入。有些学者认为其"解钾"作用与细菌胞外多糖的形成和低分子量酸性代谢物（如柠檬酸、乳酸等）有关；南京农业大学的盛下放等人对硅酸盐细菌菌株 NBT 的解钾作用研究表明，硅酸盐细菌 NBT 能够破坏钾长石的晶格结构并释放其中的钾素供水稻生长之用，并且认为其晶格结构的破坏与 NBT 合成分泌的草酸、柠檬酸、酒石酸和苹果酸等有机酸，氨基酸和荚膜多糖的有机酸及络合作用密切相关。最近有学者则认为硅酸盐细菌在培养液中与对照相比有一定解钾作用，但其绝对量很小，在农业生产中是否有实际意义，有待于通过加强基础研究来解决。

目前的硅酸盐细菌肥料剂型主要是草炭吸附的固体剂型，其生产条件、工艺要求、质量要求和使用条件同于一般的微生物肥料，主要用于缺钾地区。我国农业土壤中的缺钾问题日趋明显，而我国钾素化肥生产能力严重不足，每年需要进口。实际上土壤中钾的总含量并不缺乏，只是速效钾供应不足，研究和开发利用解钾微生物，阐明其作用机理是微生物肥料研究和应用中的一个重要课题。硅酸盐细菌肥料适宜施用的作物种类多，在棉花、烟草、甘薯、水稻、玉米和果树等上表现出较好的效果，产量的增加达 10% 左右，并能提高品质。施用方式主要为拌种、穴施和根外追肥。

5. 复合微生物肥料

复合微生物肥料 Cmpound microbial fertilizer，是指特定微生物与营养物质复合而成，能提供、保持或改善植物营养，提高农产品产量或改善农产品品质的活体微生物制品。由于作物生长发育需要多种营养元素，单一菌种、单一功能的微生物肥料已经不能满足现代农业发展的需求。现在微生物肥料不仅仅由单一的菌种构成，而且趋向于复合微生物肥料。这里所说的复合是指两种或者两种以上的微生物或一种微生物与其他营养物质复配而成。现在出现的复合微生物肥料品种繁多，是指两种以上微生物菌种的复合。不论使用何种微生物菌种、几种菌种生产，其菌种必须符合我国产品标准规定。而且有效活菌数：液体型不得低于10亿个/mL，固体型不得低于 2 亿个/g，颗粒型不得低于 1 亿个/g。复合微生物肥料的成分中，除主体微生物外，含有其他基质成分的，其基质成分应有利于微生物肥料中的菌体生存，绝不能降低或抑制菌体的存活。

（1）常见复合微生物肥料种类

① 微生物-微量元素复合生物肥料　微量元素在植物体内是酶或辅酶的组成成分，对高等植物叶绿素、蛋白质的合成和光合作用以及养分的吸收和利用方面起着促进和调节的作用。如元素铝、铁等是固氮酶的组成成分，是固氮作用不可缺少的元素。西南农业大学分别用铝、钴、钨浸种做的胡豆田间试验以及中国农业科学院土壤肥料研究所的实验都证实了上述微量元素对共生固氮都有良好的增产效果。

② 联合固氮菌复合生物肥料　由于植物的分泌物和根的脱落物可以作为能源物质，固氮微生物利用这些能源生活和固氮，因此称为联合固氮体系。这种联合固氮体系最早是在雀稗固氮菌中发现的。我国科学家从水稻、玉米、小麦等禾本科植物的根系分离出联合固氮细菌，并开发研制微生物肥料，具有固氮、解磷、激活土壤微生物和在代谢过程中分泌植物激素等作用，可以促进作物生长发育，提高小麦单位面积产量。

③ 固氮菌、根瘤菌、磷细菌和钾细菌复合生物肥料　这种生物肥料可以供给作物一定量的氮、磷和钾元素。选用不同的固氮菌、根瘤菌、磷细菌和钾细菌，分别接种到各种菌的富集培养基上，在适宜的温度条件下培养，达到所要求的活细菌数后，再按比例混合，制成

菌剂，其效果优于单株菌接种。

（2）复合微生物肥料的作用机理

① 全营养型 不仅给作物生长提供所需的氮、磷、钾和中微量元素外，还能为作物提供有机质和有益微生物活性菌。

② 肥效具有缓释的功效，提高肥料的利用率 在生产过程中，部分无机营养元素溶解后被有机质吸附络合在一起，形成有机态氮、磷、钾，进入土壤不易被流失和固定，化学肥料利用率可提高 10%～30%，肥效可持续 3～4 个月。

③ 疏松土壤，溶磷解钾，培肥地力 肥料进入土壤后，微生物在有机质、无机营养元素、水分、温度的协助下大量繁殖，减少了有害微生物群体的生存空间，从而增加了土壤有益微生物菌的数量，微生物菌产生大量的有机酸可以把多年沉积在土壤中的磷钾元素部分溶解释放出来供作物再次吸收利用，长期使用后土壤将会变得越来越疏松和肥沃。

④ 微生物菌在肥料中处于休眠状态，进入土壤萌发繁殖后，分泌大量的几丁质酶、胞外酶和抗生素等物质，可以有效裂解有害真菌的孢子壁、线虫卵壁和抑制有害菌的生长，有效地控制土传性病虫害的发生，起到防病防虫和抗重茬的功效。

⑤ 生根壮苗，降低亚硝酸盐含量，提高品质，增产增收。微生物菌在土壤中繁殖后，产生大量的植物激素和有机酸，刺激根系生长发育，增强农作物的光合强度，作物生长根深叶茂，可有效提高作物果实的糖度，降低作物产品中硝酸盐及其他有害物质的含量，提高品质，农作物可增产 10%～30%。

⑥ 加速土壤中有机质的降解，不仅为农作物生长提供更多有机营养物质，提高农作物的抗逆性；同时还可以减少土壤中一些病原菌的生存空间。

（3）复合肥料的应用 多种菌种复配时，必须注意其中的各种微生物彼此之间没有拮抗作用，且最好有促进作用；最好还要选用同一菌种中具有侵染力强、结瘤率高、固氮效率高、适应性强、繁殖速度快、抗逆性强等优点的多种菌株，以取长补短，互相促进。目前我国的多种复合肥料均属于此类。

复合菌肥只有在满足各种有益微生物生长发育的条件时，如有机质丰富、适量的磷肥、适宜的酸碱度和水分、温度等，才能充分发挥其增产作用。复合菌肥可作基肥和追肥。施用时最好将菌液接种到有机肥料中，混匀后再用；也可将菌液接种到少量的有机肥料中堆沤 1 周左右，再掺入大量有机肥料使用。但拌后要立即施用，混配过久则会造成养分损失。

目前微生物肥料的发展正在由豆科接种剂向非豆科用肥方面发展；由接种剂向复合生物肥方面发展；由单一菌种制剂向复合菌种制剂发展；由单功能向多功能方面发展；由无芽孢菌向芽孢菌种方面发展。可以预测，微生物肥料将在今后的持续农业发展中发挥更大作用。

6. 光合细菌肥料

能利用光能作为能量来源的细菌，统称为光合细菌。根据光合作用是否产氧，可分为不产氧光合细菌和产氧光合细菌；又可根据光合细菌碳源利用的不同，将其分为光能自养型和光能异养型，前者是以硫化氢为光合作用供氢体的紫硫细菌和绿硫细菌，后者是以各种有机物为供氢体和主要碳源的紫色非硫细菌。

（1）光合细菌肥料的应用基础 光合细菌使农作物增产增质的原因，可归纳为以下两个方面。①光合细菌能促进土壤物质转化，改善土壤结构，提高土壤肥力，促进作物生长。光合细菌大都具有固氮能力，能提高土壤氮素水平，通过其代谢活动能有效地提高土壤中某些有机成分、硫化物和氨态氮，并促进有害污染物如农药等的转化。同时能促进有益微生物的增殖，使之共同参与土壤生态的物质循环。此外，光合细菌产生的丰富的生理活性物质如脯氨酸、尿嘧啶、胞嘧啶、维生素、辅酶Q、类胡萝卜素等都能被作物直接吸收，有助于改善作物的营养，激活作物细胞的活性，促进根系发育，提高光合作用和生殖生长能力。②光合细菌能增强作物抗病防病能力。光合细菌含有抗细菌、抗病毒的物质，这些物质能钝化病原体的致病力以及抑制病原体生长。同时光合细菌的活动能促进放线菌等有益微生物的繁殖，抑制丝状真菌等有害菌群生长，从而有效地抑制某些植病的发生与蔓延。基于光合细菌具有抗病防病作用，目前相关研究人员将其开发为瓜果等的保鲜剂。

（2）光合细菌的种类　光合细菌的种类较多，目前主要根据包它所具有的光合色素体系和光合作用中是否能以硫为电子供体将其划为4个科：红螺菌科或称红色无硫菌科（Rhodospirillaceae）、红硫菌科（Chromatiaceae）、绿硫菌科（Chlorobiaceae）和滑行丝状绿硫菌科（Chloroflexaceae）。进一步可分为22个属，61个种。与生产应用关系密切的，主要是红螺菌科的一些属、种，如荚膜红假单胞菌（*Rhodopseudomonas capsulatus*）、球形红假单胞菌（*Rps. globiformis*）、沼泽红假单胞菌（*Rps. palustris*）、嗜硫红假单胞菌（*Rps. sulfidophila*）、深红红螺菌（*Rhodospirillum rubrum*）、黄褐红螺菌（*Rhodospirillum fulvum*）等。

（3）光合细菌肥料的生产和应用　光合细菌能在光照条件下进行光合作用生长，也能在厌氧条件下发酵，在微好氧条件下进行好氧生长。光合细菌的生产需要采用优良菌种，要求菌种活性高，菌液中菌体分布均匀、无下沉现象。相对其他微生物肥料生产，光合细菌的生产要简单些，在一定生长温度条件下，保持一定量的光照强度是必需的。我国现在常用玻璃或透光好的塑料缸或桶进行三级或四级扩大培养，简述如下。

①　一级试管菌种和二级种子培养生长培养基可根据需要配制为固体、半固体和液体培养基，分装于带螺帽的试管中和带反口脱塞的玻璃瓶中，高压灭菌后在无菌条件下接种，固体和半固体培养基用于穿刺接种，供菌种保藏用。以1%的接种量接种于液体培养基中，为二级种子扩大培养用。接种后置28℃、1000lx光照条件下培养，一般用电灯泡（白炽灯40～60W）可以满足要求，培养物放在距灯15～50cm处，一般培养7～10d即可长好。

②　三级大瓶与四级塑料桶或玻璃缸扩大培养。培养基原液可用蒸馏水或冷开水配制，室内培养温度维持在25～28℃，光照维持1000lx左右，培养7～10d即可。一级、二级菌种的接种量为1%～2%，三、四级扩大培养的接种量一般为5%～10%。光合细菌的生产也可以采用连续培养设备进行。

生产的光合细菌肥料一般为液体菌液，用于农作物的底肥或以拌种、叶面喷施、秧苗蘸根等。实践证明，施用光合细菌的效果良好，表现在提高土壤肥力和改善作物营养，以及对作物病害控制方面。

此外，畜牧业上应用于饲料添加剂，用于畜禽粪便的除臭、有机废物的治理上均有较好的应用前景。由于光合细菌应用历史比较短，许多方面的应用研究还处在初级阶段，还有大量的、深入的研究工作要做。尤其是这一产品的质量、标准以及进一步提高应用效果等方面基础薄弱，有待进一步加强。目前的研究和试验已显示出光合细菌作为重要的微生物资源，其开发应用的前景是广阔的，必将具有不可替代的应用市场，在人类活动中必将发挥越来越大的作用。

7. 抗生菌肥料

抗生素菌肥是一种人工合成的具有抗生作用的放线菌肥。它能转化土壤中迟效养分，增加速效态的氮、磷含量，对根瘤病、立枯病、锈病、黑斑病等均有抑制病菌和减轻病害的作用。同时，能分泌激素，促进植物生根、发芽，且对苗木无药害。抗生菌肥可以通过菌种三级扩制自行扩大培养繁殖；可用作种肥与过磷酸钙混拌以后盖在种子上，促进种子萌发和生根发芽；可用作追肥，用20～80倍水浸提液，喷洒苗木；可用作浸种，起催芽作用。从全国各地不同作物、牧草的根上以及农家肥料和土壤中，筛选对植物病原菌有拮抗能力的微生物。在五千余个菌株中，以5406号放线菌的性质最为突出，它不仅能抑制所试的32种病原菌的生长，同时还具有刺激植物生根、发芽等性能。由于它容易在农家肥料中生长繁殖，并能提高肥料的效果，所以被称为"抗生菌肥料"。"5406"放线菌是1953年自陕西泾阳老苜蓿的根际土壤中分离的一株链霉菌，根据全国各地田间试验推广统计的资料表明：施用"5406"抗生菌肥料后，均有大幅度增产效果。

8. 秸秆腐熟剂

秸秆腐熟剂是能加速各种农作物秸秆分解、腐熟的微生物活体制剂。目前，研制开发理想的作物秸秆快速腐熟剂已成为微生物制剂的一个热点。我国年产农作物秸秆达5亿吨之多，用秸秆制作肥料，不仅可减少污染，还可变废为宝。加之秸秆类的来源广泛，可以是玉米秆、稻草、麦秸、豆秸、谷草、高粱秸以及各种藤蔓等，可因地制宜，就地取材。而常用的物理机械法和化学碱处理法，都存在诸多缺点，秸秆的营养价值和利用价值都不高。所以，利用微生物的广泛适应性和多功能性来转化秸秆已日益受到国内外研究者重视，因为微生物在秸秆转化中有用途多、营养价值高、周期短、可再生等优点。用微生物学方法处理秸秆具有其他物化方法不可替代的优点，作为利用秸秆资源的新途径，有着广阔的应有前景，将在农业生产中发挥越来越重要的作用。

(1) 分解秸秆的微生物种类　作物秸秆的主要成分是纤维素、半纤维素和木质素。可以分解利用秸秆的微生物种类很多，在自然界中广泛分布和存在。主要种类如下。

① 能分解纤维素的细菌芽孢杆菌属（*Bacillus*）、类芽孢杆菌属（*Paenibacillus*）、假单胞菌属（*Pseudomones*）、弧菌属（*Vibrio*）、微球菌属（*Micrococcus*）、链球菌属（*Streptococcus*）、梭菌属（*Clostridium*）、原黏杆菌属（*Promyxobecterium*）、纤维黏菌属（*Cytophaga*）、生孢噬纤维菌属（*Sporocytophaga*）、堆囊菌属（*Sorangium*）、螺旋体属（*Spirochaeta*）等。最值得注意的是这些种类中的嗜热和耐热的种群。

② 能分解纤维素和半纤维素的真菌木霉属（*Trichoderma*）、曲霉属（*Aspergillus*）、青霉（*Penicillium*）、分枝孢属（*Sporotrichum*）、轮枝孢霉（*Verticillium*）、镰刀菌属（*Fusarium*）、根霉（*Rhizopus*）等。

③ 能分解纤维素的放线菌分枝杆菌（*Mycobacterium*）、诺卡菌（*Nocardia*）、小单胞菌（*Micromonospora*）、链霉菌属（*Strepto-myces*）等。

④ 氧化木质素的微生物有洋蘑菇（*Psalliota*）、鬼伞菌（*Coprinus*）、茯苓（*Poria*）、多孔菌属（*Polyporus*）、伞菌属（*Agaricus*）、糙皮侧耳（*Pleurotus ostrcatus*）、韧皮菌属（*Sthreum*）等。

研发和生产秸秆腐熟菌剂在明确产品使用环境条件下，应该依照表8-2中的产生的"三素酶"选用相应的微生物种类。即是说，含有"三素酶"的微生物腐熟菌剂才是最科学、合理的；也是保证秸秆腐解效果的基础。在表8-2所列之外的菌种需要经过产"三素酶"能力测定和安全性评价达到要求后，才能作为秸秆腐熟菌剂生产用菌种。需要说明的是，表8-2中所列的菌种仅是初步的划分，还需进一步补充或调整。

表 8-2 产生"三素酶"的微生物种/属一览

细 菌	真 菌	放线菌
①兼性厌氧微生物：噬纤维梭菌（Clostridium cellulovorans）、生孢噬纤维菌（Sporocytophaga）、多囊纤维菌（Polyangium cellulosum）、白色瘤胃球菌（Ruminococcus albus）、产琥珀酸丝状杆菌（Fibrobactersuccinogenes）、溶纤维丁酸弧菌（Butyrivibrio fibrisolvens）、热纤梭菌（Clostridium thermocellum）、解纤维梭菌（Clostridium cellulolyticum）、球形芽孢杆菌（Bacillus sphaericus）、双酶梭菌（Clostridium bifermentans）等 ②好氧微生物：粪碱纤维单胞菌（Cellulomonas fimi）、纤维单胞菌属（Cellulomonas）、纤维弧菌属（Cellvibrio）、运动发酵单胞菌（Zymomonas mobilis）、混合纤维弧菌（Cellvibrio mixtus）、噬胞菌属（Cytophaga）等	里氏木霉（Trichoderma reesei）、绿色木霉（Trichoderma viride）、米根霉（Rhizopus oryzae）、米曲霉（Aspergillus oryzae）、黑曲霉（Aspergillus niger）、镰刀霉（Fusarium spp.）、拟青霉（Paecilomyces bainier）、斜卧青霉（Penicillium decumbens）等	分枝杆菌（Mycobacterium）、诺卡菌（Nocardia）、小单胞菌（Micromonospora）、唐德链霉菌（Streptomycestendae）及该属中的部分菌等

（2）秸秆腐熟的机理　在适宜的营养（特别是氮素）、温度、湿度、通气量和 pH 值条件下，通过微生物的繁衍，使秸秆分解，把碳、氮、磷、钾和硫等分解矿化或形成为简单的有机物和腐殖质。秸秆中纤维素、半纤维素占极大的比例，纤维素是葡萄糖的聚合物，由于结构特殊，因此有抵抗各种氧化剂的能力，只能被浓酸水解。微生物和对纤维素的作用，完全取决于微生物的功能和分解条件。纤维素的分解分两个阶段。第一阶段是在微生物分泌的纤维素酶的作用下水解，生成纤维糊精、纤维二糖，在纤维二糖酶的作用下生成葡萄糖。第二阶段是水解产物的发酵过程。第二阶段好气微生物和厌气微生物的发酵产物有所不同。好气纤维分解菌能将纤维素完全分解，只产生 CO_2、一些黏液物质、色素和大量微生物细胞物质，30%～40%分解的纤维素可以转变成纤维素分解菌的细胞物质；嫌气性纤维分解菌则发酵成各种有机酸（醋酸、丙酸、丁酸、蚁酸、乳酸和琥珀酸等）、醇类、二氧化碳和氢气。木质素是复杂的植物物质，是具有某些侧链的苯环结构，很难分解。一些细菌和高等真菌能把木质素的侧链及芳香环氧化，进而裂解木质素。在堆肥中有相当数量的木质素形成腐殖质，它是植物营养的储存库，也是土壤肥力的基础。半纤维素包括多种化合物，有多缩糖醛和多缩糖醛酸。在微生物的作用下，多糖水解成简单的单糖类（$C_6H_{12}O_6$、$C_5H_{10}O_5$），多缩糖醛酸水解成糖醛酸或糖醛酸和糖的混合物。主要被真菌和细菌所分解。半纤维素也是微生物细胞物质（荚膜）的重要组成部分。

（3）秸秆腐熟剂的研制开发　微生物秸秆生物学转化的关键有：微生物降解木质素和纤维素；生产微生物单细胞蛋白，提高秸秆的营养价值；优化生产工艺。

① 快速分解秸秆微生物的筛选。根据掌握的资料，针对性地采集样品，用恰当的培养基和适宜的培养条件分离筛选秸秆分解菌，尤其是降解木质素和纤维素的微生物。秸秆分解菌包括真菌、细菌和放线菌等微生物。就以细菌为例，分解秸秆的细菌在形态学上是极其不同的，如果研究者停留在某一种分离细菌的方法上，当然只能分离出某一类的细菌。细菌有好氧、厌氧之分，一般厌氧细菌温度要求比较高，可根据预期目标采集样品（如污泥、厩肥或反刍动物的第一胃里以及可利用纤维素的软体动物等），分离筛选定向细菌。可用分解纤维素的培养基配方或者是秸秆粉配方分离、筛选秸秆分解菌。真菌、细菌、放线菌都参与秸秆的分解过程，在整个分解过程中，就目前的资料分析，真菌的作用应排在首位，其次是细菌和放线菌。分解秸秆的真菌中也有好氧和厌氧、中温和高温之分，根据选定的目标，选择恰当的培养基配方和样品的来源以及培养条件等，以期得到预期的菌株。

② 菌株的发酵培养。首先筛选菌株的培养基成分、培养条件，然后接种培养，反复筛选，找出分解能力强、生长速度快的高效菌株。

③ 根据分离到的菌株特性，单独或复合，再检验其分解能力，选定搭配组合。

④ 加入能生产单细胞蛋白的微生物，提高秸秆的营养价值。加入此类微生物后，它首先将秸秆中的营养物转到菌体内，成为菌体蛋白；然后，利用大量培养微生物的方法，在它们的生命过程中分泌有活性的蛋白酶，对秸秆原料中的蛋白质进行降解，生成氨基酸，达到提高营养价值的目的。目前常用酵母菌类来作为首选。

⑤ 研究腐熟剂发酵工艺，科学生产腐熟剂产品。发酵工艺研究包括培养基配方、pH值、温度、通气量等条件，研究剂型，选择适合的载体。

⑥ 研究腐熟剂的最佳使用条件，然后进行小试、中试，综合评价腐熟剂的效果。

⑦ 利用基因工程的手段，构建分解秸秆某些酶基因的理想工程菌也是一个重要的方法。

第二节　微生物肥料的安全使用

随着目前我国微生物肥料产品种类和剂型的不断增加，微生物肥料生产中所使用的微生物种类也增加很快，已经远远超出过去常用的一些种、属。近年来微生物肥料使用菌种中的条件病原微生物（或机会性病原）出现的频率增多，加强对微生物肥料生产应用中使用菌种的安全监督不容忽视。国家已颁布了中华人民共和国农业行业标准 NY/T 227—94，NY 411—2000，NY 412—2000，NY 413—2000 分别规定复合微生物肥料，要经过一系列的严格检验，证明对植物有益而无害，更不能是人畜的条件致病菌；微生物肥料的应用效果要有田间实验报告。我国农业部建设了微生物肥料质量检验的专门机构——微生物肥料质量监督检验测试中心，有效菌数等重要指标要经过检测，符合质量标准的产品才可以出售，包装袋上要标明适用作物、土壤情况和使用方法等。

微生物肥料分固体肥和液体肥，都可以直接施用。一般是将培养的菌体放入吸附剂中保存，使用方便。吸附剂是影响微生物肥料质量的重要因素之一。实验和应用的吸附剂有以下几类物质：①草炭；②植物材料，如谷壳粉、蔗渣、玉米芯粉、腐熟堆肥等；③惰性无机和有机材料，如蛭石、珍珠岩、粉末磷灰石、聚丙酰胺胶粒等。目前应用最广泛的吸附剂是草炭。草炭含有丰富的有机质和一定量的腐殖酸，要经过测定性状后选用优质材料，并且要经过处理达到一定细度，灭菌后才可应用。微生物肥料的核心是制品中特定的有效的微生物活体，一些微生物虽有特定的肥料效应，但由于是条件病原微生物（或机会性病原），不能用作微生物肥料的菌种。对此，许多国家在监督菌种的安全性方面都制订了一整套严格的规定，我国对此类产品实行检验登记制度，以防止危害人民群众安全、危及农牧业生产安全的事故发生。微生物肥料生产企业要按照有关规定办理检验登记手续，微生物肥料用户要购买经检验登记的产品，以确保微生物肥料安全有效。

一、微生物肥料的施用原则

目的微生物（Target microbe）是指产品中含有的具有特定功能的微生物。微生物肥料施用的基本原则：有利于目的微生物生长、繁殖及其功能发挥，有利于目的微生物与农作物亲和，有利于目的微生物与土壤环境相适应。

1. 通用技术要求

（1）产品选择　应选择获得农业部登记许可的合格产品。根据作物种类、土壤条件、气候条件及耕作方式，选择适宜的微生物肥料产品。对于豆科作物，在选择根瘤菌菌剂时，应选择与之共生结瘤固氮的产品。

（2）产品储存　产品应储存在阴凉干燥的场所，避免阳光直射和雨淋。

（3）产品使用　应根据需要确定微生物肥料的施用时期、次数及数量。微生物肥料宜配合有机肥施用，也可与适量的化肥配合使用，但应避免化肥对微生物产生不利影响。应避免在高温或雨天施用。应避免与过酸、过碱的肥料混合使用，避免与对目的微生物具有杀灭作用的农药同时使用。

2. 产品使用要求

（1）液体菌剂

① 拌种。将种子与稀释后的菌液混拌均匀，或用稀释后的菌液喷湿种子，待种子阴干后播种。

② 浸种。将种子浸入稀释后的菌液 4～12h，捞出阴干，待种子露白时播种。

③ 喷施。将稀释后的菌液均匀喷施在叶片上。

④ 蘸根。幼苗移栽前将根部浸入稀释后的菌液中 10～20min。

⑤ 灌根。将稀释后的菌液浇灌于农作物根部。

（2）固体菌剂

① 拌种。将种子与菌剂充分混匀，使种子表面附着菌剂，阴干后播种。

② 蘸根。将菌剂稀释后，在幼苗移栽前将根部浸入稀释后的菌液中 10～20min。

③ 混播。将菌剂与种子混合后播种。

④ 混施。将菌剂与有机肥或细土/细沙混匀后施用。

（3）有机物料腐熟剂　将菌剂均匀拌入所腐熟物料中，调节物料的水分、碳氮比等，堆置发酵并适时翻堆。

（4）复合微生物肥料和生物有机肥

① 基肥。播种前或定植前单独或与其他肥料一起施入。

② 种肥。将肥料施于种子附近，或与种子混播。对于复合微生物肥料，应避免与种子直接接触。

③ 追肥。在作物生长发育期间采用条/沟施、灌根、喷施等方式补充施用。

二、微生物肥料的施用技术

微生物肥料的肥效发挥既受其自身因素的影响，如肥料中所含有效菌数、活性大小等质量因素；又受到外界其他因子的制约，如土壤水分、有机质、pH 值等生态因子，所以微生物肥料的选择和应用都应注意合理性。

1. 微生物肥料的选择

现在市场上存在着多种微生物肥料，其中大部分微生物肥料对促进农业生产起到了重要的作用，但也存在着一些被利益驱动的不法分子，制造假冒伪劣的产品来扰乱市场。农民没有充分的科普知识和必要的仪器来检测肥料的真伪，因此，在选择微生物肥料时，要注意：①检验肥料是否获得农业部正式（或临时）登记许可证；②向当地有关从事土壤肥料的机构（包括土壤肥料工作站、农科院或农科所等单位）进行有关事宜咨询。

微生物菌剂用量少，主要起调节作用。微生物菌剂的使用原则是"早、近、匀"，即使用时间早、离作物根系近、施用均匀。微生物肥料的施用方法一般有拌种、浸种、蘸根、基施、追施、沟施和穴施，以拌种最为简便、经济、有效。拌种方法是先将固体菌肥加清水调至糊状，或液体菌剂加清水稀释，然后与种子充分拌匀，稍晾干后播种，并立即覆土。种子需要消毒时应选择对菌肥无害的消毒剂，同时做到种子先消毒后拌菌剂。目前很多农民并不了解生物肥料的使用方法和施用范围，把生物肥料当做化肥一样使用，从而使生物肥料的作用得不到发挥，并由此怀疑生物肥料的可靠性。其实微生物肥料和化肥是相辅相成的，但是由于现代生物技术发展水平的限制，微生物肥料不能取代化肥，农业生产中仍然以化肥为主、微生物肥料为辅。微生物肥料常常用于作物生产前期，最好与种子同时播种以确保两者能够同时发育，这样才能生长到植物根际中而发挥作用。叶面喷施的微生物肥料，也应在苗期早期应用，以便占据有效的生态位，而排斥病原并产生植物激素刺激植物生长。生产商和推广人员应该把正确的使用方法在销售过程中传给农民，使农民可以正确使用并发挥微生物肥料的最大效益。喷施，液体微生物菌剂含有固氮菌、光合细菌等微生物，可以用作叶面喷施，给植物增加营养，促进光合作用。将液体菌剂与水混合，比例为1∶10，使用喷雾器给作物喷施，通常在作物生长前期使用。由于阳光中紫外线有杀菌作用，所以施用时一般要避开中午前后的时间。选在阳光不太强的早晨或傍晚喷施，每亩作物用10～20kg菌剂。

2. 固体菌剂的施用方法

固体菌剂有单一菌剂和复合菌剂，单一菌剂只含有一种微生物菌种，只能针对使用，例如土壤缺氮，可以用固氮菌菌剂；土壤缺磷可以用解磷类微生物菌剂。复合菌剂含有两种以上的微生物菌种，作用比单一菌剂全面，能够促进作物生长、改良土壤，还能起到一定的防病作用，对各种作物都适用。使用菌剂时根据土壤肥力的不同可以选择不同类型的菌剂，使用方法都是一样的。

(1) 拌种　把适量菌剂倒入盆中，再倒入清水，菌剂与清水按1∶1的比例混合，然后放入粮食作物种子，搅拌均匀，菌剂均匀地附着在种子表面，放置在阴凉地阴干后播种，这样能促进种子生长，减少病虫害，这种方法适合各种粮食种子。

(2) 浸种　把适量菌剂倒入盆中，再倒入清水，菌剂与水按1∶2的比例混合，搅匀后把种子放入菌液中，搅拌，浸泡8～12h，捞出阴干后播种。这样能提高种子发芽率，增强抗病能力。

(3) 蘸根　以红薯苗为例，将适量菌剂倒入盆中，再倒入清水，菌剂与水按1∶2的比例混合，和成糊糊状，将红薯根放入菌剂中浸泡10min左右，在栽植穴中浇水，再把蘸根后的红薯苗植入穴内，覆土。这种方法适用于有根的作物，在移栽时使用比较好，能够促进作物早生根、多生根，根系发达。

(4) 拌肥　微生物菌剂可以和农家有机肥混合，作基肥或追肥使用。先将腐熟过的有机肥堆在地里，将适量菌剂倒在有机肥上，微生物菌剂与有机肥的比例为1∶10，将菌剂与有机肥拌匀。每亩可用菌剂10～20kg。要注意的是有机肥必须充分腐熟后才能使用，否则会杀死菌剂中的微生物。将拌匀的肥料均匀撒在地里，然后翻耕入土作基肥，这样能提高土壤肥力。

(5) 拌土　微生物菌剂可以拌土使用，菌剂与土的比例为1∶2。将适量菌剂倒入盆中，将筛过的细土按照2倍的量与菌剂混合，搅拌均匀，制作成营养土，可以撒施作基肥，也可以沟施作种肥。沟施时在整好的地里开沟，把营养土施入沟内，浇水，覆土，然后点种或下苗，这样能培肥地力、促进种子或苗木生长。每亩可用菌剂10～20kg。

3. 有机物料腐熟剂的施用方法

有机物料腐熟剂是一种能够加速各种有机物料分解、腐熟的微生物活体制剂，可以用来制作堆肥。制作堆肥时，在田边地角选择一个合适的位置，把农作物秸秆、畜禽粪便混合堆积起来，长1m、宽2m，堆一层物料，撒一层腐熟剂，堆积高度为1～1.5m，腐熟剂的用量为物料的千分之一，通常发酵1t有机肥只需用1kg腐熟剂。堆好后倒水，水分控制在50%～60%。冬天，用塑料薄膜封堆保温，当温度升高到40℃左右时，进行一次翻堆，自然堆积发酵30～40d，即可使用。这种发酵腐熟后的肥料含作物所需的各种微量元素，同时含有固氮、解磷、解钾功能菌，能够防止土壤板结、培肥地力。

4. 生物有机肥及复合微生物肥施用方法

生物有机肥和复合微生物肥都含有多种微生物功能菌，具有固氮、解磷、解钾等多种作用，有一定的肥效。生物有机肥肥效较慢，肥力有限，但是安全环保，能够明显改善作物和产品品质，可以配合化肥使用；复合微生物肥有较高的肥力，而且肥效快，在肥沃土地上使用可以代替化肥。

生物有机肥和复合微生物肥适合大田作物，使用方法较为简便，一般直接施在地里作基肥或追肥，用量基本相同。

基肥，做基肥时在整地前撒施到地里，然后耕翻。用量根据作物要求、地力条件来确定，一般粮食作物每亩用量100kg，茶叶和烟草每亩150kg，甘蔗每亩8000kg，瓜果蔬菜每亩100kg，土豆、甜菜每亩100kg。

追肥，做追肥时在苗旁开沟，施入生物有机肥或复合微生物肥，要靠近苗根，然后覆土。每亩用量和基肥用量一样。

5. 固氮菌肥的施用方法

微生物肥料必须与当地耕作、水分管理等有关农业技术措施密切配合；微生物肥料不宜久置，最好随制随用、随用随买，施用前应存放在阴凉干燥处，避免受热、潮及阳光直接照射；微生物肥料一般不能同时与化学肥料施用。

（1）根瘤菌菌肥料的施用　目前，我国的根瘤菌菌剂，要求每克菌肥含活菌3亿个，杂菌含量不超过1％，一般每千克可拌420～667m^2 地的种子。拌种时要地阴凉处进行，当天拌种，当天种完。拌种的方法可用直接拌种或拌肥播种，直接法如花生根瘤菌肥，可用100g菌种加凉水拌匀，当天播种。如拌苕子，则种子可先用水浸6～12h，用箩筐等滤干，然后将根瘤菌剂调成糊糊状，洒在摊晒地上的种子上并拌匀，晾干2h左右即可播种，也可把糊糊状的菌剂兑水用干净的喷雾器喷洒，晾干后播种。拌肥盖种，即把菌剂兑水后喷在肥土上作盖种肥用。

为了提高根瘤菌的增产效果，要注意下列问题。

① 选配高效共生固氮组合。在选育高效固氮菌株时，必须进行亲和性、结瘤性测定。

② 严格把好菌肥生产质量关。保证菌剂有足够的含氮量，控制含杂量，含水量控制在30％以下，室温下储存，有效期三个月。

③ 掌握接种技术。按照每100g接种一亩地用种的要求，可以达到美国根瘤菌公司提出的参考标准，即小粒种每粒接种菌10^3～10^5 个，大粒种每粒10^6～10^8 个。种植豆科作物的老区还要加大些剂量，以确保接种优势。根据各地栽培条件，适当增加钙镁磷肥、碳酸钙或硼、钼等元素，最好在菌肥前后施用，有利于提高菌的成活率和种子发芽率。

④ 控制按种时土壤水分。根据试验，主、侧根的感菌一般在接后10d内最高，所以在这段时间内要求土壤水分在田间持水量40％～80％，以利根瘤菌侵染。

⑤ 加强管理。以利豆科作物和根瘤菌生长的共生固氮作用。

（2）固氮菌肥料的施用　固氮菌肥料是含有大量好气性自生固氮菌的微生物肥料。自生固氮菌不与高等植物共生，没有寄主选择，而是独立生存于土壤中，利用土壤中的有机质或根系分泌的有机物作碳源来固定空气中的氮素，或直接利用土壤中的无机氮化合物。固氮菌在土壤中分布很广，其分布主要受土壤中有机质含量、酸碱度、土壤湿度、土壤熟化程度及速效磷、钾、钙含量的影响。

① 固氮菌对土壤酸碱度反应敏感，其最适宜pH为7.4～7.6，酸性土壤上施用固氮菌

肥时，应配合施用石灰以提高固氮效率。过酸、过碱的肥料或有杀菌作用的农药，都不宜与固氮菌肥混施，以免发生强烈的抑制。

② 固氮菌对土壤湿度要求较高，当土壤湿度为田间最大持水量的 25%～40% 时才开始生长，60%～70% 时生长最好。因此，施用固氮菌肥时要注意土壤水分条件。

③ 固氮菌是中温性细菌，最适宜生长温度为 25～30℃，低于 10℃ 或高于 40℃ 时，生长就会受到抑制。因此，固氮菌肥要保存于阴凉处，并要保持一定的湿度，严防暴晒。

④ 固氮菌只有在碳水化合物丰富而又缺少化合态氮的环境中，才能充分发挥固氮作用。土壤中碳氮比低于（40～70）:1 时，固氮作用迅速停止。土壤中适宜的碳氮比是固氮菌发展成优势菌种、固定氮素最重要的条件。因此，固氮菌最好在富含有机质的土壤中，或与有机肥料配合施用。

⑤ 土壤中施用大量氮肥后，应隔 10d 左右再施固氮菌肥，否则会降低固氮菌的固氮能力。但固氮菌剂与磷、钾及微量元素肥料配合施用，则能促进固氮菌的活性，特别是在贫瘠的土壤上。

⑥ 固氮菌肥适用于各种作物，特别是对禾本科作物和蔬菜中的叶菜类效果明显。固氮菌肥一般用作拌种，随拌随播，随即覆土，以避免阳光直射。也可蘸根或作基肥施在蔬菜苗床上，或与棉花盖种肥混施。也可追施于作物根部，或结合灌溉自施。

6. 解磷细菌肥料的施用方法

磷细菌肥料按生产剂型不同分为：液体磷细菌肥料、固体磷细菌肥料和颗粒状磷细菌肥料。磷细菌在生命活动中除具有解磷的作用外，还能促进固氮菌和硝化细菌的活动，分泌异生长素、类赤霉素、维生素等刺激性物质，刺激种子发芽和作物生长。磷细菌肥料适用于各种作物，要求及早集中施用。一般作种肥，也可作基肥或追肥。具体施用量以产品说明为准。

（1）基肥　可与农家肥料混合均匀后沟施或穴施，施用后立即覆土。作基肥时可与有机肥拌匀后条施或穴施，或是在堆肥时接入解磷微生物，充分发挥其分解作用，然后将堆肥翻入土壤，这样施用的效果比单施好。

（2）追肥　将肥液于作物开花前期追施于作物根部。

（3）拌种　在磷细菌肥料内加入适量清水调成糊状，加入种子混拌后，将种子捞出待其阴干即可播种。种子拌种一般随用随拌，拌好后暂时不用的，应放置阴凉处覆盖保存。

移栽作物时则宜采用蘸秧根的办法。作种肥时要随拌随播，播后覆土。移栽作物时则宜采用蘸秧根的办法。磷细菌肥料不能和农药及生理酸性肥料（如硫酸铵）同时施用。且在保存或使用过程中要避免日晒，以保证活菌数量。磷细菌属好气性细菌，磷细菌肥料应使用土壤通气良好、水分适当、温度适宜（25～37℃）、pH 为 6～8 条件下的富含有机质的土壤，在酸瘠土壤中施用，必须配合施用大量有机肥料和石灰。

7. 硅酸盐细菌肥料的施用方法

钾细菌肥料又称生物钾肥、硅酸盐菌剂，是由人工选育的高效硅酸盐细菌，经过工业发酵而成的一种生物肥料。该菌剂除了能强烈分解土壤中硅酸盐类的钾外，还能分解土壤中难溶性的磷。不仅可改善作物的营养条件，还能提高作物对养分的利用能力。钾细菌肥料可用作基肥、追肥、拌种或蘸根，但在施用时应注意以下几个方面的问题。

① 作基肥时，钾细菌肥料最好与有机肥料配合施用。因为硅酸盐细菌的生长繁殖同样需要养分，有机质贫乏时不利于其生命的进行。

② 紫外线对菌剂有杀灭作用。因此，在储、运、用时应避免阳光直射，拌种时应在避光处进行，待稍晾干后（不能晒干），立即播种、覆土。

③ 钾细菌肥料可与杀虫、杀真菌病害的农药同时配合施用（先拌农药，阴干后拌菌剂），但不能与杀细菌农药接触，苗期细菌病害严重的作物（如棉花），菌剂最好采用底施，以免耽误药剂拌种。

④ 钾细菌适宜生长的 pH 值范围为 5.0～8.0。因此，钾细菌肥料一般不能与过酸或过碱的物质混用。

⑤ 在钾严重缺乏的土壤上，单靠钾细菌肥料，往往不能满足需求。特别是在早春或冬前低温情况下（钾细菌的适宜生长温度为 25～30℃），其活力会受到抑制而影响其前期供钾。因此，应考虑配施适量化学钾肥，使二者效能互补。但钾细菌肥料与化学钾肥之间存在着明显的拮抗作用，二者不宜直接混用。

⑥ 由于钾细菌肥料施入土壤后，从繁殖到释放速效钾需经过一个过程，为保证充足的时间以提高解钾、解磷效果，必须注意早施。

8. 复合微生物肥料的施用方法

复合微生物肥料是指含有多种有益微生物的生物制品。这种肥料的优点是作用全面，既可改善作物营养，促生、抗病，还能增强土壤生物活性。同时各菌种间又能相互促进。所以复合微生物肥料的适应性和抗逆性都很强，且肥效持久、稳定，是今后生物肥料发展的方向。

现有研究将一种微生物与其他营养物质复配的复混微生物肥料，如与大量元素、微量元素、稀土元素或植物生长激素混合等，但无论哪种复配方式，都必须注意复配制剂中的pH、盐浓度或复配物本身都不能影响微生物的存活，否则这种复配就会失败。

多种菌种复配时，必须注意确保其中的各种微生物彼此之间没有拮抗作用，且最好有促进作用；除选用多种菌种组合外，最好还要选用同一菌种中具有侵染力强、结瘤率高、固氮效率高、适应性强、繁殖速度快、抗逆性强等优点的多种菌株，以取长补短，互相促进。目前我国的多种复合微生物肥料均属于此类。

复合菌肥只有在满足各种有益微生物生长发育的条件时，如有机质丰富、适量的磷肥、适宜的酸碱度和水分、温度等，才能充分发挥其增产作用。

复合菌肥可作基肥或追肥。施用时最好将菌液接种到有机肥料中，混匀后再用；也可将菌液接种到少量有机肥料中堆沤 1 周左右，再掺入大量有机肥料施用。但拌后要立即施用，堆放过久则会造成养分损失。

目前微生物肥料的发展正在由豆科接种剂向非豆科用肥方面发展；由接种剂向复合生物肥方面发展；由单一菌种制剂向复合菌种制剂方面发展；由单功能向多功能方面发展；由无芽孢菌向芽孢菌种方面发展。可以预计微生物肥料将在今后的持续农业建设中发挥更大作用。

9. 光合细菌肥料的施用方法

生产的光合细菌肥料一般为液体菌液。①作种肥使用，可增加生物固氮作用，提高根际固氮效应，增强土壤肥力；②叶面喷施，可改善植物营养，增强植物生理功能和抗病能力，从而起到增产和改善品质的作用。实践证明，施用光合细菌的效果良好，表现在提高土壤肥力和改善作物营养，以及对作物病害控制方面。此外，畜牧业上应用于饲料添加剂，用于畜禽粪便的除臭，有机废物的治理上均有较好的应用前景。

10. 抗生菌肥料的施用方法

抗生菌肥料是指用能分泌抗生素和刺激素的微生物制成的肥料。其菌种通常是放线菌，我国应用多年的"5406"抗生菌菌肥即属此类。其中的抗生素能抑制某些病菌的繁殖，对作物生长有独特的防病保苗作用；而刺激素则能促进作物生根、发芽和早熟。"5406"抗生菌还能转化土壤中作物不能吸收利用的氮、磷养分，提高作物对养分的吸收能力。"5406"抗生菌肥可用作拌种、浸种、浸根、蘸根、穴施、撒施等。施用中要注意以下几个问题。

① 掌握集中施、浅施的原则。

② "5406"抗生菌是好气性放线菌，良好的通气有利于其大量繁殖。因此，使用该菌肥时，土壤中的水分既不能缺少，又不可过多，控制水分是发挥"5406"抗生菌肥效的重要条件。

③ 抗生菌适宜的土壤 pH 值为 6.5～8.5，酸性土壤上施用时应配合施用钙镁磷肥或石灰，以调节土壤酸度。

④ "5406"抗生菌肥可与杀虫剂或某些专门杀真菌药物如3911、氯丹等混用，但不能与杀菌剂如赛力散等混用。

⑤ "5406"抗生菌肥施用时，一般要配合施用有机肥料、磷肥，但忌与硫酸铵、硝酸铵、碳酸氢铵等化学氮肥混施。此外，抗生菌肥还可以与根瘤菌、固氮菌、磷细菌、钾细菌等菌肥混施，一肥多菌，可以相互促进，提高肥效。

11. 秸秆腐熟剂的施用

① 秸秆多采用堆置方式进行腐熟，通过人工接种微生物菌剂可以缩短发酵周期、减少异味，实现微生物菌剂促进秸秆腐熟的目的。早在 20 世纪 40 年代，美国就有人通过接种菌剂使堆肥时间缩短 1～3d，日本研制的酵素菌产品具有促进秸秆腐解的功能。包括我国在内的腐熟菌剂几乎都是针对堆置条件下腐熟秸秆混合物料而研发生产的产品。该产品标准当时是针对堆置腐熟方式制定的，所提的主要技术指标虽然偏低（仅要求 0.5 亿个/g 和相应酶活指标），但菌剂施用量一般在 2‰～5‰，且菌剂在堆腐条件下也有利于菌的再繁殖，因此堆肥的效果一般还是比较稳定的。

② 撒施法配合秸秆就地还田腐解，多数做法是：将水稻、小麦等秸秆直接平铺还田，有的还加以简单切段处理，或埋于墒沟（20cm×20cm 小沟），然后每亩撒施 2kg 有机物料腐熟菌剂以促进秸秆的腐解，以达到不影响下一茬作物的种植、移栽、生长，实现提高产量、提升土壤有机质和土壤肥力等综合效果。同时，还必须考虑到秸秆还田的生态环境，如水田还是旱地和温度条件等。在秸秆直接还田模式下，从近几年应用实践来看，腐解效果不是非常稳定，其原因之一是有效菌含量偏低，每亩用量仅 2kg。在堆肥处理方式中，菌剂的施用是在可控的条件下进行，一般可对堆肥发酵的有关参数进行调节，以充分发挥菌剂的作用。而在秸秆直接还田方式中，菌剂施入田间是在一个开放的环境中，秸秆腐解没有一个明显的升温过程，菌剂受到阳光、昼夜温度、水分等的影响更大，与堆肥处理方式发生了明显的变化，这极大影响腐熟菌剂的作用效果。一般在有水的条件下，施入菌剂腐解效果也许会好一些；而在旱地条件下效果一般很难保证。

三、微生物肥料安全使用注意事项

要加强对微生物肥料的安全监督，据农业部微生物肥料质量监督检验测试中心反映，随着目前我国微生物肥料产品种类和剂型的不断增加，微生物肥料生产中所使用微生物的种类也增加很快，已经远远超出过去常用的一些种、属。近年来微生物肥料使用菌种中的条件病原微生物（或机会性病原）出现的频率增多，加强对微生物肥料生产应用中使用菌种的安全监督不容忽视。微生物肥料的核心是制品中特定的有效的微生物活体，一些微生物虽有特定的肥料效应，但由于是条件病原微生物（或机会性病原），不能用作微生物肥料的菌种。对此，许多国家在监督菌种的安全性方面都制订了一整套严格的规定，我国对此类产品实行检验登记制度，以防止危害人民群众安全、危及农牧业生产安全的事故发生。必须加强监督管理，严防有毒力的毒株应用于微生物肥料的生产。微生物肥料生产企业要按照有关规定办理检验登记手续，微生物肥料用户要购买经检验登记的产品，以确保微生物肥料安全有效。

第三节　微生物肥料的生产

由于微生物肥料不仅为作物提供营养元素，更重要的是其中的微生物的代谢对于刺激和调控作物生长、改善作物营养、提高产品品质有着十分良好的作用，有的微生物还具有防治病虫害的作用。因此，世界上许多国家都把研究和开发微生物肥料及制品作为一项长远的计划。目前有 710 多个国家生产和应用微生物菌肥，菌肥种类也在不断扩大。我国微生物肥料的研究、生产和应用曾有过 3 次大的起伏，进入 20 世纪 90 年代以来形成第 4 次大的发展，基本上形成了具有 500 家企业、年产量 500 万吨的微生物肥料行业。近年来微生物肥料有了快速发展，通过农业部获得临时登记证的产品已近 400 个，其中转为正式登记的产品有 100 多个，应用面积累计约 1 亿亩以上。目前，微生物肥料产品已有 11 大类品种，包括根瘤菌菌剂、固氮菌菌剂、磷细菌菌剂、硅酸盐细菌菌剂、促生菌菌剂、光合细菌菌剂、放线菌菌剂、有机物料腐熟剂、生物修复制剂以及复合微生物肥料和生物有机肥。

菌肥制剂有许多剂型，归纳起来主要有以下 9 种：琼脂菌剂、液体菌剂、滑石粉、冻干菌剂、油干菌剂、浓缩冷冻液体菌剂、固体菌剂、颗粒接种剂、真空渗透接种剂。此外还有植物油剂和其他形式的颗粒接种剂，如多空石膏颗粒聚丙烯酰胺接种剂等。微生物肥料的剂型较多，根据其生产条件和实际应用，主要分为以下 5 种。

(1) 固体粉状草炭剂型　这种菌剂以湿润草炭菌剂为主。将发酵好的菌液，按一定的菌液浓度和湿度与细草炭拌匀后，封存于塑料袋内。这是国际上最常用的菌剂。

(2) 液体菌剂　有用发酵液直接分装的，也有分装后上部用矿油封面的，用于实验室和扩大培养接种，或直接施用。但是凡以活菌起作用的液体剂型都应在尽可能短时间内用完。

(3) 颗粒接种菌剂　这是为了避免粉状剂型拌种时与杀菌剂、化学化肥直接接触或者为提高微生物肥料的接种效果而采用的。采用 20～50 目过筛的草炭制备的颗粒与高浓度菌液混合，使草炭的含水量从原来的 7%～8%上升到 32%～34%。其用量较粉状剂型大得多，具体情况下需采用的量需要具体分析。

(4) 浓缩冷冻液体菌剂　这是用高浓度的浓缩菌液（10^{12} 个/mL）分装，突然冷冻，并借助干冰将其保存在冷冻状态。在 0℃下至少可保存 9 个月。使用时，需在 24h 内一次融化。

(5) 琼脂剂型　此为早期使用的一种剂型，用玻璃容器分装，由于运输使用不便，已较少采用。

微生物肥料的生产除了应遵守国家法规外，还应生产环境及生产车间达到要求。即生产环境厂区空气质量达到大气环境质量标准 GB 3095—1996 中 II 类标准要求；发酵用水达到地表水质量标准 GB 3838—2002 中 III 类水质要求；冷却水及其他用水达到标准中 IV 类水质要求；生产车间、发酵车间与吸附等后处理车间距离适当，相对隔离，有密闭且可以灭菌的传输通道；菌种的储藏间、无菌操作间与生产车间相对隔离；发酵等生产关键性车间采用双路供电或备用一套发电机。建立定期用消毒剂进行生产设备和环境消毒的车间环境卫生制度。

微生物肥料的生产要采用条件严格的工业发酵过程，生产工艺必须符合发酵要求。微生物肥料的生产，第一，要有优良的菌种。所采用的菌种应该是在实验室进行反复筛选、理化鉴定作用机制及特性比较清楚的基础上经过反复田间验证，证明无毒符合生产要求肥效作用好的优良菌种。第二，严格符合微生物学要求的生产工艺。选择符合要求的发酵设备，能够防止各环节的污染。培养基配方、酸碱度、温度、通气量、吸附剂的选择和灭菌等均应符合该种微生物的要求。第三，吸附剂的选择和灭菌。吸附剂是固体微生物肥料的载体，是液体培养菌的栖息处，并非随便一种物质都可作为载体，它对于在一定时期内维持微生物肥料中特定的微生物活性数量有十分重要的作用。吸附剂是具有一定营养的、疏松的、颗粒很小的、pH 为中性的物质（不足中性的，用前应调整到中性），用前应灭菌。最常用的有草炭、蛭石，还有一些物质如高岭土、膨润土、掺草粉、蔗渣可作为替代物，但用前应测定和试验作为吸附剂是否合适。

微生物肥料剂型、黏着剂的发展。这也是近 10 多年来研究和应用的一个重要方面。多年来使用的剂型主要是草炭载体的粉剂，为了适应不同的条件，还有液体剂型、冻干剂型、矿油封面剂型、颗粒剂型等，对一些种皮较厚的豆科植物种子还使用了预接种方式，用真空负压技术使菌液被吸入种皮内，播种时可免于再接种，这种接种方式在一些国家用了多年，美国的一些州还建立了种子预接种的质量标准。为了使微生物肥料接种时不致散落，黏着剂的使用是一个重要的方面，加拿大的自黏式菌剂就是一个例证。除了用羧甲基纤维素（以前多用阿拉伯胶）外，近年美国科学家还试验了羟乙基纤维素、硅酸镁、丙烯-丙烯酰胺、接枝淀粉等，以筛选更好的增强接种剂与种子之间的黏着力而又对微生物无有害影响的黏着剂。此外，在菌剂中加入一些既能提高接种效果又不抑制微生物存活的营养物质是近年探索研究的一个方面。

菌株的筛选和联合菌群的应用。这是许多科学家正在致力的工作，所针对的目的是专性菌株、广谱菌株，还有适应于某一特定条件的菌株。也有一些分子生物学方面的工作，但是，由于细菌的基因组十分复杂，目前以探索为主。与 PGPR 菌株的联合应用可能是一个发展的趋势。联合菌群的应用是一个比较复杂的问题，不能简单地认为，微生物的复合（或联合）就是好多菌混合发酵，或是简单的发酵后混合、组合，而应该是在深入了解有关微生物特性的基础上，采用新的技术手段，根据用途把几种所用菌种进行恰当、巧妙组合，使其某种或几种性能从原有水平再提高一步，使复合或联合菌群发挥互惠、协同、共生、加强、同住作用，排除相互拮抗的发生，此一领域目前是一个研究和发展的趋势。生物技术的渗透和结合，新菌种的选育、改造和重组；单一功能向多功能发展（如肥药合一），与营养元素或有机物的合理复合等。生物技术的发展给菌株的重组、改造提供了基础和可能。也使单一功能向多功能发展有了条件，但这部分工作目前也是处于研究和探索阶段，离实用还有较大距离。

一、菌种的获得及检验

1. 菌种的概念

广义的菌种是由原始菌种和生产用菌种构成的。原始菌种亦称菌种母种或一级菌种，是指从自然界分离得到，并经过分离选育和纯化的能产生所需产物的纯微生物菌株；或指根据人们的需要，使用细胞工程和基因工程的方法对菌种的遗传特性进行定向创造或改造的工程菌株。通常是以孢子体和菌丝体的状态在斜面培养基上生长和保存的。生产微生物肥料所使用的菌种，须在标准菌种规定范围之内。若使用规定之外的菌种，必须经过国家级科研单位的鉴定，包括菌种属及种的学名、形态、生理生化特性、效力、安全性等完整资料，以杜绝一切植物检疫对象、传染病病源作为菌种生产的产品。生产用的微生物菌种应安全、有效。生产者应提供菌种的分类鉴定报告，包括属及种的学名、形态、生理生化特性及鉴定依据等完整资料。生产者应提供菌种安全性评价资料。采用生物工程菌，应具有允许大面积释放的生物安全性有关批文。微生物肥料生产用菌种分为四级管理，除根瘤菌和乳杆菌（*Lactobacillus*）外，其余均需做毒理学试验。除有机物料腐熟剂以外的固体微生物接种剂类产品均免做毒理学试验。复合微生物肥料、生物有机肥和液体剂型微生物接种剂等需做急性毒性试验。

2. 菌种的获得

目前，随着微生物工业原料的转换和新产品的不断出现，势必要求开拓更多的新品种。尽管微生物工业用的菌种多种多样，但作为大规模生产，对菌种则有下列要求：原料廉价、生长迅速、目的产物产量高；易于控制培养条件，酶活性高，发酵周期较短；抗杂菌和噬菌体的能力强；菌种遗传性能稳定，不易变异和退化，不产生任何有害的生物活性物质和毒素，保证安全生产。微生物的资源非常丰富，广泛分布于土壤、水和空气中，尤以土壤中最多。有的微生物从自然界中分离出来就能被利用，有的需要对分离到的野生菌株进行人工诱变，得到突变株才能被利用。当前发酵工业所用的菌种总趋势是从野生菌转向突变菌，自然选育转向代谢育种，从诱发基因突变转向基因重组的定向育种。由于发酵工程本身的发展以及基因工程的介入，藻类、病毒等也正在逐步地变为工业生产用的微生物。尽管如此，目前人们对微生物的认识还是十分不够的。已经初步研究的不超过自然界微生物总量的10%左右。微生物的代谢产物据统计已超过一千三百多种，而大规模生产的不超过一百多种；微生物酶有近千种，而工业利用的不过四五十种。可见潜力是很大的。

微生物的特点是种类多，分布广；生长迅速，繁殖速度快；代谢能力强；适应性强，容易培养。工业生产中，也可根据微生物的特点选择适宜的微生物。

① 一个菌种不是纯的群体，而是由一些变异株混合组成，这些变异株所占的比例决定该菌种的特性。一个由单菌落发育而来的菌种在固体培养基上分离，可以长出许多种形态培养特征的菌落。这些不同的菌落类型在代谢和生长繁殖速度等方面有一定差异。培养条件可以影响各变异株在培养物中的比例而改变该菌种的特性。同一个菌种的单孢子分离在不同的培养基上，所生长出的单菌落，其形态培养特征有显著差异，各种类型菌落所占的比例也不同。如灰色链霉菌（*Streptomyces griseus*）在豌豆琼脂培养基上，单孢子分离呈现出3～4种菌落类型，而在黄豆粉培养基上仅出现两种菌落类型。在开始菌种选育工作时，要研究单菌落的分离培养基，找出能呈现较多菌落类型的分离培养基。菌落类型和发酵产量之间存在着某种程度的相关性。在选种实践中，人们经过对菌落形态的考察，有意识地丢弃一些被认为是低产的菌落，挑选那些可能是高产的菌落。

② 菌种培养基可通过影响菌种的生理状况而影响发酵产量。菌种培养基营养过于丰富不利于孢子形成，因而影响发酵。菌种培养基营养贫乏也同样不利于发酵。因为菌种在营养贫乏的培养基中多次传代，会使菌体细胞内缺乏某些生长因子而衰老甚至死亡。因此，自然选育或菌种培养所用的培养基应选择具有菌种传代后生产能力下降不明显、菌体不易衰老和自溶的正常形态菌落、孢子丰富的培养基。

③ 在某些培养条件下，菌体的某些基因处于活化状态或阻遏状态，而使菌种的生理状态改变。这种改变可能以类似于生理性迟延或细胞分化的机制保持较长一段时间。

3. 菌种分离与复壮

由于菌种的衰退将会引起发酵过程的产量急剧下降，一旦发生菌种衰退，就必须采取有效的预防和防治措施，防止菌种的优良性状发生退化。同时若发现某些优良性状退化，应及时进行分离纯化，使生产菌种保持稳定的优良特性。防止菌种衰退的措施主要有菌种的复壮、提供良好的环境条件、定期纯化菌种、防止自身突变等各个方面，要防止菌种衰退，应该作好保藏工作，使菌种优良的特性得以保存，尽量减少传代次数。如果菌种已经发生退化，产量下降，则要进行分离复壮。

(1) **菌种的分离**　菌种发生衰退的同时，并不是所有的菌种都衰退，其中未衰退的菌体往往是经过环境条件考验的、具有更强生命力的菌体。因此，采用单细胞菌株分离的措施，即用稀释平板法或用平板划线法，以取得单细胞所长成的菌落，再通过菌落和菌体的特征分析和性能测定，就可获得具有原来性状的菌株，甚至性能更好的菌株。如对芽孢杆菌，可先将菌液用沸水处理几分钟，再用平板进行分离，从所剩下的孢子中挑选出最优的菌体。如果遇到某些菌株即使进行单细胞分离仍不能达到复壮的效果，则可改变培养条件，达到复壮的目的。如 AT3.942 栖土曲霉的产孢子能力下降，可适当提高培养温度，恢复其能力。同时通过实验选择一种有利于高产菌株而不利于低产菌株的培养条件。

菌种分离方法如下。

① 配合一定的培养条件，对退化菌株进行单菌落或单细胞分离，淘汰退化的个体，保留纯化菌种。

② 将芽孢杆菌的悬液加热至90℃处理数分钟，杀灭已退化的菌体，保留芽孢；再将芽孢或孢子进行传代，以淘汰退化的个体。

③ 提供特殊的培养条件，使环境有利于优良性状菌株的生长而不利于退化菌株的生长，从而淘汰已退化的菌株个体。

④ 将分离后得到的初筛菌株先保藏，再进行复筛考察，从中选出稳定性较好的菌种。

⑤ 同时应用上述方法中的两种或两种以上的方法，会收到更好的复壮效果。

(2) **菌种的复壮**　菌种的复壮有狭义的复壮和广义的复壮。狭义的复壮指的是菌种已经发生衰退后，再通过纯种分离和性能测定等方法，从衰退的群体中找出尚未衰退的少数个体，以达到恢复该菌种原有典型性状的一种措施。而广义的复壮应该是一种积极的措施，即在菌种的生产性能尚未衰退前就经常有意识地进行纯种分离和生产性能的测定工作，使菌种的生产性能逐步提高，所以，这实际上是一种利用自发突变（正突变）从生产中不断进行选种的工作。

① **纯种分离**　通过纯种分离，可把退化菌种中的一部分仍保持原有典型性状的单细胞分离出来，经过扩大培养，就可恢复原菌株的典型性。常用的菌种纯化方法很多，大体上可把它们归纳成两类：一类较粗放，只能达到"菌落纯"的水平，即从种的水平上来说是纯的，例如在琼脂平板上进行划线、表面涂布或与琼脂培养基混匀以获得单菌落等方法；另一类是较精细的单细胞或单孢子分离方法，它可以达到"细胞纯"即菌株纯的水平。后一类方法应用较广、种类很多，既有简单的利用培养皿或凹玻片等作分离室，也有利用复杂的显微操纵器的菌株分离方法。如果遇到不长孢子的丝状菌，则可用无菌小刀取菌落边缘的菌丝尖端进行分离移植，也可用无菌毛细管插入菌丝尖端以截取单细胞而进行纯种分离。

② **通过寄主体进行复壮**　对于寄生性微生物的衰退菌株，可通过接种到相应昆虫或动物寄主体内以提高菌株毒性。如经过长期人工培养的杀螟杆菌，会发生毒力减退、杀虫率降低等现象，这时可将衰退的菌株去感染菜青虫的幼虫，然后再从病死的虫体内重新分离菌株。如此反复多次，就可提高菌株的杀虫率。

③ **淘汰已衰退的个体**　有人曾对"5406"菌种采用在低温（－30～－10 ℃）下处理其分生孢子 7d，使其死亡率达到80%，结果发现在抗低温的存活个体中留下了未退化的健壮个体。

以上综合了在实践中收到一定效果的一些防止衰退和达到复壮的措施。但是，在使用这类方法之前，还要仔细分析和判断菌种究竟是衰退、污染还是仅属一般性的表型改变，只有对症下药才能使复壮工作奏效。

（3）提供良好的环境条件，进行合理传代　减少传代次数可防止由于菌种的遗传稳定性变化而引起的自发突变，以及由于环境条件变化导致的退化。菌种允许使用的传代次数必须通过传代的稳定性试验确定。发酵生产上一般只用三代内的菌种。采用合适的传代条件使培养条件有利于高产菌的生长，而不利于低产菌的生长，减少突变的发生。

（4）用优良的保藏方法　尽可能采用诸如斜面冰箱保藏法、砂土管保藏法、真空冷冻干燥保藏法以及采用干孢子保藏等优越的保藏方法保藏菌种，以防止菌种的衰退。

（5）定期纯化菌种　对菌种进行定期的分离纯化，可减少其中共存的自发突变菌或"突变不完全"产生的退休型菌株的增殖机会，保持原来的优良特性。诸如对营养缺陷型菌种在纯化过程中提供足够的营养物，以保持菌株的优势，避免回复突变体的竞争。同样在进行抗性突变的菌种纯化时在培养基中加入对应于抗性的药物，可保持菌株的抗性优势，避免产生无抗性的回复突变体。采用遗传性稳定的菌体作为菌种、合适的培养基传代等可减少和防止菌种的自身突变。

4. 菌种的保藏

一个优良的菌种被选育出来以后，要保持其生产性能的稳定、不污染杂菌、不死亡，这就需要对菌株进行保藏。

（1）菌种保藏的原理　菌种保藏主要是根据菌种的生理、生化特性，人工创造条件使菌体的代谢活动处于休眠状态。保藏时，一般利用菌种的休眠体（孢子、芽孢等），创造最有利于休眠状态的环境条件，如低温、干燥、隔绝空气或氧气、缺乏营养物质等，使菌体的代谢活性处于最低状态，同时也应考虑到方法经济、简便。由于微生物种类繁多，代谢特点各异，对各种外界环境因素的适应能力不一致，一个菌种选用何种方法保藏较好，要根据具体情况而定。

（2）菌种保藏方法

① 斜面低温保藏法　本方法是利用低温降低菌种的新陈代谢，使菌种的特性在短时期内保持不变。将新鲜斜面上长好的菌体或孢子，置于4℃冰箱中保存。一般的菌种均可用此方法保存1～3个月。保存期间要注意冰箱的温度，不可波动太大，不能在0℃以下保存，否则培养基会结冰脱水，造成菌种性能衰退或死亡。

② 液体石蜡封存保藏法　在斜面菌种上加入灭菌后的液体石蜡，用量高出斜面1cm，使菌种与空气隔绝，试管直立，置于4℃冰箱保存。保存期约1年。此法适用于不能以石蜡为碳源的菌种。液体石蜡采用蒸汽灭菌。

③ 固体曲保藏法　这是根据我国传统制曲原理加以改进的一种方法，适用于产孢子的真菌。该法采用麸皮、大米、小米或麦粒等天然农产品为产孢子培养基，使菌种产生大量的休眠体（孢子）后加以保存。该法的要点是控制适当的水分。例如在采用大米保藏孢子时，先取大米充分吸水膨胀，然后倒入搪瓷盘内蒸15min（使大米粒仍保持分散状态）。蒸毕，取出搓散团块，稍冷，分装于茄形瓶内，蒸汽灭菌30min，最后抽查含水量，合格后备用。将要保存的菌种制成孢子悬浮液，取适量加入已灭菌的大米培养基中，敲散拌匀，铺成斜面状，在一定温度下培养，在培养过程中要注意翻动，待孢子成熟后，取出置冰箱保存，或抽真空至水分含量在10%以下，放在盛有干燥剂的密封容器中低温或室温保存。保存期为1～3年。

④ 沙土管保藏法　本方法是用人工方法模拟自然环境使菌种得以栖息。适用于产孢子的放线菌、霉菌以及产芽孢的细菌。沙土是沙和土的混合物，砂和土的比例一般为3:2或1:1，将黄沙和泥土分别洗净，过筛，按比例混合后，装入小试管内，装料高度约为1cm，

经间歇灭菌 2～3 次，灭菌烘干，并作无菌检查后备用。将要保存的斜面菌种刮下，直接与沙土混合；或用无菌水洗下孢子，制成悬浮液，再与沙土混合。混合后的沙土管放在盛有五氧化二磷或无水氯化钙的干燥器中，用真空泵抽气干燥后，放在干燥低温环境下保存。此法保存期可达 1 年以上。

⑤ 冷冻干燥法 此法的原理是在低温下迅速地将细胞冻结以保持细胞结构的完整，然后在真空下使水分升华。这样菌种的生长和代谢活动处于极低水平，不易发生变异或死亡，因而能长期保存，一般为 5～10 年。此法适用于各种微生物。具体的做法是将菌种制成悬浮液，与保护剂（一般为脱脂牛奶或血清等）混合，放在安瓿内，用低温酒精或干冰（-15℃以下）使之速冻，在低温下用真空泵抽干，最后将安瓿真空熔封，低温保存备用。

⑥ 液氮超低温保藏法 前面几种菌种保藏方法，在保存过程中菌种都有不同程度的死亡，特别对一些不产孢子的菌体保存的效果不够理想。微生物在 -130℃ 以下，新陈代谢活动停止，这种环境下可永久性保存微生物菌种。液氮的温度可达 -196℃，用液氮保存微生物菌种已获得满意的结果。液氮超低温保藏法简便易行，关键是要有液氮罐、低温冰箱等设备。该方法要点是：将要保存的菌种（菌液或长有菌体的琼脂块）置于 10% 甘油或二甲基亚砜保护剂中，密封于安瓿内（安瓿的玻璃要能承受很大温差而不致破裂），先将菌液降至 0℃，再以每分钟降低 1℃ 的速度，一直降至 -35℃，然后将安瓿放入液氮罐。

二、制备生产菌种

生产用种亦称种子或二级菌种，是指通过母种的扩大培养而获得的一定数量的纯种。原菌种应连续转接活化至生长旺盛后方可应用即种子扩培。种子扩培过程包括试管斜面菌种、摇瓶（或固体种子培养瓶）、种子罐发酵（或种子固体发酵）培养三个阶段，操作过程要保证菌种不被污染、生长旺盛。菌种的培养是发酵工程的基础，优良的菌种对于发酵产物的产量和成品的质量是至关重要的。因此，保纯和培育优良的高产菌种，是提高发酵生产水平的重要环节。菌种的扩大培养是发酵生产的第一道工序，该工序又称之为种子制备。种子制备不仅要使菌体数量增加，更重要的是，经过种子制备培养出具有高质量的生产种子供发酵生产使用。因此，如何提供发酵产量高、生产性能稳定、数量足够而且不被其他杂菌污染的生产菌种，是种子制备工艺的关键。

1. 种子扩大培养的任务

工业生产规模越大，每次发酵所需的种子就越多。要使小小的微生物在几十小时的较短时间内，完成如此巨大的发酵转化任务，那就必须具备数量巨大的微生物细胞才行。菌种扩大培养的目的就是要为每次发酵罐的投料提供相当数量的代谢旺盛的种子。因为发酵时间的长短和接种量的大小有关，接种量大，发酵时间则短。将较多数量的成熟菌体接入发酵罐中，就有利于缩短发酵时间，提高发酵罐的利用率，并且也有利于减少染菌的机会。因此，种子扩大培养的任务，不但要得到纯而壮的菌体，而且还要获得活力旺盛的、接种数量足够的菌体。

2. 种子制备的过程

细菌、酵母菌的种子制备就是一个细胞数量增加的过程。细菌的斜面培养基多采用碳源限量而氮源丰富的配方，牛肉膏、蛋白胨常用作有机氮源。细菌培养温度大多数为 37℃，少数为 28℃，细菌菌体培养时间一般 1～2d，产芽孢的细菌则需培养 5～10d。

霉菌、放线菌的种子制备一般包括两个过程，即在固体培养基上生产大量孢子的孢子制备和在液体培养基中生产大量菌丝的种子制备过程。

(1) 孢子制备 孢子制备是种子制备的开始，是发酵生产的一个重要环节。孢子的质量、数量对以后菌丝的生长、繁殖和发酵产量都有明显的影响。不同菌种的孢子制备工艺有其不同的特点。

① 放线菌孢子的制备 放线菌的孢子培养一般采用琼脂斜面培养基，培养基中含有一些适合产孢子的营养成分，如麸皮、豌豆浸汁、蛋白胨和一些无机盐等。碳源和氮源不要太丰富（碳源约为 1%，氮源不超过 0.5%），碳源丰富容易造成生理酸性的营养环境，不利于放线菌孢子的形成，氮源丰富则有利于菌丝繁殖而不利于孢子形成。一般情况下，干燥和限制营养可直接或间接诱导孢子形成。放线菌斜面的培养温度大多数为 28℃，少数为 37℃，培养时间为 5～14d。

采用哪一代的斜面孢子接入液体培养，视菌种特性而定。采用母斜面孢子接入液体培养基有利于防止菌种变异，采用子斜面孢子接入液体培养基可节约菌种用量。菌种进入种子罐有两种方法。一种为孢子进罐法，即将斜面孢子制成孢子悬浮液直接接入种子罐。此方法可减少批与批之间的差异，具有操作方便、工艺过程简单、便于控制孢子质量等优点，孢子进罐法已成为发酵生产的一个方向。另一种方法为摇瓶菌丝进罐法，适用于某些生长发育缓慢的放线菌，此方法的优点是可以缩短种子在种子罐内的培养时间。

② 霉菌孢子的制备 霉菌的孢子培养，一般以大米、小米、玉米、麸皮、麦粒等天然农产品为培养基。这是由于这些农产品中的营养成分较适合霉菌的孢子繁殖，而且这类培养基的表面积较大，可获得大量的孢子。霉菌的培养一般为 25～28℃，培养时间为 4～14d。

（2）种子制备 种子制备是将固体培养基上培养出的孢子或菌体转入到液体培养基中培养，使其繁殖成大量菌丝或菌体的过程。种子制备所使用的培养基和其他工艺条件，都要有利于孢子发芽、菌丝繁殖或菌体增殖。

① 摇瓶种子制备 某些孢子发芽和菌丝繁殖速度缓慢的菌种，需将孢子经摇瓶培养成菌丝后再进入种子罐，这就是摇瓶种子。摇瓶相当于微缩了的种子罐，其培养基配方和培养条件与种子罐相似。

摇瓶种子进罐，常采用母瓶、子瓶两级培养，有时母瓶种子也可以直接进罐。种子培养基要求比较丰富和完全，并易被菌体分解利用，氮源丰富有利于菌丝生长。原则上各种营养成分不宜过浓，子瓶培养基浓度比母瓶略高，更接近种子罐的培养基配方。

② 种子罐种子制备 种子罐种子制备的工艺过程，因菌种不同而异，一般可分为一级种子、二级种子和三级种子的制备。孢子（或摇瓶菌丝）被接入到体积较小的种子罐中，经培养后形成大量的菌丝，这样的种子称为一级种子，把一级种子转入发酵罐内发酵，称为二级发酵。如果将一级种子接入体积较大的种子罐内，经过培养形成更多的菌丝，这样制备的种子称为二级种子，将二级种子转入发酵罐内发酵，称为三级发酵。同样道理，使用三级种子的发酵，称为四级发酵。

种子罐的级数主要决定于菌种的性质和菌体生长速度及发酵设备的合理应用。种子制备的目的是要形成一定数量和质量的菌体。孢子发芽和菌体开始繁殖时，菌体量很少，在小型罐内即可进行。发酵的目的是获得大量的发酵产物。产物是在菌体大量形成并达到一定生长阶段后形成的，需要在大型发酵罐内才能进行。同时若干发酵产物的产生菌，其不同生长阶段对营养和培养条件的要求有差异。因此，将两个目的不同、工艺要求有差异的生物学过程放在一个大罐内进行，既影响发酵产物的产量，又会造成动力和设备的浪费。种子罐级数减少，有利于生产过程的简化及发酵过程的控制，可以减少因种子生长异常而造成发酵的波动。

（3）种子培养 种子培养要求一定量的种子，在适宜的培养基中，控制一定的培养条件和培养方法，从而保证种子正常生长。工业微生物培养法分为静置培养和通气培养两大类型，静置培养法即将培养基盛于发酵容器中，在接种后，不通空气进行培养。而通气培养法的生产菌种以需氧菌和兼性需氧菌居多，它们生长的环境必须供给空气，以维持一定的溶解氧水平，使菌体迅速生长和发酵，又称为好气性培养。

① 表面培养法　表面培养法是一种好氧静置培养法。针对容器内培养基物态又分为液态表面培养和固体表面培养。相对于容器内培养基体积而言，表面积越大，越易促进氧气由气液界面向培养基内传递。这种方法菌的生长速度与培养基的深度有关，单位体积的表面积越大，生长速度越快。

② 固体培养法　固体培养又分为浅盘固体培养和深层固体培养，统称为曲法培养。它起源于我国酿造生产特有的传统制曲技术。其最大特点是固体曲的酶活力高。

③ 液体深层培养　液体深层种子罐从罐底部通气，送入的空气由搅拌桨叶分散成微小气泡以促进氧的溶解。这种由罐底部通气搅拌的培养方法，相对于由气液界面靠自然扩散使氧溶解的表面培养法来讲，称为深层培养法。其特点是容易按照生产菌种对于代谢的营养要求以及不同生理时期的通气、搅拌、温度与培养基中氢离子浓度等条件，选择最佳培养条件。

深层培养基本操作的三个控制点。

① 灭菌　发酵工业要求纯培养，因此在种子培养前必须对培养基进行加热灭菌。所以种子罐具有蒸汽夹套，以便将培养基和种子罐进行加热灭菌，或者将培养基由连续加热灭菌器灭菌，并连续地输送于种子罐内。

② 温度控制　培养基灭菌后，冷却至培养温度进行种子培养，由于随着微生物的生长和繁殖会产生热量，搅拌也会产生热量，所以要维持温度恒定，需在夹套中或盘管中通冷却水循环。

③ 通气、搅拌　空气进入种子罐前先经过空气过滤器除去杂菌，制成无菌空气，而后由罐底部进入，再通过搅拌将空气分散成微小气泡。为了延长气泡滞留时间，可在罐内装挡板产生涡流。搅拌的目的除增加溶解氧以外，可使培养液中的微生物均匀地分散在种子罐内，促进热传递以及 pH 均匀，并使加入的酸和碱均匀分散等。

几种深层培养法。

① 控制培养法　根据罐内部的变化情况，掌握短暂时间内状态变量的变化以及可能测定的环境因子对微生物代谢活动的影响，并以此为基础进行控制培养，以达到产物的最优培养条件。为此，用测定状态变量的传感器取得数据，经电子计算机进行综合分析，再将其结果作为反馈调节的信号，将环境（培养条件）控制于给定的基准内。这就叫做电子计算机控制培养。

② 载体培养法　载体培养法脱胎于曲法培养，同时又吸收了液体培养的优点，是近年来新发展的一种培养方法。特征是以天然或人工合成的多孔材料代替麸皮之类的固体基质作为微生物的载体，营养成分可以严格控制。发酵结束，只要将菌体和培养基挤压出来进行抽提，载体又可以重新使用。

③ 两步法　在酶制剂的两步法液体深层培养中，每一步菌体相同而培养条件不同，因为微生物生长与产酶的最适条件有很大的差异。酶制剂生产两步法的特点是将菌体生长条件（生长期）与产酶条件（生产期）区分开来。菌体先在丰富的培养基上大量繁殖，然后收集菌体浓缩物，洗涤后再转入添加诱导物的产酶培养基，在此期间，菌体积累大量的酶，一般不再繁殖，营养成分或诱导物得到充分的利用。

（4）种子质量的控制　种子质量是影响发酵生产水平的重要因素。种子质量的优劣，主要取决于菌种本身的遗传特性和培养条件两个方面。这就是说既要有优良的菌种，又要有良好的培养条件才能获得高质量的种子。影响孢子质量的因素及其控制：孢子质量与培养基、培养温度、湿度、培养时间、接种量等有关，这些因素相互联系、相互影响，因此必须全面考虑各种因素，认真加以控制。

① 培养基　构成孢子培养基的原材料，其产地、品种、加工方法和用量对孢子质量都有一定的影响。生产过程中孢子质量不稳定的现象，常常是原材料质量不稳定所造成的。原材料产地、品种和加工方法的不同，会导致培养基中的微量元素和其他营养成分含量的变化。例如，由于生产蛋白胨所用的原材料及生产工艺的不同，蛋白胨的微量元素含量、磷含量、氨基酸组分均有所不同，而这些营养成分对于菌体生长和孢子形成有重要作用。琼脂的牌号不同，对孢子质量也有影响，这是由于不同牌号的琼脂含有不同的无机离子造成的。

此外，水质的影响也不能忽视。地区的不同、季节的变化和水源的污染，均可成为水质波动的原因。为了避免水质波动对孢子质量的影响，可在蒸馏水或无盐水中加入适量的无机盐，供配制培养基使用。例如在配制生产根瘤菌的斜面培养基时，有时在无盐水内加入0.02%$MgSO_4$，提高根瘤菌发酵产量。为了保证孢子培养基的质量，斜面培养基所用的主要原材料，糖、氮、磷含量需经过化学分析及摇瓶发酵试验合格后才能使用。制备培养基时要严格控制灭菌后的培养基质量。斜面培养基使用前，需在适当温度下放置一定的时间，使斜面无冷凝水呈现，水分适中有利于孢子生长。

配制孢子培养基还应该考虑不同代谢类型的菌落对多种氨基酸的选择。菌种在固体培养基上可呈现多种不同代谢类型的菌落，各种氨基酸对菌落的表现不同。氮源品种越多，出现的菌落类型也越多，不利于生产的稳定。斜面培养基上用较单一的氮源，可抑制某些不正常型菌落的出现；而对分离筛选的平板培养基则需加入较复杂的氮源，使其多种菌落类型充分表现，以利筛选。因此在制备固体培养基时有两条经验：

a. 供生产用的孢子培养基或作为制备砂土孢子或传代所用的培养基要用比较单一的氮源，以便保持正常菌落类型的优势；

b. 作为选种或分离用的平板培养基，则需采用较复杂的有机氮源，目的是便于选择特殊代谢的菌落。

② 培养温度和湿度　微生物在一个较宽的温度范围内生长。但是，要获得高质量的孢子，其最适温度区间很狭窄。一般来说，提高培养温度，可使菌体代谢活动加快，缩短培养时间，但是，菌体的糖代谢和氮代谢的各种酶类，对温度的敏感性是不同的。因此，培养温度不同，菌的生理状态也不同，如果不是用最适温度培养的孢子，其生产能力就会下降。不同的菌株要求的最适温度不同，需经实践考察确定。例如，龟裂链霉菌斜面最适温度为36.5～37℃，如果高于37℃，则孢子成熟早、易老化，接入发酵罐后，就会出现菌丝对糖、氮利用缓慢，氨基氮回升提前，发酵产量降低等现象。培养温度控制低一些，则有利于孢子的形成。龟裂链霉菌斜面先放在36.5℃培养3d，再放在28.5℃培养1d，所得的孢子数量比在36.5℃培养4d所得的孢子数量增加3～7倍。

斜面孢子培养时，培养室的相对湿度对孢子形成的速度、数量和质量有很大影响。空气中相对湿度高时，培养基内的水分蒸发少；相对湿度低时，培养基内的水分蒸发多。例如，在我国北方干燥地区，冬季由于气候干燥，空气相对湿度偏低，斜面培养基内的水分蒸发的快，致使斜面下部含有一定水分，而上部易干瘪，这时孢子长得快，且从斜面下部向上长。夏季时空气相对湿度高，斜面内水分蒸发得慢，这时斜面孢子从上部往下长，下部常因积存冷凝水，致使孢子生长得慢或孢子不能生长。试验表明，在一定条件下培养斜面孢子时，在北方相对湿度控制在40%～45%，而在南方相对湿度控制在35%～42%，所得孢子质量较好。一般来说，真菌对湿度要求偏高，而放线菌对湿度要求偏低。

在培养箱培养时，如果相对湿度偏低，可放入盛水的平皿，提高培养箱内的相对湿度，为了保证新鲜空气的交换，培养箱每天宜开启几次，以利于孢子生长。现代化的培养箱是恒温、恒湿，并可换气，不用人工控制。最适培养温度和湿度是相对的，例如相对湿度、培养基组分不同，对微生物的最适温度会有影响。培养温度、培养基组分不同也会影响微生物培养的最适相对湿度。

③ 培养时间和冷藏时间　丝状菌在斜面培养基上的生长发育过程可分为5个阶段：孢子发芽和基内菌丝生长阶段；气生菌丝生长阶段；孢子形成阶段；孢子成熟阶段；斜面衰老菌丝自溶阶段。孢子的培养时间对孢子质量有影响。基内菌丝和气生菌丝内部的核物质和细胞质处于流动状态，如果把菌丝断开，各菌丝片断之间的内容是不同的，有的片断中含有核粒，有的片断中没有核粒，而核粒的多少亦不均匀，该阶段的菌丝不适宜于菌种保存和传代。而孢子本身是一个独立的遗传体，其遗传物质比较完整，因此孢子用于传代和保存均能保持原始菌种的基本特征。但是孢子本身亦有年轻与衰老的区别。一般来说衰老的孢子不如年轻孢子，因为衰老的孢子已在逐步进入发芽阶段，核物质趋于分化状态。孢子的培养工艺一般选择在孢子成熟阶段时终止培养，此时显微镜下可见到成串孢子或游离的分散孢子，如果继续培养，则进入斜面衰老菌丝自溶阶段，表现为斜面外观变色、发暗或黄、菌层下陷、有时出现白色斑点或发黑。白斑表示孢子发芽长出第二代菌丝，黑色显示菌丝自溶。斜面孢子的冷藏时间，对孢子质量也有影响，其影响随菌种不同而异，总的原则是冷藏时间宜短不宜长。曾有报道，在链霉素生产中，斜面孢子在6℃冷藏2个月后的发酵单位比冷藏1个月的低18％，冷藏3个月后则降低35％。

④ 接种量　制备孢子时的接种量要适中，接种量过大或过小均对孢子质量产生影响。因为接种量的大小影响在一定量培养基中孢子的个体数量的多少，进而影响菌体的生理状态。凡接种后菌落均匀分布整个斜面，隐约可分菌落者为正常接种。接种量过小则斜面上长出的菌落稀疏，接种量过大则斜面上菌落密集一片。一般传代用的斜面孢子要求菌落分布较稀，适于挑选单个菌落进行传代培养。接种摇瓶或进罐的斜面孢子，要求菌落密度适中或稍密，孢子数达到要求标准。一般一支高度为20cm、直径为3cm的试管斜面，丝状菌孢子数要求达到10^7以上。

除了以上几个因素需加以控制之外，要获得高质量的孢子，还需要对菌种质量加以控制。用各种方法保存的菌种每过1年都应进行1次自然分离，从中选出形态、生产性能好的单菌落接种孢子培养基。制备好的斜面孢子，要经过摇瓶发酵试验，合格后才能用于发酵生产。

⑤ 种子质量标准　不同产品、不同菌种以及不同工艺条件的种子质量有所不同，况且，判断种子质量的优劣尚需要有丰富的实践经验。发酵工业生产上常用的种子质量标准，大致有如下几个方面。

a. 细胞或菌体：种子培养的目的是获得健壮和足够数量的菌体。因此，菌体形态、菌体浓度以及培养液的外观，是种子质量的重要指标。菌体形态可通过显微镜观察来确定，以单细胞菌体为种子的质量要求是菌体健壮、菌形一致、均匀整齐，有的还要求一定的排列或形态。以霉菌、放线菌为种子的质量要求是菌丝粗壮，对某些染料着色力强、生长旺盛、菌丝分枝情况和内含物情况良好。菌体的生长量也是种子质量的重要指标，生产上常用离心沉淀法、光密度法和细胞计数法等进行测定。种子液外观如颜色、黏度等也可作为种子质量的粗略指标。

b. 生化指标：种子液的糖、氮、磷含量的变化和pH值变化是菌体生长繁殖、物质代谢的反映，不少产品的种子液质量是以这些物质的利用情况及变化为指标。

c. 产物生成量：种子液中产物的生成量是多种发酵产品发酵中考察种子质量的重要指标，因为种子液中产物生成量的多少是种子生产能力和成熟程度的反映。

d. 酶活力：测定种子液中某种酶的活力，作为种子质量的标准，是一种较新的方法。如土霉素生产的种子液中的淀粉酶活力与土霉素发酵单位有一定的关系，因此种子液淀粉酶活力可作为判断该种子质量的依据。此外，种子应确保无任何杂菌污染。

⑥ 种子异常的分析　在生产过程中，种子质量受各种各样因素的影响，种子异常的情况时有发生，会给发酵带来很大的困难。种子异常往往表现为菌种生长发育缓慢或过快、菌丝结团、菌丝黏壁三个方面。

a. 菌种生长发育缓慢或过快：菌种在种子罐生长发育缓慢或过快和孢子质量以及种子罐的培养条件有关。生产中，通入种子罐的无菌空气的温度较低或者培养基的灭菌质量较差是种子生长、代谢缓慢的主要原因。生产中，培养基灭菌后需取样测定其 pH 值，以判断培养基的灭菌质量。

b. 菌丝结团：在液体培养条件下，繁殖的菌丝并不分散舒展而聚成团状称为菌丝团。这时从培养液的外观就能看见白色的小颗粒，菌丝聚集成团会影响菌的呼吸和对营养物质的吸收。如果种子液中的菌丝团较少，进入发酵罐后，在良好的条件下，可以逐渐消失，不会对发酵产生显著影响。如果菌丝团较多，种子液移入发酵罐后往往形成更多的菌丝团，影响发酵的正常进行。菌丝结团和搅拌效果差、接种量小有关，一个菌丝团可由一个孢子生长发育而来，也可由多个菌丝体聚集一起逐渐形成。

c. 菌丝黏壁：是指在种子培养过程中，由于搅拌效果不好、泡沫过多以及种子罐装料系数过小等原因，使菌丝逐步黏在罐壁上。其结果使培养液中菌丝浓度减少，最后就可能形成菌丝团。以真菌为生产菌的种子培养过程中，发生菌丝黏壁的机会较多。

三、微生物肥料的生产工艺

微生物肥料采用固体发酵法和液体发酵法进行生产。微生物肥料的一般生产工艺为：菌种→种子扩培→发酵培养→后处理→包装→产品质量检验→出厂。

1. 微生物肥料的固体发酵法

固体发酵法是利用农副产品如麸皮、米糠、玉米芯、甘薯粉等作为营养物质，采取三级扩大培养，获得大量菌种，经过产品后处理等工艺过程。其生产工艺流程：

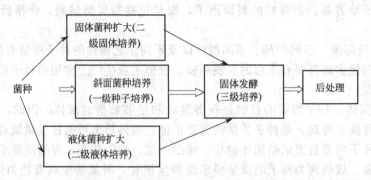

（1）菌种培养基及斜面种子培养　用于生产微生物肥料的菌种，必须是从国家菌种中心或国家科研单位引进的并经过鉴定对动物和植物均无致病作用的非致病菌菌株；在生产之前，应对所用菌种进行检查，确认其纯度和应用性能没有发生退化。出现污染或退化的菌种不能作为生产用菌种，原种是生产用菌种的母种，对原种的要求如下：有菌种鉴定报告；菌种的企业编号、来源等信息。由于微生物肥料的目的微生物不同，所用培养基有所不同，但培养基选用原则应含有满足所培养的微生物生长必需的营养物质；各种营养物质要有合适的比例和浓度；有合适的 pH 范围和一定的 pH 缓冲能力；有一定的氧化还原电位和合适的渗透压。对于特殊用途的培养基，除遵循以上原则外，还应满足以下要求：在选择培养基中，应加入利于目的微生物生长而抑制其他微生物生长的化学物质。菌种经活化后接种于 PDA 试管斜面，于 25～28℃培养。斜面菌种培养成熟后，应做质量检查，看是否与正常菌种的菌丝特征相同，如老化菌种菌苔较薄、菌丝稀疏不宜用于生产。

（2）**菌种扩大培养**　菌种扩大培养有两种方法，固体菌种扩大培养及液体菌种扩大培养。

① **固体菌种扩大培养**　一般采用麸皮或麸皮和玉米粉、甘薯粉等，一定的料水比例，装瓶或大试管。装 1/4～1/5 量，高压灭菌 30min。冷却后，取生长良好、无杂菌的斜面菌种，加入适量无菌水，制成菌丝悬液。接入固体培养基中，每支斜面（25mm×300mm）可接种 20 瓶左右。接种完毕，将菌料摇匀，使菌丝均匀分布。然后于 25～28℃卧放培养 4～5d。培养过程中，应经常逐瓶检查，剔除老化或杂菌污染菌种。

② **液体菌种扩大**　种子液常用麸皮或薯干液体培养（麸皮米糠或碎米 5%和糖 2%）等加水配制，淘米水培养基或马铃薯液体培养基。装入 500mL 锥形瓶，装量 1/5 瓶，高压蒸汽灭菌（0.1MPa）30min。冷却接入斜面菌种，一支菌种斜面可接 500～800mL 液体培养基，接种后于 25～28℃摇床振荡培养 2～3d。根据微生物的是否需氧，选用合适培养设备。培养过程中要经常检查，剔除老化或污染菌种。

（3）**固体发酵**　固体发酵有曲盘加盖发酵、大床发酵、塑料袋发酵等多种方式。固体发酵又称固态发酵，是指微生物在没有或几乎没有游离水的固态培养基上的发酵过程。固态的湿培养基一般含水量在 50%左右，而无游离水流出，此培养基通常是手握成团、落地即散，所以此发酵也可称为半固体发酵。所用原料一般为经济易得、富含营养物质的工农业生产中的副产品和废产品，如麸皮、薯粉、大豆饼粉、高粱粉、玉米粉等。根据需要，有的还对原料进行粉碎蒸煮等预加工，有的还需加入尿素、硫酸铵及一些无机酸碱辅料等。厌氧固体发酵生产较简易，一般采用窖池堆积压紧密封进行。好氧菌的固体发酵可以将接种后的培养基摊开铺在容器表面，静置发酵，也可通气和翻动，使之能迅速获得氧和散去发酵产生的热。这里主要介绍曲盘加盖发酵。培养基配方：麸皮 30%，米糠 30%，玉米芯 30%，玉米粉 10%或麸皮、米糠、玉米芯各 1/3，配水量一般为 1∶（1.2～1.3），拌料后分袋装料，高压蒸汽灭菌（0.013MPa）30～40min，或间歇灭菌。灭菌的固体发酵培养基趁热放入发酵室，先将料搓碎，冷却至 30℃左右接种，搅拌均匀，接种量 30%左右。然后在曲盘中将料铺平，上盖塑料薄膜，将曲盘放在曲架上，以便凝结水能沿盖滴到曲盘底上所填的纱布内。发酵培养分前、中、后三期，初始培养温度以 26℃为宜，经 36h 左右，培养基上会长出致密的菌丝，3～5d 左右由于菌丝生长旺盛，品温上升很快，必须注意及时降温，控制品温在 28℃左右。否则影响菌体正常生长，易长杂菌。第 6 天，控制室温 25℃左右。发酵菌丝成片，料温接近室温。此时菌丝倒伏、发酵物收缩，即可出料。固体发酵初期适宜发酵的物料含水量为 50%～60%。发酵结束时，应控制在 20%～40%。镜检观察菌体的形态、密度，要求芽孢菌发酵结束时芽孢形成率≥80%；监测发酵液中还原糖、总糖、氨基氮、pH 值、溶解氧浓度、光密度及黏度等理化参数；监测发酵过程中摄氧率、CO_2 产生率、呼吸熵、氧传递系数等发酵代谢特征参数；固体发酵中物料的颜色、形态、气味、含水量等变化作为发酵终点判断。对于发酵物直接分装的产品剂型，可根据产品要求进行包装。建立生产档案，每批产品的生产、检验结果应记录存档，包括检验项目、检验结果、检验人、批准人、检验日期等信息。产品质量跟踪,定期检查产品质量,并对产品建立应用档案,跟踪产品的应用情况。

2. 液体深层发酵

微生物肥料的液体深层发酵的工艺流程如下:砂管菌种→斜面菌种→种子罐→发酵罐→填充剂吸附→喷雾干燥制粉→成品检查→包装。

(1) 斜面菌种的培养 将保存在砂土管中的纯种转移到斜面上进行培养。斜面培养基可采用淀粉硝酸盐培养基或马铃薯葡萄糖培养基。

(2) 种子扩大培养 通常采用种子罐培养。液体培养基、补料罐(包括消泡剂)、管道、发酵设备及空气过滤系统灭菌温度为 121~125℃(压力 0.103~0.168MPa),灭菌时间为 0.5~1.0h。液体培养基装料量为 50%~75% 发酵罐容积。培养基的重要原料应满足一定的质量要求,包括成分、含量、有效期以及产地等。对新使用的发酵原料需经摇瓶试验或小型发酵罐试验后方可用于发酵生产。种子培养基要保证菌种生长延滞期短,生长旺盛。原料应使用易被菌体吸收利用的碳、氮源,且氮源比例较高,营养丰富完全,有较强的 pH 缓冲能力。最后一级种子培养基主要成分应接近发酵培养基。如"5406"抗生菌的生产中培养基按豆饼粉(或棉仁饼粉)1.5%、玉米粉 1.5%、硫酸铵 0.25%、硫酸镁 0.25%、糖化胶 2%(糖化胶的制作方法是按 1kg 红薯干糖加 5.5kg 水,加 0.5kg 种曲的比例,在 60~65℃条件,保温培养 8h)进行配制,调整 pH 到 9.0 后装入经过灭菌的种子罐,经灭菌后接种培养。接种前把 2 支斜面培养基上的菌丝体刮入无菌水中,制成孢子悬液,在无菌条件下接入种子罐内,然后在罐温 30~32℃、罐压 0.1MPa、通气量 1∶1、搅拌速度 220r/min 的条件下进行培养,培养时间为 18~24h。种子培养达到一定数量时转移到发酵罐中。

(3) 发酵罐生产 发酵培养基要求接种后菌体生长旺盛,在保证一定菌体(或芽孢、孢子)密度的前提下兼顾有效代谢产物。原料应选用来源充足、价格便宜且易于利用的营养物质,一般氮源比例较种子培养基低。可采用对发酵培养基补料流加的方法改善培养基的营养构成以达到高产。

① 接种量的要求 摇瓶种子转向种子发酵罐培养的接种量为 0.5%~5%;在多级发酵生产阶段,对生长繁殖快的菌种(代时<3h),从一级转向下一级发酵的接种量 5%~10%;对生长繁殖较慢的菌种(代时≥6h),接种量不低于 10%。

② 培养温度 发酵温度应控制在 25~35℃,对特殊类型的菌种应根据其特性而定。在发酵过程中,可根据菌体的生长代谢特性在不同的发酵阶段采用不同的温度。

③ 供氧 通常采用的供氧方式是向培养基中连续补充无菌空气,并与搅拌相配合,或者采用气升式搅拌供氧。对于好氧代谢的菌株或兼性厌氧类型菌株,培养基中的溶解氧不得低于临界氧浓度;严格厌氧类型菌株培养基的氧化还原电位不得高于其临界氧化还原电位。如 5406 抗生菌的生产中发酵罐培养基先按豆饼粉(或棉仁饼粉)1.5%、酒糟水(未经过滤)20%、糖化胶 2%、碳酸钙 0.3%,调整 pH 到 9.0 后;然后在专门的灭菌装置中对培养基进行连续灭菌后装入发酵罐;再转入具有一定菌体浓度的种子液。在罐温 30℃,罐压 0.1MPa,通气量 18h 前 1∶1,18h 后 1∶1.2,搅拌速度 180r/min 的条件下进行发酵,发酵时间为 30~36h。

④ 发酵终点判断 下列参数为发酵终点判定依据:镜检观察菌体的形态、密度,要求芽孢菌发酵结束时芽孢形成率≥80%;监测发酵液中还原糖、总糖、氨基氮、pH 值、溶解氧浓度、光密度及黏度等理化参数;监测发酵过程中摄氧率、CO_2 产生率、呼吸熵、氧传递系数等发酵代谢特征参数;固体发酵中物料的颜色、形态、气味、含水量等变化。

(4) 后处理 后处理过程可分为发酵物同载体(或物料)混合吸附和发酵物直接分装两

种类型。发酵物同载体（或物料）混合吸附对载体及物料的要求如下：载体的杂菌数≤1.0×10^4 个/g；细度、有毒有害元素（Hg、Pb、Cd、Cr、As）含量、pH、粪大肠菌群数、蛔虫卵死亡率值达到产品质量标准要求；有利于菌体（或芽孢、孢子）的存活。发酵培养物与吸附载体需混合均匀，可添加保护剂或采取适当措施，减少菌体的死亡率。吸附和混合环节应注意无菌控制，避免杂菌污染。根据要求制成相应剂型。喷雾干燥制粉：将发酵液按 4%～5% 的量填充吸附剂，充分搅拌均匀直接喷粉。粉剂外观含水量细度等达到质量标准。制成粉剂后即成成品，然后进行成品检查和包装。

（5）质量检查　菌体发酵周期的初步观察：通过定时取样镜检观察结果。发酵液和菌粉的分析测定：含菌量的测定即采用稀释培养菌落计数法对发酵液和菌粉含菌量进行测定。在 300L 发酵罐里，发酵液含量一般在 20 亿个/g 左右；粉剂含量一般为 25 亿～40 亿个/g，高的达 70 亿个/g 以上。3000～5000L 发酵罐中，发酵液含量一般在 40 亿～60 亿个/g；菌粉含菌量一般为 80 亿个/g，高的达 180 亿个/g。菌粉保存时间测定：进行保存 3 个月和半年的测定。

（6）发酵物直接分装　对于发酵物直接分装的产品剂型，可根据产品要求进行包装。

（7）建立生产档案　每批产品的生产、检验结果应记录存档，包括检验项目、检验结果、检验人、批准人、检验日期等信息。

（8）产品质量跟踪　定期检查产品质量，并对产品建立应用档案，跟踪产品的应用情况。

［本章小结］

微生物肥料是指含有特定微生物活体的制品，应用于农业生产，通过其中所含微生物的生命活动，增加植物养分的供应量或促进植物生长，提高产量，改善农产品品质及农业生态环境。目前，微生物肥料包括微生物接种剂、复合微生物肥料和生物有机肥。

微生物肥料的主要功能：①增加土壤肥力，微生物可通过增加肥料元素含量，如固氮菌肥料中的固氮菌、根瘤菌固定大气中的氮素为植物可利用的氨态氮。也可以通过转化存于土壤中的各种无效态肥料元素为活化态元素，如解磷、解钾细菌肥料中的细菌可转化矿石无效态磷或钾为有效态磷或钾为植物所利用。②微生物产生植物激素类物质，刺激植物生长，使植物生长健壮，改善营养利用状况，如自生固氮微生物可产生某些吲哚类物质。③产生某些拮抗性物质，抑制甚至杀死植物病原菌。④也可通过在植物根际大量生长繁殖成为作物根际的优势菌，与病原微生物争夺营养物质，在空间上限制其他病原微生物的繁殖机会，对病原微生物起到挤压、抑制作用，从而减轻病害。这类微生物也叫做植物促生根际菌肥。

微生物肥料按其制品中特定的微生物种类可分为细菌肥料（如根瘤菌肥、固氮菌肥）、放线菌肥料（如抗生菌类、"5406" 菌肥）、真菌类肥料（如菌根真菌）等；按其作用机理又可分为根瘤菌肥料、固氮菌肥料、解磷菌类肥料、解钾菌类肥料等；按其制品中微生物的种类又可分为单纯的微生物肥料和复合微生物肥料。

菌肥制剂有许多剂型，归纳起来主要有以下 9 种：琼脂菌剂、液体菌剂、滑石粉、冻干菌剂、油干菌剂、浓缩冷冻液体菌剂、固体菌剂、颗粒接种剂、真空渗透接种剂。此外还有植物油剂和其他形式的颗粒接种剂，如多空石膏颗粒聚丙烯酰胺接种剂等。

生产微生物肥料用的菌种亦称种子或二级菌种，是指通过母种的扩大培养而获得的一定数量的纯种。种子扩培原菌种应连续转接活化至生长旺盛后方可应用。种子扩培过程包括试管斜面菌种、摇瓶（或固体种子培养瓶）、种子罐发酵（或种子固体发酵）培养三个阶段，操作过程要保证菌种不被污染、生长旺盛。

微生物肥料采用固体发酵法和液体发酵法进行生产。微生物肥料的一般生产工艺为：菌种→种子扩培→发酵培养→后处理→包装→产品质量检验→出厂。固体发酵法是利用农副产品如麸皮米糠玉米芯甘薯粉等作为营养物质，采取三级扩大培养，获得大量菌种，经过产品后处理。液体深层发酵的工艺流程如下：沙管菌种→斜面菌种→种子罐→发酵罐→填充剂吸附→喷雾干燥制粉→成品检查→包装。

微生物肥料的施用方法。(1) 液体菌剂　①拌种。将种子与稀释后的菌液混拌均匀，或用稀释后的菌液喷湿种子，待种子阴干后播种。②浸种。将种子浸入稀释后的菌液 4~12h，捞出阴干，待种子露白时播种。③喷施。将稀释后的菌液均匀喷施在叶片上。④蘸根。幼苗移栽前将根部浸入稀释后的菌液中 10~20min。⑤灌根。将稀释后的菌液浇灌于农作物根部。(2) 固体菌剂　①拌种。将种子与菌剂充分混匀，使种子表面附着菌剂，阴干后播种。②蘸根。将菌剂稀释后，按幼苗移栽前将根部浸入稀释后的菌液中 10~20min。进行操作。③混播。将菌剂与种子混合后播种。④混施。将菌剂与有机肥或细土/细沙混匀后施用。(3) 有机物料腐熟剂　将菌剂均匀拌入所腐熟物料中，调节物料的水分、碳氮比等，堆置发酵并适时翻堆。(4) 复合微生物肥料和生物有机肥　①基肥。播种前或定植前单独或与其他肥料一起施入。②种肥。将肥料施于种子附近，或与种子混播。对于复合微生物肥料，应避免与种子直接接触。③追肥。在作物生长发育期间采用条/沟施、灌根、喷施等方式补充施用。

[复习思考题]

　　1. 微生物肥料的种类是怎样划分的？

　　2. 如何合理使用微生物肥料？

　　3. 我国对根瘤菌肥料的成品技术指标是如何规定的？

　　4. 微生物肥料的生产流程是什么？

　　5. 微生物肥料的菌种制备技术中有哪些关键技术要点？

　　6. 设计一个适合当地的具有可持续发展理念的微生物肥料的生产品种，并提出可行性生产建议。

【学习目标】

1. 主要使学生了解生物有机肥的含义、常见类别和特点。

2. 了解生物有机肥的技术指标和检测方法。

3. 了解生物有机肥的包装、标志、运输与储存和检验的规则及要求。

【能力目标】

1. 掌握生物有机肥的施用技术和生产技术。

2. 掌握生物有机肥中粪大肠菌群数和蛔虫卵死亡率的测定，生物有机肥中 As、Cd、Pb、Cr、Hg 含量的测定，生物有机肥中 N、P_2O_5、K_2O 含量测定及生物有机肥的田间肥效试验等基本技能。

第一节　生物有机肥的概念、种类及特点

一、生物有机肥的概念

有机肥是指含有有机物质，既能向农作物提供多种无机养分和有机养分，又能培肥改良土壤的一类肥料。生物有机肥是指特定功能微生物与主要以动植物残体（如畜禽粪便、农作物秸秆等）为来源并经无害化处理、腐熟的有机物料复合而成的一类兼具微生物肥料和有机肥效应的肥料。它既不同于不含营养的单纯菌肥，又区别于仅利用自然发酵（腐熟）所制成的有机肥。生物有机肥产品除了含有较高的有机质外，还含有具有特定功能的微生物，并且所含微生物应表现出一定肥料效应，如具有增加土壤肥力、制造和协助农作物吸收利用，或可产生多种活性物质和抗、抑病物质，对农作物的生长有良好的刺激与调控作用，可减少或降低作物病虫害的发生，以及改善农产品品质方面的作用。生物有机肥是近年来适应生态型农产品而产生的一种新型的有机肥类型，是未来农业生产用肥的主要发展趋势。

二、生物有机肥的种类

这里是指商品化生产的生物有机肥。

（1）从成分上分　一种是单纯的生物肥料，它本身基本不含营养元素，而是以微生物生命活动的产物改善作物的营养条件，活化土壤潜在肥力，刺激作物生长发育，抵抗作物病虫危害，从而提高作物产量和质量。因而单纯生物肥不能单施，要与有机肥、化肥配合施用才能充分发挥它的效能。如根瘤菌、固氮菌剂、磷素活化剂、生物钾肥等。这些内容上一章已有介绍。另一种是生物有机无机复合肥，它是生物菌剂、有机肥、无机肥（化肥）三结合的肥料制品，既含有营养元素，又含有微生物，它可以代替化肥供农作物生长发育。如目前市场上销售的各类生物有机复合肥、绿色食品专用肥，都是在制造过程中，添加生物菌剂，缩短有机肥生产周期，增加其速效成分。商品化生产的生物有机肥多指后者。

（2）从肥料配方及适用对象分　分为果树专用生物有机肥、蔬菜专用生物有机肥、花卉

专用生物有机肥、粮油专用生物有机肥、甘蔗专用生物有机肥、桑树专用生物有机肥、烟草专用生物有机肥、其他专用生物有机肥等系列。

1. 果树专用生物有机肥

果树的种类和品种很多，但它们的基本生长发育规律相近似，在营养特性及施肥上也有许多相同之处。果树无论是树体或是果实生长均是氮、钾的吸收量大于磷，果树对氮、磷、钾的养分吸收比例的变化范围为 $1:(0.3 \sim 0.5):(0.9 \sim 1.6)$。

果树专用生物有机肥是充分结合果树需肥特性，以发酵腐熟的有机物料为主要原料，吸附多种抑制果树病害和促进生长的有益微生物精制而成的生物有机肥料。果树专用生物有机肥中生物主要成分为拮抗菌、植物促生菌、乳酸菌等。

果树专用生物有机肥能产生多种植物促生物质，促进果树生长发育，能改善土壤结构，有效抑制土传病害，提高土壤的保水保肥性能，植株生长健壮、改善品质，提高坐果率、降低化肥使用量，保护生态环境，是生产绿色有机果品的首选肥料。

2. 蔬菜专用生物有机肥

蔬菜主要以叶片、叶柄或茎部供人们食用。生产特点是根系浅、生长迅速，对肥料需求量大，尤其喜好氮肥。

蔬菜专用生物有机肥是根据不同蔬菜（花菜、叶菜、茎菜、果菜、根菜）的生长特性和对养分的需求特点及无污染的要求，有针对性地调整活性生物菌、有机质及微量元素，使其肥效具有速效与长效兼备，微生物与有机营养、有机质与特效菌融为一体，共显肥效的特殊功能肥料新产品。

蔬菜专用生物有机肥能够均衡地提供营养物质，改善蔬菜根际微环境，具有肥效高、营养合理、适用性广、减少病虫害、提高农产品的产量和明显改善品质等作用。

3. 花卉专用生物有机肥

花卉和其他植物一样，需要大量元素（氮、磷、钾）、中量元素（钙、镁、硫）、微量元素（硼、锰、铜、锌、钼、氯）等元素。不同种类的花卉在不同生育阶段需肥有所不同。

花卉专用生物有机肥是根据木本和草本花卉（观花、观叶、观茎、观果、观根）的生长特性和对养分的需求特点及无污染、无公害、无异味的要求，有针对性地调整活性生物菌、有机质及微量元素等，使其肥效具有速效与长效兼备，微生物与有机营养、有机质与特效菌融为一体，共显肥效的特殊功能的新型花肥。

花卉专用生物有机肥不仅可为花卉提供充足的有机养分，而且通过花卉根系对微生物分解物及其代谢产物的吸收与利用，刺激和促进花卉生长，使之抗旱涝、耐寒热。通过有益微生物在土壤中大量繁殖，可增加土壤有机氮含量，促进磷、钾在土壤中的活性和有效性，发挥其固氮、解磷、解钾作用，提高肥料利用率。有益微生物大量繁殖，能降解土壤异味，抑制土壤中有害病菌的生长传播，提高花卉的抗病能力。

4. 粮油专用生物有机肥

粮油作物就是粮食和油料作物的全称，其需肥量大。

粮油专用生物有机肥是以发酵腐熟的优质有机物料为主要原料，从粮油作物根际分离筛选的多种有益微生物，吸附多种抑制作物病害和促进生长的有益微生物精制而成的生物有机肥料。

粮油专用生物有机肥能产生多种植物促生物质，有效提高作物光合效率，增加作物分蘖，有利于粮油作物营养成分的定向积累，可防止病害的侵入，能有效地防止各种病害的发生，提高粮油作物产量，改善农产品质量。

5. 甘蔗专用生物有机肥

甘蔗生长期长，产量高，整个生育期吸收养分多，是需肥量比较大的作物之一。尤其对钾素的需求多。

甘蔗专用生物有机肥是根据农业微生物特点及甘蔗需肥规律而研制生产的一种集生物菌肥、有机肥、无机肥于一体，形成"三合一"的新型肥料产品。

甘蔗专用生物有机肥内含有大量具有固氮、解磷、解钾、解碳、抗病、驱虫、促长、防衰功能的有益微生物。可在甘蔗根系或根际土壤中迅速生长繁殖，产生代谢产物，源源不断地供给甘蔗生长所需的营养素及生长刺激素。并将土壤中的纤维素、碳元素、无效磷和钾元素等转化为甘蔗能吸收利用的形式。同时可抑制病原微生物入侵和定植，干扰病虫害生长，起到防病抗病、克服重茬障碍等。尤其对克服甘蔗的褐条病、黑穗病、赤腐病、叶斑病、蔗节短小等土传病害有明显效果。

6. 桑树专用生物有机肥

桑树是多年生植物，栽培的主要目的是采摘桑叶。桑树所需要的肥料，主要有氮肥、磷肥、钾肥。氮主要是促进枝叶生长和叶片中蛋白质的合成。磷促进根茎的生长，增进树体的强健，增加叶片中碳水化合物的含量，促进桑叶成熟。钾促进桑树根的生长，充实枝条，强健树体，增强植株的生活力和抗逆性，施肥时氮、磷、钾配合施用以提高桑树产量质量。

桑树专用生物有机肥是根据桑树的生长习性及各生育期需肥特性，研制的一种含有有益活性微生物菌、丰富的有机质、大量单质养分及微量元素的新型生物有机肥料。

桑树专用生物有机肥可促进桑树生长旺盛、根系发达；提高桑树质量，如叶色深绿、叶片厚，提高桑叶总可溶性糖和粗蛋白质，从而提高产茧率、茧层量、茧丝率；改良土壤，培肥地力，提高桑树防病抗病、抗寒、抗旱性。

7. 烟草专用生物有机肥

烟草是以烟叶为收获物的一种作物，需要平衡且充足地供给各种养分。烟草对氮、磷、钾的吸收比例在大田前期为 5∶1∶（6～8），现蕾期为（2～3）∶1∶（5～6），成熟期为（2～3）∶1∶5。也就是说烟草对氮和钾的吸收量较大，而磷稍低，氮肥喜硝态氮。

烟草专用生物有机肥是根据烟草需肥特性，以充分发酵腐熟的优质有机物料为主要原料，并吸附从烟草根际分离筛选的抑制病害和促进生长的有益微生物，经提纯复壮，通过现代生物工程技术精制而成的专用新型生物肥料。其主要成分为乳酸菌、拮抗菌、促生菌、有机质等。

烟草专用生物有机肥能诱导产生多种抗菌物质、促生物质，具有促生长、抑病害、提品质等功效。是生产有机绿色烟草的最佳选择。

8. 其他专用生物有机肥

根据区域土壤状况和各种作物的需肥特点，将氮、磷、钾和中微量元素等营养元素进行科学配比，并合理添加益生菌，供某区域作物专门使用的肥料还有很多。如八角专用生物有机肥、木薯专用生物有机肥、桉树专用生物有机肥、葱蒜专用生物有机肥、土豆专用生物有机肥、草坪专用生物有机肥、茶叶专用生物有机肥、中药材专用生物有机肥等。

三、生物有机肥的特点

生物有机肥料兼具生物肥料和有机肥料的特点。其作用原理是施入土壤的生物有机质经微生物的一系列生命活动，达到改善土壤、培肥地力、促进植物生长、抗病防虫作用。生物有机肥有如下特点。

1. 养分全面，配方科学

商品化生产的生物有机肥料一般是以有机物质为主体，配合少量的化学肥料，按照农作物的需肥规律和肥料特性进行科学配比，与生物"活化剂"（如 EM 菌）相组合，除含有氮、磷、钾大量营养元素和钙、镁、硫、铁、硼、锌、硒、钼等中微量元素外，还含有大量有机物质、腐殖酸类物质和保肥增效剂，养分非常全面，速缓相济，供肥均衡，肥效持久。

2. 活化土壤，增加肥效

生物有机肥所含有益微生物能有效改善土壤微生态系统，具有协助释放土壤中潜在养分的功效。单纯使用氮肥，由于挥发、淋失、反硝化、径流等原因，利用率只有 30％～50％，且造成地下水的污染，而采用生物有机肥与无机肥混用的办法可大大提高氮肥的利用率；无机磷施入土壤中容易产生不溶性化合物，利用率很低，而施用生物有机肥后，有机酸可与钙、镁、铁、铝等金属元素形成稳定的络合物，从而减少磷的固定，明显提高磷的利用率。一般可减少化肥使用量 20％～30％；对土壤中钾的转化率亦可提高到 8％～16.6％。

3. 培肥地力

施入生物有机肥后可以大量增加土壤有机质含量，有机质经微生物分解后形成腐殖酸，其主要成分是胡敏酸，它可以使松散的土壤单粒胶结成土壤团聚体，使土壤容重变小、孔隙度增大，易于截留吸附渗入土壤中的水分和释放出的营养元素离子，使有效养分元素不易被固定。同时生物有机肥中的微生物活体施入土壤后，使土壤中酶活性显著增加，促进土壤难溶性矿物质养分的释放。

4. 无污染、无公害，使用安全

生物有机肥是天然有机物质与生物技术的有效组合。它所包含的菌剂，具有加速有机物质分解作用，为作物制造或转化速效养分提供"动力"。同时菌剂兼具有提高化肥利用率和活化土壤中潜在养分的作用。由于处理过程物料得到了彻底的腐熟，其中的病毒、病菌、虫卵、杂草种子等被杀灭，减少了农药用量，同时施入土壤后不会产生二次发酵而烧根苗。生物有机肥经过二次发酵，不会产生肥料未腐熟所致的烧根、烧苗现象。

5. 提高产品品质、降低有害积累

由于生物复合肥中的活菌和保肥增效剂的双重作用，可促进农作物中硝酸盐的转化，减少农产品硝酸盐的积累。与施用化学肥料相比，可使产品中硝酸盐含量降低 20％～30％，维生素 C 含量提高 30％～40％，可溶性糖可提高 1～4 度。产品口味好、保鲜时间长、耐储存。

6. 抑制土传病害

生物有机肥能促进作物根际有益微生物（EM 菌）的增殖，改善作物根际生态环境。有益微生物（EM 菌）和抗病因子的增加，还可明显地降低土传病害的侵染，降低重茬作物的病情指数，连年施用可大大缓解连作障碍。

第二节　生物有机肥的安全使用

一、生物有机肥的施用原则

生物有机肥施用时应该采用增产节支、科学使用。

1. 施入土层不宜过深

生物有机肥依靠其生物活性来分解有机质，其活性必须在一定温度、湿度、透气性、有机物质的条件下才能实现。而施入太深势必影响生物肥的活性。因此生物有机肥应施在地表下 10～15cm 处为宜。

2. 施用时不宜与单一化肥混施

单一化肥因其成分单一，施入土壤中常引起土壤酸碱度变化，如果大量施用，势必影响生物有机肥的生物活性。因此，生物有机肥最好单独施用（或根据作物不同生育时期加施不同配方化肥）。

3. 与农家肥、复合肥合理配比

施肥的原则是生物肥要优质，有机肥要腐熟，化肥要元素全（根据不同作物种类合理配比）。生鸡粪盐过多，磷酸二铵磷过多（18％氮、46％磷），复合肥氮、磷、钾配比为 15：15：15 或 16：16：16 或 17：17：17。如果选用时，一定要先计算，再配比，后施用。

4. 穴施效果更好

穴施生物有机肥，一方面可快速促进活跃土壤，提高土壤透气性，促进根系快速生长发育；另一方面可缓解因有机肥不腐熟、化肥没分解形成养分的空缺，及时供给根系养分，给根系一个良好的生长环境，促进团根早形成。

二、生物有机肥的施用技术

生物有机肥既可作基肥，又可以拌种，还可作追肥。

1. 果树专用生物有机肥的施用

果树施肥分两大时期，一是基础肥，多在春、秋两季施；二是果实膨大肥，在果实膨大时期施用。果树施肥应以基础肥为主，最好的施肥时间为秋季。施肥量占全年施肥量的60％～70％，最好在果实采收后立即进行。

果树专用生物有机肥的施用方式可采用以下 3 种。

（1）条状沟施法　葡萄等藤蔓类果树，开沟后在距离果树 5cm 处开沟施肥。

（2）环状沟施法　幼年果树，距树干 20～30cm，绕树干开一环状沟，施肥后覆土。

（3）放射状沟施　成年果树，距树干 30cm 处，按果树根系伸展情况向四周开 4～5 个50cm 长的沟，施肥后覆土。

常用果树专用生物有机肥做基础肥可按每产百斤果 2.5～3kg 施入（1 斤＝500g）。

注意事项：勿与杀菌剂混用；施肥后要及时浇水。

2. 蔬菜专用生物有机肥的施用

蔬菜多为一二年生植物，根系不深，主要分布在土壤耕层内。

蔬菜又分为绿叶类蔬菜、根菜类蔬菜、瓜类蔬菜、葱蒜类蔬菜等，各类蔬菜施肥有一些差异，但对于蔬菜专用生物有机肥的施用基本一致。一般蔬菜定植前要施足基肥，并适当施些硼和钙等微量肥。

施用方法如下。

（1）作基肥使用　每亩用量 40～80kg（与土杂肥及其他有机肥混合使用）。

（2）沟施　移栽前将本品撒入沟内，移栽后覆土即可。每亩使用量 40～80kg。

（3）穴施　移栽前将本品撒入孔穴中，移栽后覆土即可。每个孔穴 10～20g，每亩使用量 40～80kg。

（4）育苗　将本品与育苗基质（或育苗土）混合均匀即可。每立方米育苗基质使用量为10～20kg。

注意事项：不要与杀菌剂混合使用，阴凉处存放，避免雨水浸淋。

3. 花卉专用生物有机肥的施用

花卉是指有观赏价值的草本植物和灌木，是近年来栽培量大的、经济附加值较高的植物类型。

随着花卉业的快速发展，花卉的营养与施肥管理也日益突出。科学施肥要因地制宜，根据花卉种类、生育阶段、长势长相季节，选用适宜的花肥，适时、适地、适量地投入。观叶类的以氮素维持,观花果的以磷、钾维持,球根茎则多施钾肥,促地下部的生长。

花卉专用生物有机肥的施用方法如下。

(1) 基地花卉施用

① 每亩施用量为 100～150kg,肥效可维持 300d 左右;

② 可穴施、沟施、地面撒施及拌种施肥;

③ 施肥后覆盖土 2～5cm,然后浇水加速肥料分解,便于花卉吸收;

④ 配方施肥可适当减少其他肥用量。

(2) 盆景花卉施用

① 作追肥　20～30cm 盆用量 30～40g,40～50cm 盆用量 50～100g。将肥浅埋入土中浇水,3 个月追肥一次。

② 作基肥　栽培花卉时将肥料与土壤混合使用或将肥料放入盆中部使用,肥土混合使用比例:1:5,一年不用追肥。

4. 粮油专用生物有机肥的施用

粮油是人民生活最基本的必需品。粮油作物包括粮食类作物和油类作物。

生物有机肥在粮油作物上一般采用拌种或基肥混施两种方法与化肥配合施用。拌种是将生物有机肥 4kg 与亩用种子混拌均匀,而化肥采取深耕时作基肥施入。基肥混施是将 25kg 生物有机肥与亩用化肥混合均匀后,在播种深耕时一次施入土壤,施肥深度在土表 15cm 左右。同时必须看天、看地、看苗,提高施用技巧,做到适墒施肥、适量施肥。

5. 甘蔗专用生物有机肥的施用

甘蔗是一种重要的经济作物,是制糖工业的主要原料之一。我国种蔗 80% 为旱坡地,土壤大多较瘠薄,有机质含量低。因此,增施有机质含量丰富的肥料作基肥,对提高产量和改良土壤的效果十分良好。

甘蔗基肥应以生物有机肥为主,配施氮、磷、钾肥。一般甘蔗高产田块,亩施生物有机肥 200～300kg 作基肥。施基肥时,先开种植沟,将生物有机肥施于沟底,沟两侧再施无机肥。

甘蔗追肥分苗肥、分蘖肥、攻茎肥三个时期施用。生物有机肥冲施、灌根、喷施均可。前期(三片真叶时)施苗肥,促苗壮苗,保全苗;生长中期(出现 5～6 片真叶时)施分蘖肥,促进分蘖,保证有效茎数量;生长后期(伸长初期)施攻茎肥,促进甘蔗发大根、长大叶、长大茎,确保优质高产。

6. 桑树专用生物有机肥的施用

桑树是养蚕的必需饲料。桑树专用生物有机肥料是有机肥料中专用于桑树生长的新品种。

桑树专用生物有机肥主要作基肥和追肥使用。

(1) 基肥　在桑树入休眠期(11 月发下旬)进行,离树头(根部)40cm 处开沟,每亩施 60kg 左右,覆土。

(2) 追肥

① 第一次追肥在春季。即采第一次桑叶后进行施肥,离树头 40cm 处开沟,每亩施 30kg 左右,覆土。

② 第二次追肥在第一次追肥后 30d 左右进行施肥,离树头 40cm 处开沟,每亩施 30kg 左右,覆土。

7. 烟草专用生物有机肥的施用

烟草是茄科烟草属一年生草本植物。叶片含烟碱(尼古丁),是世界性栽培的嗜好类工业原料作物。

烟草是以收获优质烟叶为目的，施肥较其他作物复杂，必须根据烟草的不同类型、品种、栽培的环境条件和自身的营养特点来确定。

烟草专用生物有机肥的施用方法如下。

（1）作基肥　每亩用量 40～50kg。在烟草移栽时，进行穴施，每株烟使用 35～40g。先将烟苗放入穴中，然后将生物有机肥均匀撒在烟草根部及周围，覆土。

（2）育苗　按基质量的 10％使用量，将生物有机肥掺入基质中即可。

8. 其他专用生物有机肥的施用

其他各类专用生物有机肥则要根据具体作物的需肥规律和生产区域情况进行科学合理的选用和施用。

三、生物有机肥安全使用注意事项

① 选用质量合格的生物肥料有机肥。质量低下、有效活菌数达不到规定指标、杂菌含量高或已过有效期的产品不能施用。

② 生物有机肥储存时放在阴凉处，避免阳光直接照射，亦不能让雨水浸淋。

③ 施用时尽量减少肥料中微生物的死亡。应避免阳光直射生物肥，拌种时应在阴凉处操作，拌种后要及时播种，并立即覆土。一般生物肥料不可与有害农药（尤其杀菌剂）、化肥混合施用。

④ 创造适宜的土壤环境。在酸性土壤中施用应中和土壤酸度后再施。土壤过分干燥时，应及时灌浇。大雨过后要及时排除田间积水，提高土壤的通透性。

⑤ 因地制宜推广应用不同的生物有机肥料。如含根瘤菌的生物肥料应在豆科作物上广泛施用，含解磷、解钾类微生物的有机肥料应施用于养分潜力较高的土壤。

⑥ 避免开袋后长期不用。开袋后长期不用，其他细菌就可能侵入袋内，使肥料中的微生物菌群发生改变，影响其使用效果。

⑦ 避免在高温干旱条件下使用。生物肥料中的微生物在高温干旱条件下，生存和繁殖就会受到影响，不能发挥良好的作用。因此，应选择阴天或晴天的傍晚施用，并结合盖土、盖粪、浇水等措施，避免微生物肥料受阳光直射或因水分不足而难以发挥作用。

⑧ 避免与未腐熟的农家肥混用。与未腐熟的有机肥混用，会因高温杀死微生物，影响生物肥料特有功效的发挥。

第三节　生物有机肥的生产

生物有机肥是采用腐熟的天然有机物质（如腐殖酸土）、植物的秸秆、籽壳、饼类以及动物的粪便等为主要原料，加上土壤有益生物菌，经机械科学加工而成的肥料。生物有机肥生产能就地取材，充分利用农村家庭养殖所产的畜禽粪便及农作物秸秆等其他有机废料，通过少量的投入不仅提高了肥效、节约了时间，也给使用及生产都带来了诸多益处，确保了用肥的质量。

一、利用畜禽粪便生产生物有机肥

畜禽粪便含有丰富的有机杂肥，也含有一定数量的氮、磷、钾等植物生长所需的养分，是生产生物有机肥的优质原料。

用畜禽粪便来生产生物有机肥，先用草炭、稻糠等调节干、湿度和碳氮比。向畜禽粪便中添加草炭、稻糠，物料湿度调到 50％左右，剔除鸡毛等不会发酵的杂物，再加入功能性微生物（菌剂），拌混均匀。堆 0.8m 高，长短随畜禽粪便量而定，宽 2m，以方便生产为宜，粪堆上插温度计。当温度超过 50℃时开始进行第一次翻倒。待温度升到 60℃以上时（2～3d 后），进行下一次翻倒，当温度再次超过 55℃时，进行第三次翻倒，即发酵过程完成。气温 20℃以上的情况下，7～10d 后物料松散无臭味则已达到腐熟标准。之后晾干、粉碎，再分筛去杂，造粒，包装即成生物有机肥。

二、利用有机废弃物生产生物有机肥

有机废弃物是指城乡生活垃圾中有机物成分的废弃物，主要是农作物秸秆、纤维、竹木、废纸、厨房残余物等。这些有机废弃物如不及时处理也会成为环境的污染源，如散发恶臭、传播病原物、污染水体等。因此，必须尽可能地将其科学合理地制成有机肥料加以利用，既可避免由于本身的堆积、分解带来的不良后果，又可明显地减少化肥大量施用而引起的环境污染问题。

对有机废弃物经过预处理后，加入农作物秸秆，调整有机废弃物的碳氮比，然后调节待腐解废弃物水分含量，接种速腐复合微生物菌接种剂，高温发酵，经过腐解后，中温干燥，加入造粒剂造粒，然后进一步烘干、过筛、检验、包装即成生物有机肥料。

三、利用糖厂有机废弃物生产生物有机肥

甘蔗糖厂的废料含有丰富有机物及植物生长需要的各种养分，也是生产有机肥的优良原料之一。

主要采用符合国家农业部第 16 号《肥料登记资料要求》的菌种，利用糖厂榨季生产过程中产生的滤泥、渣灰及酒精废液作为原材料，按提供的工艺操作技术，经过发酵沤制、风控、温控及翻料等一系列操作，将有机废弃物转化成优质高标的生物有机肥。既解决了糖厂生产对环境造成的严重污染问题，又实现了资源良性循环，符合可持续发展的要求。

四、生物有机肥工厂化生产技术

1. 生产原料

生物有机肥生产的原料主要有畜禽粪便、农作物秸秆等农业有机废弃物。也可用泥炭、肥土等作原料。

2. 菌种

用于生物有机肥生产的菌种，首先必须具备对固体有机物发酵的性能，即能通过发酵作用使有机废物腐熟、除臭和干燥。目前用于固体有机物发酵的菌种有：丝状真菌（*Fialmentous Fungi*）、担子菌（*Bsidiomycetes*）、酵母菌（*Yeasts*）、放线菌（*Actinomycetes*），也可采用光合作用细菌与上述的一些菌种制成发酵剂，用于固体有机废弃物的发酵。在实际生产中常采用复合微生物发酵剂，包括：适用于原料降解腐熟去臭的菌、纤维分解菌、半纤维分解菌，尤其是木质素分解菌以及高温发酵菌等，固氮微生物、解磷微生物以及芽孢杆菌。

3. 配料技术

配料因原料来源、发酵方法、微生物种类和设备的不同而各有差异。配料的一般原则是：在总物料中的有机质含量应高于 30％，最好在 50％～70％；碳氮比为（30～35）：1，腐熟后达到（15～20）：1；pH 值为 6～7.5；水分含量控制在 50％左右为宜，但加菌发酵时水分含量可调节到 50％～70％。具体配方因有机物料成分来源而定。

4. 发酵腐熟方法

有机物料发酵腐熟的方法及其效果与所采用的发酵工艺和设备紧密相关，一般包括以下3种。

（1）平地堆置发酵法　在发酵棚中将调配好的原料堆成宽 2m、高 1.5m 的长堆，视温度进行翻堆。

（2）发酵槽发酵法　一般发酵槽内长 5～10m、宽 6m、高 2m，若干个发酵槽排列组合，置于封闭或半封闭的发酵房中。每槽底部埋设 1.5mm 的通气管，物料填入后用高压送风机定时强制通风，以保持槽内通气良好，促进好气微生物迅速繁殖。使用铲装车专用工具定期翻堆，每 3 天翻堆一次。经过 25～30d 发酵，温度由最高时的 70～80℃逐步下降至稳定，即已腐熟。

（3）塔式发酵箱发酵法　发酵箱为矩形塔，内部是分层结构，上下通风透气，体积可大可小。多个塔可组合成塔群。有机物料被提升到塔的顶层，通过自动翻板定时翻动，同时落向下层，5～7d 后下落到底层，即发酵腐熟，由皮带传送机自动出料。

5. 生物有机肥生产工艺流程

把有机物料与配料按规定的比例送入混合搅拌机，进行搅拌混合使其均匀，通过螺旋输送机进一步搅拌并送入主机——加压混炼机，通过加压混炼机的加压摩擦，使该机体内的混合物温度自行升高，杀死病虫卵和有害菌，然后提供适当的空气和水分，为高温菌发酵创造适宜的条件，完成快速发酵，再通过粉碎机粉碎松散，最后送入堆置场发酵 8～10d 即成为有机肥，然后经过分选去杂、喷加菌液、造粒等工序即可制成生物有机肥（见图 9-1）。

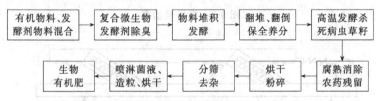

图 9-1　有机物料发酵与生物有机肥生产工艺

6. 生物有机肥生产设备组成

（1）造粒设备　堆肥后的物料需经造粒过程，使之具有一定强度和形状才能作为有机肥料施用。造粒工序是生物复合肥生产的关键工序，其造粒质量是复合质量的关键指标：①水溶性很低的肥料通常要碾成小颗粒才能确保它在土壤中有效、迅速溶解，并被植物所吸收；②肥料粒度的控制对于良好的储存和运输性能也是很重要的，随着施肥设备的改进而增加的造粒使得肥料的储存和运输性能有很大的改进，使它具有更好的流动性能及在颗粒产品中不结块等优点；③为改进农艺性质，粒度控制的另一个作用与某些不易溶解组分缓慢释放出氮的性质相关；④在早期混合操作中，若不考虑粒度的配合就将物料混合，在储运中混合物就很容易分离（不混合），对掺合性能造成影响。

生物复合肥的造粒方法主要有团粒法、喷浆法和挤压法。根据造粒机结构的不同，团粒法分为圆盘造粒和转鼓造粒；根据压辊（或模孔）的位置不同，挤压法分为对辊式挤压造粒、平模挤压造粒和环模挤压造粒。

① 圆盘造粒　圆盘造粒是目前我国使用最多的造粒方法。圆盘造粒机具有以下特点：具有良好的分级作用，生成粗粒少，因此成粒度大于 90%，但对物料细度和均匀性要求高。

② 转鼓造粒　转鼓造粒靠温度提高造粒物料中的液相量，促使物料在较低含水量下成粒，为干燥提供方便，节约能源。转鼓造粒成粒率低（4%～6%），返料量大。

③ 挤压造粒　挤压是容积压缩过程，整个工艺中无升温现象，不需干燥，工作方便。

挤压造粒机成粒率高（接近100%），颗粒强度高，基本无返料，粒型不圆滑。

④ 高效新型的有机肥专用造粒方法　该造粒设备是近年来开发出来的，主要是针对有机物料的成球造粒。工艺的最大优点在于突破有机物造粒后外形、硬度的不足，对发酵后需造粒的有机质无需干燥、无需加入黏合剂即可直接造出外形美观的具有一定坚实度的球形颗粒，对有机质无特殊要求，即可制作出球形有机颗粒肥。可以是发酵后的鸡粪、猪粪、牛粪、稻秆、各种槽渣、农业及城市的有机固体废弃物等，也可根据要求添加氮、磷、钾制成有机-无机复合肥，是目前有机肥造粒的理想设备。

（2）精分选设备　堆肥经充分发酵腐熟后要制备符合国家农用标准的产品时，必须通过精分筛提高堆肥的精度。可采用振动筛、弛张筛、弹性分选机和静电分选机，一般要求熟化物料的含水率低于35%。

① 振动筛　振动筛是利用振动原理进行筛分的机械。一般物料含水率小于30%，纤维含量较高的垃圾不宜选用。其装置见图9-2。

② 弛张筛　对含水量较高、黏性较大的物料筛分效果较好（图9-3）。

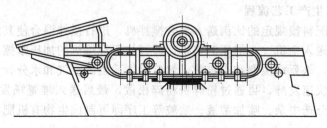

图 9-2　惯性振动筛

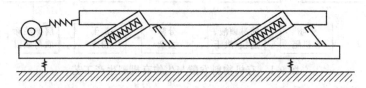

图 9-3　共振振动筛原理示意

注：此图引自周连仁. 化肥加工技术. 化学工业出版社，2008

[本章小结]

生物有机肥是指特定功能微生物与主要以动植物残体为来源并经无害化处理、腐熟的有机物料复合而成的一类兼具微生物肥料和有机肥效应的肥料。按其肥料配方及适用对象可分为果树专用生物有机肥、蔬菜专用生物有机肥、花卉专用生物有机肥、粮油专用生物有机肥、甘蔗专用生物有机肥、桑树专用生物有机肥、烟草专用生物有机肥、其他专用生物有机肥等。各类专用生物有机肥是根据不同作物的生长特性和对养分的需求特点，有针对性地调整活性生物菌、有机质及微量元素，使微生物与有机营养、有机质与特效菌融为一体，共显肥效的特殊功能肥料产品。

生物有机肥具有养分全面、配方科学，活化土壤、增加肥效，培肥地力，无污染、无公害，提高产品品质、降低有害积累，抑制土传病害等特点。生物有机肥有专门的技术指标、检验方法和检验规则，以及包装、标志、运输与储存要求。生物有机肥也有相应的安全使用原则和使用技术。

实际生产中，可利用畜禽粪便、农业有机废弃物、糖厂有机废弃物等作为原料生产生物有机肥，这样既缓解了各种废弃物对环境造成的污染，又可实现资源良性循环。工厂化生产生物有机肥工艺一般为：有机物料与发酵剂物料混合→堆积发酵→烘干粉碎→分筛去杂→喷淋菌液→造粒烘干→成品。工厂化生产有机肥的设备主要有造粒设备和精分选设备。

[复习思考题]

1. 什么是生物有机肥，它有哪些种类？
2. 生物有机肥与普通有机肥和微生物肥料有什么异同？
3. 生物有机肥的施用原则是什么？
4. 生物有机肥安全使用注意事项有哪些？
5. 生物有机肥工厂化生产流程是怎样的？

【学习目标】

1. 能科学认识海藻肥在农业生产上的作用和应用。
2. 掌握海藻肥的特点和施用方法。

【能力目标】

掌握海藻肥施用技术和注意事项。

第一节　海藻肥的概念、种类及特点

一、海藻肥的概念

海藻肥是以海藻为原料，通过生物酶、酸碱降解等生化工艺分离浓缩得到的天然海藻提取物或与其他营养物质科学地进行复配，是一种新型的绿色肥料。

海藻肥的原料是天然大型经济类海藻，如巨藻、泡叶藻、海囊藻等。海藻肥的发展经历了三个阶段：腐烂海藻→海藻灰（粉）→海藻提取液。因此海藻肥在国外市场也被称为海藻精、海藻粉、海藻灰。海藻肥中的核心物质是纯天然海藻提取物，天然海藻经过特殊生化工艺处理，极大地保留了天然活性组分，含有大量的非含氮有机物、钾、钙、镁、锌、碘等四十余种矿物质元素，特别是含有海藻中所特有的海藻多糖、藻朊酸、多种天然植物生长调节剂，具有很高的生物活性，可刺激植物体内非特异性活性因子的产生，调节内源激素平衡，在农业上能够起到改良土壤、提高作物产量、改善作物品质的作用，被誉为继有机肥、化肥、生物肥之后的第四代肥料。

二、海藻肥的种类

海藻肥种类覆盖撒施肥、冲施肥、叶面肥，主要有海藻提取物浓缩液和褐藻提取物可溶性粉剂，此外还有膏状的、颗粒的以及与其他肥料复配的类型。目前国际上生产海藻提取物浓缩液的著名品牌有：Goemar（法国）、Kelpak（南非）、SeaSol（澳大利亚）等；褐藻提取物可溶性粉剂的品牌有：MaxiCrop（英国）、Algea（挪威）、Acadian（加拿大）。

我国企业生产的海藻肥产品还进行了细分，涵盖有机无机复混肥、菌肥、重茬剂、叶面肥、冲施肥、生根剂、拌种剂等十几个产品类型，大大满足了农民用肥的各种需求。大部分产品都是以海藻粉为基础原料，与大量元素等复配，按可溶性肥标准登记。单独的海藻粉目前没有相关国家标准。

三、海藻肥的特点

1. 海藻肥比传统肥料营养全面，作物施用后生长均衡，增产效果显著，且极少出现缺素症

海藻肥以天然海藻为主要原料，含有大量从海藻中提取的有利于植物生长发育的天然生物活性物质和海藻从海洋中吸收并富集在体内的矿物质营养元素，包括海藻多糖、酚类多聚化合物、甘露醇、甜菜碱、植物生长调节物质（细胞分裂素、赤霉素、生长素和脱落酸等）和氮、磷、钾及铁、硼、钼、碘等微量元素，施足海藻肥后使作物不会产生缺素症，是全元素肥料。此外，为增加肥效和肥料的螯合作用，部分产品还溶入了适量的腐殖酸和适量微量元素，可满足作物生长各阶段对营养的需求。

2. 海藻肥中含有大量抗病因子及特殊成分，作物施用后抗逆抗病性显著增强，与农药混合叶面喷施可提高农药效果

海藻肥具有显著的抑菌抗病毒、驱虫效果，能增强作物的抗寒、抗旱、抗病、抗倒伏、抗盐碱能力，对各种疫病、病毒病、炭疽病、白粉病、枯萎病等产生较强的抗性。此外，海藻肥中的海藻酸可以降低水的表面张力，在植物表面形成一层薄膜，增大接触面积，使水溶性物质比较容易透过茎叶表面细胞膜进入植物细胞，使植物最有效地吸收海藻提取液中的营养成分。如果把海藻肥和杀虫剂、杀菌剂混合使用，具有增效作用，可降低喷洒费用。

3. 海藻肥中含有大量的高活性成分，植物易吸收，作物施用后长势旺盛，可明显提高产量及作物的品质

海藻中所特有的海藻多糖、海藻酸等物质，具有很高的生物活性，可刺激植物体内非特异性活性因子的产生。同时，海藻肥中还含有天然植物生长调节剂，如生长素、细胞分裂素类物质和赤霉素等，其比例与陆生植物中各激素比例相近，具有很好调节内源激素平衡的作用。作物施用后，产量及品质明显提高，叶菜类增产20％以上，粮食作物增产15％以上，果树增产10％～30％，能提高烟草、棉花、花卉等经济作物品质，尤其是对大棚蔬菜作物，增产增值效果十分显著。

4. 海藻肥含有丰富的有机质及缓释因子，肥效长，可改善土壤微生态、活土促根及抗重茬

海藻肥可直接使土壤或通过植物使土壤增加有机质，激活土壤中的各种有益微生物。这些微生物可在植物、微生物代谢循环中起着催化剂的作用，使土壤的生物效力增加。植物和土壤微生物的代谢物可为植物提供更多的养分。同时，海藻多糖形成的螯合系统可以使营养缓慢释放，延长肥效。

5. 海藻肥天然、安全无公害

传统的化学肥料肥效单一、污染严重，长期使用会导致土壤结构被破坏。海藻肥属天然海藻提取物，与陆生植物有良好的亲和性，对人、畜无毒无害，对环境无污染，具有其他任何化学肥料都无法比拟的优点，在国外被列入有机食品专用肥料。

第二节　海藻肥的作用机理及在生产上的应用

一、海藻肥的作用机理

1. 海藻肥对作物的作用机理

由于海藻生长在海水中，所以特殊的生长环境使海藻除了含有陆地植物所具有的化学成分之外，还含有许多陆地植物不可比拟的多种营养物质，如海藻多糖、甘露醇、酚类多聚物、甜菜碱、褐藻糖胶。另外，海藻肥中还含有大量的吲哚乙酸、脱落酸、细胞激动素、赤霉素等植物生长活性物质和碘、钾、镁、锰、钛等矿物质微量元素。

海藻中的海藻多糖、酚类多聚物、甜菜碱，具有促进植物体内有机物和无机物的上下输送导向、调节细胞渗透的作用，能促进作物生长，诱发作物产生抗逆因子，提高作物机体免疫力活性，增强作物抗病性，对植物体内的一系列酶有保护作用。海藻中的褐藻糖胶具有抗病毒、抗氧化的作用，可提高作物免疫系统功能，调节和增强作物免疫力，阻止作物对重金属及其他毒素的吸收。海藻中的甘露醇具有参与机体光合作用、调节机体营养渗透平衡的作用，能迅速修复、愈合伤口，疏通作物受阻微管束。海藻中的酚类多聚物、甜菜碱还具有驱虫和抗真菌等功能。

海藻中的内源激素细胞激动素，能促进细胞分裂、细胞体扩大，能打破种子休眠并促其萌发，能促进侧芽生长和抑制作物衰老等。海藻中还含有赤霉素及吲哚乙酸、吲哚丁酸等生长素，可打破种子休眠，促进作物生长，诱导作物开花。同时，也能促进木质部、韧皮部细胞分化，刺激新根的形成，促进插条发根。

2. 海藻肥对土壤的作用机理

土壤中缺乏有机质，不但使土壤中微生物菌群的繁殖和生长受到抑制，所施肥料中的氮、磷、钾等营养物质不能被分解成作物能够吸收的营养，造成肥料的极大浪费，而且减少土壤有机胶体，造成土壤板结，甚至盐渍化。

海藻肥有机活性物质非常丰富，施肥有机质含量大于18％，使土壤结构形成团粒结构，透气、保水，提高地温，非常有利于微生物菌群的繁殖和生长。这些微生物可在植物、微生物代谢物循环中起到催化剂的作用，使土壤的生物效力增加，同时有机质的分解及土壤微生物的代谢物可为植物提供更多的养分。

海藻肥中含有的海藻酸是天然土壤调理物质，促进土壤团粒结构的形成，可增加土壤生物活力，内含的活性酶类可增加土壤中的有益微生物，具有改良土壤、增加土壤肥力的作用，减轻农药、化肥等有害物质对土壤的污染。

海藻肥含有的天然化合物如海藻酸钠，是天然土壤调理剂，有利于形成水稳性团粒结构不可缺少的胶结物质——土壤有机胶体，促进、改良土壤团粒结构，有助于黏性土形成良好的结构，改善土壤内部孔隙空间，恢复由于土壤负担过重和化学污染而失去的天然胶质平衡，增加土壤生物活力，促进速效养分的释放，提高土壤保肥、蓄水的能力，也能提高土壤对酸碱的缓冲性。同时，也有利于作物根系生长和提高作物的抗逆性。

因此，海藻肥不仅可以为作物生长提供较丰富的营养，促进作物的增产，还可在提高土壤保水、保肥能力，减少养分流失，减少化肥用量，提高化肥利用率等方面发挥十分显著的作用。

二、海藻肥在农业生产上的应用

1. 海藻肥应用的历史

人类利用海藻作为肥料的历史已经有几千年了，但是一直都是原始地直接利用。如日本、英国、加拿大等国家很早就有采集海藻制作堆肥的习惯。在法国不列塔尼地区生长着一种叫做 *Himanthalia elogata* 的海藻作为种植洋蓟的肥料；在加赛地区，人们在秋季收割墨角藻，用作种植土豆的肥料；在爱尔兰西部海峡，阿拉姆岛土壤比较贫瘠，海藻常被用作种植蔬菜的肥料。

世界上最早的海藻液体肥于1949年在大不列颠岛问世，1993年美国的一种经过提炼加工的海藻肥 Phoenix-250 被美国农业部正式确定为美国本土农业专用肥。在欧美发达国家海藻生物肥已经使用了20多年，随着国际有机农业的兴起，海藻生物肥市场处于旺盛期。迄今为止，世界上生产海藻肥并进入国际市场的国家有美国、南非、挪威、英国、法国、新西兰、澳大利亚，海藻肥在这些国家广泛用作花卉、果树、农作物及草坪等肥料，使用普遍，并在逐步替代化肥。

1984 年南非 Cape Town 大学的园艺学家 Marthei 对不同种类的花做过实验，证明海藻肥不仅能促使花早开，还能明显增加花芽数，增加率达 30％～60％。日本爱媛大学的报告显示，海藻精施于树势衰弱的蜜橘可促进新梢生长，增加新梢数目、茎叶片数、叶面积及叶厚；显微镜下观察叶片切面则发现，淀粉类光合产物在叶肉细胞内大量累积，显示植株可由地上部大量吸收氮素以促进光合作用，进而产生大量淀粉类光合产物，使树势恢复，促进生长、品质改善并且增加产量。至今为止，国外应用海藻肥对土豆、玉米等一系列农作物、水果和蔬菜做过对比试验，海藻肥对农作物提早成熟、提高产量和改善品质，以及在水果保鲜和抵抗病虫害等方面均产生了明显作用。

2. 我国海藻肥在农业上的应用现状

中国是世界上拥有海藻资源最丰富的国家之一，但我国海藻肥起步相对较晚，研制起始于 20 世纪 90 年代中期，2000 年农业部肥料登记管理部门正式设立了"含海藻酸可溶性肥料"这一新型肥料类别，使这一新型肥料有了市场准入证。迄今为止，在农业部获准登记的海藻肥生产企业有中国海洋大学生物工程开发有限公司、北京雷力绿色连锁公司和青岛胶南明月海藻集团等 29 家公司。

海藻肥是一种高效、无公害的肥料，经过十几年的推广，在全国多数地区都取得了良好的效果。如山东龙口市土肥站在芹菜上喷海藻肥 600～900 倍溶液 4 次，比喷清水的对照田每 1 亩地芹菜产量增加 317.5kg，增产率 8.7％，效果极显著。安徽省农业科学院的试验结果表明：海藻叶面肥有利于作物根系生长，提高作物的抗逆性，使作物提早成熟、提高产量和改善品质。黄瓜、包菜、番茄、水稻、棉花、黄豆喷施海藻叶面肥较清水对照分别增产 20.0％、25.5％、18.3％、15.1％、16.1％、18.4％。寿光日光温室内施用稀释 500 倍海藻肥液喷洒在菠菜、黄瓜的叶片上，可有效增大菠菜和黄瓜的叶面积，提高其维生素 C 含量，使其分别增产 42.8％、13.3％。在上海市宝山区刘行镇，对葡萄膨大期喷施海藻肥的效果试验。试验结果表明，经按规范施用后，能够显著地提高葡萄的单穗重，比不喷施的对照处理单穗重提高 17％。

目前海藻肥在国内肥料市场上占有率还相对较低，主要原因有以下几点。其一，海藻肥的生产涉及对海藻的加工、提取、浓缩等工艺，其原料成本、生产成本相对较高，用其复配的肥料普遍高于普通肥料。而国内目前农业依然以小农经济为主，消费者对成本的考虑还是其产生购买行为的一大因素。其二，海藻肥具有营养丰富、增产抗病、活化土壤、增强口感、绿色无公害等多重功效，但国内肥料经销商及农民对海藻肥的功效、使用等方面的了解依然不多，对绿色农业、无公害农业认识比较淡薄。其三，真正的海藻肥主要原材料均来自于海藻，而全国仅有沿海地区才有种植及生长。而且海藻肥的生产加工工艺有许多技术壁垒，提取工艺对于其活性影响极大，致使目前多数厂家不具备生产海藻肥及持续增长的能力，成规模的企业不多。

另外，海藻肥是一种新型肥料，目前国家还没有相关标准，使得国内众多的海藻肥产品鱼龙混杂，产品质量参差不齐，影响了消费者对海藻肥的信赖。随着国家有关部门对海藻肥行业的重视，目前中国海洋大学生物工程开发有限公司、北京雷力绿色连锁公司等海藻肥生产龙头企业已开始着手编制海藻肥行业标准，以进一步规范海藻肥企业生产经营行为，为农民提供合格、优质的产品。

3. 海藻肥的应用前景

长期以来，我国依靠化肥的大量投入提高作物产量，形成了通过化肥大量投入和农田高强度利用的生产体系。虽然实现了短时间内农作物的高产，但却产生了很多负面影响，包括农业生产对化肥的依赖性增加、肥料利用率大幅度降低、农产品品质下降、农药残留超标、土壤有益菌群被破坏等，对农产品的品质影响很大。

随着社会进步和科学技术的发展，人们对农产品的质量安全、环境保护和农业的可持续发展越来越重视。海藻肥及系列产品作为一种科技含量高、天然、有机、无毒、高效的新型肥料，十分适合我国绿色食品和有机食品的生产，其所具有的功效弥补了传统有机肥施用量大、肥效慢的不足。海藻肥的大规模产业化生产和广泛应用，对深度开发和允分利用我国丰富的海藻资源，对促进我国无公害、绿色、有机食品的生产，提高农产品的质量安全，推动种植业的健康发展和无公害食品行动计划的实施，使农业增效、农民增收，改善和保护生态环境，增进国民健康具有十分深远的意义。

第三节　海藻肥的安全使用

一、海藻肥的施用方法

海藻肥适用于各种蔬菜、果树、瓜果、粮、棉、油、茶等作物。海藻肥产品的施用方法很多，最广泛的是叶面喷施，但种子处理也被证明对于促进提早发芽和提高生长初期抗逆能力十分有效。土壤施用和灌根在一些地区也可采用。越来越多的实践表明，海藻肥也可以成功应用于喷灌系统和灌肥系统。对于颗粒状海藻肥，可作底肥和追肥，可人工撒施、冲施或机械施用，方便、省工。

对于高效的海藻提取物浓缩液肥或可溶性粉末，在使用之前应加水稀释。常见的施用方法如下。

1. 叶面喷施

配成 1：（500～1000）倍水溶液均匀喷施于植物叶面和花果上，一般在作物播出苗后2～3 片真叶，或在定植后 7d 左右开始喷施。以后每隔 14～21d 喷施一次，可喷施 3～6 次。

2. 灌根

配成 1：（1000～2000）倍水溶液，每株浇灌 100mL，以后每隔 14～21d 浇灌一次，共3～4 次。

3. 浸种

配成 1：300 倍水溶液，根据作物不同分别浸种 2～12h 后播种。

不同的作物施用的时期、效果见表 10-1。

表 10-1　不同的作物施用海藻肥的时期及效果

适用作物	使用时期	效　果
棉花	苗期、蕾期、棉铃期	促进生长，减少落蕾落铃，驱避棉蚜，减轻病害，提高产量
水果	春梢期、花期、果期、着色期、收获后	促进花芽分化，减少落花落果，促进果实膨大，着色鲜艳，提高果实含糖量，提高产量
蔬菜	苗期、生长期	增加叶片厚度和叶绿素含量，减轻病虫害，提高产量
油菜	苗期、始花期、结荚期	提高结实率，提高产量，提高出油率
瓜果	苗期、花期、瓜果期	提高坐果率，促进果实膨大，改善品质，提高产量
茶叶	萌芽期、生长期、采摘后	促进发芽，使叶长厚实，改善品质，提高产量
水稻 小麦	苗期、分蘖期、抽穗灌浆期	增强抗逆性，促进分蘖，减少空秕，提高千粒重和产量
玉米	苗期、孕穗期、吐丝灌浆期	增强抗逆性，促进籽实饱满，提高产量
花生 大豆	生长期、花期、接荚期	提高结实率，提高产量
烟草	苗期、生长期	改善品质，提高产量

二、海藻肥在安全施用时的注意事项

海藻肥在安全施用时的注意事项有：①使用前必须充分摇匀，海藻肥一般为中性，可与其他大多数农药混合施，混用时增强农药的附着力和渗透力，提高药效，但不宜与强碱性农药混用；②宜于晴天露水干后上午 8～10 时或下午 3～5 时喷施，施药后 4h 内遇雨应补施；③使用的间隔时间不要少于 7d，太短不利于发挥其肥效；④禁止使用金属容器，储存于阴凉干燥处，避免直射光。

三、科学施用海藻肥的实例

下面以雷力海藻肥在辣椒上的应用技术为例进行说明。

（1）温汤浸种　在 50～55℃温水中处理 15min 左右，待水温降到 20～30℃，加入雷力 2000 复合液肥 800 倍液浸种 8～12h。最后捞出洗净用纱布包好进行催芽。雷力 2000 浸种对种子发芽和病害的防治有很好的效果。

（2）在移栽前 1 周喷施　叶面喷施雷力 2000 复合液肥 1000 倍液＋极可善 1000 倍液，有利于移栽后的缓苗和旺盛生长，增强植株的抗性。

（3）以有机肥为主施用底肥　配合施用速效化肥。每亩施入腐熟有机肥 3000kg＋25％（氮、磷、钾比为 10：6：9）雷力复混肥 50kg。这样可以改良土壤结构，增强通透性，利于保肥保水，促进辣椒的吸收。

（4）中期管理　定植后 5～7d，结合浇缓苗水，每亩用高氮雷力海藻肥 10kg 兑水冲施。为苗期的迅速生长提供充足的氮元素，促苗壮苗。以后根据苗情每 10～15d 可冲施 1 次，每亩用雷力海藻肥 10～12kg。同时叶面配合喷施雷力 2000 的 1000 倍液＋极可善 1000 倍液，对预防病虫害有较好的效果。在花前 3d 叶面施用雷力朋友情 1000 倍液以补充硼元素，减少落花落果，提高座果率，对提高产量有显著效果。

（5）膨果肥施用　这个时期以补充钾和钙为主，适当补充氮肥。初结椒 5d 左右，每亩施用雷力高钾海肥施 15kg，叶面喷施雷力 2000 的 1000 倍液＋雷力营养液钙 1000 倍液。

（6）进入盛果期以后　每 10～15d，亩用雷力海肥施 10～12kg 兑水冲施，以防止辣椒早衰，从而保证高产。

全程施用雷力海藻肥，对辣椒的品质改善有显著效果。

第四节　海藻肥的生产

一、海藻肥生产原料

海藻是生长于海洋中的低等隐花植物，共 1 万多种，有绿藻门、褐藻门、蓝藻门、红藻门等 10 门。迄今为人类广泛利用的海藻主要是红藻、褐藻和绿藻 3 大类，约 100 余种。海藻富含蛋白质、氨基酸、碳水化合物、无机盐、维生素、褐藻胶和少量的酶、植物激素、多酚及多糖类等多种多样的生理活性物质，因而广泛应用于食品工业、饲料工业、医药工业、能源及其他化学资源方面。用作肥料的海藻一般是大型经济藻类，如海带、巨藻、泡叶藻、海囊藻、昆布、马尾藻等，海藻中的有效成分经过特殊处理后，呈极易被植物吸收的活性状态，能够调节植物营养生长和生殖生长的平衡。

二、海藻肥生产工艺

海藻肥的生产经历了三个阶段：即腐烂海藻→海藻灰（粉）→海藻提取液。早期传统的方法是将海藻埋于地下腐烂或晒干后烧成灰，这样处理的海藻肥，不仅无机氮含量大大下降，而且海藻中的大量有机成分均已损失，仅能作为无机钾肥使用。

海藻粉是以海藻为原料，通过生物化学或物理的方法提取得到的，如生物酶解萃取、细胞破碎技术、强酸或强碱化学提取法。海藻肥的生产加工工艺有许多技术壁垒，致使目前多数厂家不具备生产海藻肥及持续增长的能力，绝大部分厂家均是采用化学提取法。

中国科学院海洋研究所发明的碱法制备海藻肥的步骤如下：①使用晾干的海藻，除去杂质和外来物；②加入 $7\sim10$ 倍海藻重量的淡水，用稀碱溶液调节 pH$=8.5\sim9.0$；③搅拌浸泡 $10\sim24$h，减压浓缩至密度为 $1.2\sim1.3$g/mL，离心去掉高温盐；④浓缩液与冷却后析出的干固物分离备用；⑤取新鲜海藻，加入质量分数为 95% 的乙醇，加入量为海藻质量的 $40\%\sim50\%$；⑥将藻体破碎，搅拌，离心后保存溶液；⑦溶液浓缩除去盐分，保留澄清的溶液；⑧澄清的溶液冷却至 $0\sim5$℃，加入饱和的二氢基四硫代氰酸铬铵溶液；⑨收集沉淀；⑩将浓缩液、干固物、沉淀物三者均匀混合；⑪喷雾干燥获得速溶型海藻粉干品。

中国海洋大学发明了一种微生物发酵法处理浒苔生产海藻肥的方法，经过筛选和驯化后的复合菌种，由细菌、放线菌和真菌组成，对糖、蛋白质、纤维素和有机物组分均有很强的分解能力，使浒苔中的有效成分得以完全释放出来，然后将浒苔发酵液过滤作为基液与腐殖酸、尿素、磷酸二氢钾、微量元素中的至少一种配伍，搅拌均匀，制成了海藻肥。

目前大部分产品都是以海藻粉为基础原料，与大量元素等复配，按可溶性肥标准登记，而单独的海藻粉还没有相关国家标准。如生产海藻腐殖酸液体肥主要采用的原料为海带、马尾藻等褐藻类，腐殖酸盐、尿素、磷酸铵、硝酸钾、磷酸二氢钾、硫酸钾、硫酸镁、硫酸锌、硼酸、硫酸锰、硫酸铜、硫酸铁等为主要原料。其工艺流程通常为：

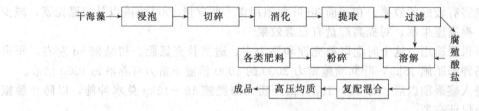

[本章小结]

海藻肥是以海藻为原料，通过生物酶、酸碱降解等生化工艺分离浓缩得到的天然海藻提取物或与其他营养物质科学地进行复配，是一种新型的绿色肥料。海藻肥中的核心物质是纯天然海藻提取物，天然海藻经过特殊生化工艺处理，极大地保留了天然活性组分，含有大量的非含氮有机物和钾、钙、镁、锌、碘等 40 余种矿物质元素，特别含有海藻中所特有的海藻多糖、藻朊酸、多种天然植物生长调节剂，可改善土壤微生态、明显提高产量及作物的品质，具有肥效长、天然、安全无公害等特点。

我国海藻肥起步相对较晚，在国内肥料市场上占有率还相对较低，主要原因有以下几点：其一，海藻肥的原料成本、生产成本相对较高；其二，国内肥料经销商及农民对海藻肥的功效、使用等方面的知识依然不足，对绿色农业、无公害农业认识比较淡薄；其三，目前多数厂家不具备生产海藻肥及持续增长的能力，成规模的企业不多。另外，国家还没有海藻肥相关标准，使得国内海藻肥产品鱼龙混杂，产品质量参差不齐，影响了消费者对海藻肥的信赖。

海藻肥适用于各种蔬菜、果树、瓜果、粮、棉、油、茶等作物。海藻肥产品的施用方法以叶面喷施为主。

用作肥料的海藻一般是大型经济藻类，如海带、巨藻、泡叶藻、海囊藻、昆布、马尾藻等，海藻肥的生产经历了三个阶段：即腐烂海藻→海藻灰（粉）→海藻提取液。海藻粉是以海藻为原料，通过生物化学或物理的方法提取得到的，如生物酶解萃取、细胞破碎技术、强酸或强碱化学提取法。海藻肥的生产加工工艺有许多技术壁垒，致使目前多数厂家不具备生产海藻肥及持续增长的能力，绝大部分厂家均是采用化学提取法。

［复习思考题］

1. 什么是海藻肥？它有哪些特点？
2. 海藻肥的作用机理有哪些？
3. 我国生产海藻肥的企业主要有哪些？如何认识当前海藻肥市场占有率不高的现状？
4. 海藻肥施用的方法有哪些？有哪些注意事项？
5. 海藻肥生产的方法主要有哪些？

【学习目标】

了解生物肥料行业标准以及登记要求。

【能力目标】

1. 熟悉生物肥料行业标准以及登记要求。

2. 能够掌握常见的微生物肥料检测方法。

第一节　生物肥料行业标准

一、中华人民共和国农业行业标准——微生物肥料（NY 227—94）

（一）主题内容与适用范围

本标准规定了微生物肥料产品的分类、技术要求、试验方法、检验规则、包装、标志、运输与贮存。

本标准适用于有益微生物制成的，能改善作物营养条件（又有刺激作用）的活体微生物肥料制品。

（二）引用标准

GB 8172　蛔虫卵测定方法

GB 4789　大肠菌值测定方法

GB 7468　总汞测定方法

GB 7471　总镉测定方法

GB 7466　总铬测定方法

GB 7485　总砷测定方法

GB 7470　总铅测定方法

（三）产品分类

1. 根瘤菌肥料

能在豆科植物上形成根瘤（或茎瘤），同化空气中的氮气，供应豆科植物的氮素营养。用根瘤菌属（Rhizobium）或慢生根瘤菌属（Bradyrhizobium）的菌株制造。

2. 固氮菌肥料

在土壤和很多作物根际中同化空气中的氮气，供应作物氮素营养；又能分泌激素刺激作物生长。用下列菌种之一制造。

固氮菌属（Azotobacter）

氮单胞菌属（Azomonas）

固氮根瘤菌属（Azorhizobium）

根际联合固氮菌：固氮螺菌属（Azospirillum）

　　　　　　　阴沟肠杆菌（Enterobactercloacea）经鉴定为非致病菌

粪产碱菌（*Alcaligenes faecalis*）经鉴定为非致病菌

肺炎克氏杆菌（*Klebsiella pneumoniae*）经鉴定为非致病菌

其他经过鉴定的用于固氮菌肥料生产的菌种。

这些菌主要特征是在含一种有机碳源的无氮培养基中能固定分子态氮。

3. 磷细菌肥料

能把土壤中难溶性磷，转化为作物可以利用的有效磷，改善作物磷素营养。用下列菌种之一制造。

分解有机磷化合物的细菌：

解磷巨大芽孢杆菌（*Bacillus megatherium phosphaticum*）

解磷珊瑚红赛氏杆菌（*Serratia carollera phosphaticum*）

节杆菌属中的一些种（*Arthrobacter sp.*）

转化无机磷化合物的细菌：

假单胞菌属中的一些种（*Pseudomonas sp.*）

其他经过鉴定的用于磷细菌肥料生产的菌种。

有机磷细菌在含磷矿粉或卵磷脂的合成培养基上有一定解磷作用，在麦麸发酵液中都含刺激植物生长的生长素物质。

无机磷细菌具有溶解难溶性磷酸盐的作用。

（四）硅酸盐细菌肥料

能对土壤中云母、长石等含钾的铝硅酸盐及磷灰石进行分解，释放出钾、磷与其他灰分元素，改善作物的营养条件。本品的生产菌种为胶质芽孢杆菌（*Bacillus mucilginosus*）的菌株及其他经过鉴定的用于硅酸盐细菌肥料生产的菌种。

该菌在含钾长石粉的无氮培养基上有一定解钾作用，菌体内和发酵液中存在刺激植物生长的生长素物质。

（五）复合微生物肥料

含有上述（解磷、解钾、固氮微生物）或其他经过鉴定的两种以上互不拮抗微生物，通过其生命活动，能增加作物营养供应量。

（六）技术要求

1. 成品技术指标

成品技术指标见表 11-1。

表 11-1　成品技术指标

项目 \ 剂型	液体	固体	颗粒	项目 \ 剂型	液体	固体	颗粒
1. 外观	无异臭味液体	黑褐色或褐色粉状、湿润、松散	褐色颗粒	复合微生物肥料/(亿个/mL) ≥	10	2	1
2. 有效活菌数				3. 水分/%	—	20～35	<10
根瘤菌肥料				4. 细度/mm	—	粒径 0.18	粒径 2.5～4.5
慢生根瘤菌/(亿个/mL) ≥	5	1	1	5. 有机质(以 C 计)/% ≥			
快生根瘤菌/(亿个/mL) ≥	10	2	1	(以蛭石等作为吸附剂不在此列)		20	25
固氮菌肥料/(亿个/mL) ≥	5	1	1				
硅酸盐细菌肥料/(亿个/mL) ≥	10	2	1	6. pH	5.5～7	6.0～7.5	6.0～7.5
磷细菌肥料				7. 杂菌数/%	5	15	20
有机磷细菌/(亿个/mL) ≥	5	1	1	8. 有效期		不得低于 6 个月	
无机磷细菌/(亿个/mL) ≥	15	3	2				

注：在产品标明的失效期前有效活菌数应符合指标要求，出厂时产品有效活菌数必须高出本指标 30% 以上。

2. 成品无害化指标

成品无害化指标见表11-2。

表 11-2 成品无害化指标

编号	参　数	单位	标准限值	编号	参　数	单位	标准限值
1	蛔虫卵死亡率	%	95～100	5	铬及化合物（以 Cr 计）	mg/kg	≤70
2	大肠杆菌值		10^{-1}	6	砷及化合物（以 As 计）	mg/kg	≤30
3	汞及化合物（以 Hg 计）	mg/kg	≤5	7	铅及化合物（以 Pb 计）	mg/kg	≤60
4	镉及化合物（以 Cd 计）	mg/kg	≤3				

（七）检测方法

1. 外观

感官检验符合（六）1. 成品技术指标。

2. 有效活菌数和杂菌含量测定

（1）试剂和溶液

① 无菌水、蒸馏水；

② 选择培养基（附录 A）；

③ 刚果红染液（0.5%）。

（2）仪器

① 显微镜 1000×；

② 摇床　旋转式 200r/min；

③ 恒温培养箱；

④ 恒温烘干箱；

⑤ 灭菌锅；

⑥ 扭力天平（分度值 0.01g）；

⑦ 玻璃仪器（灭菌的 9cm 平皿，10mL、5mL、1mL 吸管，锥形瓶，玻璃刮刀）。

（3）测定步骤

① 采样应不少于 500g，从中称取 10～20g（精确 0.01g），加入带玻璃珠的 100～200mL 的无菌水中（液体菌剂取 10～20mL，加入 90～180mL 的无菌水中），静置 20min 后在旋转式摇床上 200r/min 充分振荡 30min，即成母液的菌悬液。

② 用无菌吸管吸取 5mL 上述母液的菌悬液加入 45mL 无菌水中，混匀成 1∶10 稀释的菌悬液，这样依次稀释，分别得到 1∶1×10^2，1∶1×10^3 和 1∶1×10^4，1∶1×10^5 等浓度（每个稀释度必须更换无菌吸管）。

③ 用 1mL 无菌吸管分别吸取不同稀释度菌悬液 0.1mL，加至直径为 9cm 平皿的琼脂培养基表面，用无菌玻璃刮刀将菌悬液均匀地涂于琼脂表面。或取 1mL 不同稀释度菌悬液加入培养皿内，与琼脂培养基混匀。每个样品取 3 个连续适宜稀释度，每一稀释度重复 3 次，同时加无菌水的空白对照，培养 2～5d，每个稀释度取 5～10 个菌落的菌体，涂片染色，显微镜观察识别后计数菌落。

（4）计算公式　统计算出同一稀释度三个平皿上菌落平均数。

根据式(11-1) 和式(11-2) 计算：

$$菌剂含菌数 = 菌落平均数 \times 稀释倍数 \times \frac{母液菌悬液的体积}{菌剂数} \tag{11-1}$$

$$杂菌率 = \frac{杂菌数}{（有效菌数 + 杂菌数）} \times 100\% \tag{11-2}$$

根据菌落特征判定，分别计算出制品中的特定微生物及杂菌数率。固体（包括颗粒）菌剂含菌数以亿/g 表示，液体菌剂含菌数以亿/mL 表示。

（5）菌落计数

① 以平板上出现 30～300 个菌落数的稀释度平板为计数标准。

② 当只有一个稀释度，其平均菌落数在 30～300 之间时，则以该平均菌落数乘以其稀释倍数（见表 11-3 例 1）。

③ 若有两个稀释度，其平均菌落数均在 30～300 之间，应按两者菌落总数之比值来决定。若其比例小于 2 应计数两者的平均数，若大于 2 则计数其中稀释较小的菌落总数（见表 11-3 例 2 及例 3）。

④ 若三个稀释度的平均菌落数均大于 300，则应按稀释度最高的平均菌落数乘以稀释倍数（见表 11-3 例 4）。

⑤ 若三个稀释度的平均菌落数均小于 30，则应按稀释度最低的平均菌落数乘以稀释倍数（见表 11-3 例 5）。

⑥ 若三个稀释度的平均菌落数均不在 30～300 之间，则以最接近 300 或 30 的平均菌落数乘以稀释倍数（见表 11-3 例 6）。

表 11-3　计算菌落总数方法的示例

例次	不同稀释度的平均菌落数			两个稀释度菌落数之比	菌落总数个/mL 或个/g
	10^{-5}	10^{-6}	10^{-7}		
1	1431	159	22	—	1.6×10^8
2	2760	235	31	1.3	2.7×10^8
3	2676	136	34	2.5	1.4×10^8
4	无法计数	1142	312	—	3.1×10^9
5	28	12	5	—	2.8×10^6
6	无法计数	303	18		3.0×10^8

（八）含水量测定

1. 仪器

① 土壤铝盒；

② 扭力天平（分度值 0.01g）；

③ 恒温烘干箱；

④ 干燥器。

2. 测定步骤

称取样品 30～40g（精确到 0.01g）二份放入铝盒中，于 105℃ 条件下烘烤 4h 直至恒重，取出后放入干燥器内冷却，一般冷却 20min，再称其残重和铝盒重，损失量即为水分含量。

3. 计算公式

$$含水量 = \frac{m_0 - m_1}{m_0} \times 100\% \tag{11-3}$$

式中　m_0——烘干前样品重，g；

　　　m_1——烘干后样品重，g。

4. pH 值测定

（1）试剂和溶液　无离子水。

（2）仪器

① 烧杯；

② 酸度计；

③ 扭力天平（分度值 0.01g）。

（3）测定步骤　随机称取样品 8g，将样品置于干净烧杯内，按 1∶2 加入无离子水，浸泡振荡均匀。预热 pH 计，用标准溶液（pH6.86）校正仪器后，测定样品悬液 pH，边测边搅拌，仪器读数稳定后记录。每个样品重复三次。

5. 细度检验

（1）仪器

① 扭力天平（分度值 0.01g）；

② 标准筛　孔径 0.18mm，孔径 0.25mm。

（2）测定步骤　供检样 100g，经过 105℃烘干 1h，过孔径 0.18mm 标准筛，筛下部分占检样重量≥80％，其他部分全部通过孔径 0.25mm 筛，即为合格。

6. 有机质测定

（1）仪器

① 瓷坩埚；

② 烘箱；

③ 高温电炉；

④ 干燥器；

⑤ 扭力天平（分度值 0.01g）。

（2）测定步骤　采用灼烧减重法测定。称取样品 10g，置已称重的瓷坩埚中于 60℃烘箱中烘 4～6h，冷却称重（m_0）。然后在 550～600℃高温电炉中灼烧 2h，用坩埚钳取至干燥器中，放冷至室温，称重（m_1）。

（3）计算公式

$$有机质含量 = [(m_0 - m_1)/m] \times 100\% \tag{11-4}$$

式中　m_0——坩埚加烘干样品重，g；

　　　m_1——坩埚加灼烧后样品重，g；

　　　m——风干后样品重，g。

7. 有毒物质（重金属）的测定

（1）汞　按 GB 7468 操作。

（2）镉　按 GB 7471 操作。

（3）铬　按 GB 7466 操作。

（4）砷　按 GB 7485 操作。

（5）铅　按 GB 7470 操作。

8. 蛔虫卵的测定

按 GB 8172 操作。

9. 大肠菌值的测定

按 GB 4789 操作。

（九）检验规则

① 生产微生物肥料所使用的菌种，须在本标准菌种规定范围之内。若使用规定之外的菌种，必须经过国家级科研单位的鉴定，包括菌种属及种的学名、形态、生理生化特性、效力、安全性等完整资料。以杜绝一切植物检疫对象，传染病病源作为菌种

生产的产品。

② 本标准规定中的成品无害化指标和有效活菌数、杂菌数及有效期，是微生物肥料质量安全、有效的重要依据，一切微生物肥料的产品必须达到的指标。成品无害化检验可委托省市以上环境监测机构进行，并提供检验证明。有效活菌数、杂菌数，由农业部指定检测机构检验。本标准所规定的外观、水分、细度、有机质和 pH 值等指标，作为微生物肥料质量检验参考指标。

③ 复合微生物肥料，是指两种以上微生物菌种的复合。不论使用何种微生物菌种、几种菌种生产，其菌种必须符合本标准①规定。而且有效活菌数：液体型不得低于 10 亿/mL，固体型不得低于 2 亿/g，颗粒型不得低于 1 亿/g。复合微生物肥料的成分中，除主体微生物外，含有其他基质成分的，其基质成分应有利于微生物肥料中的菌体生存，绝不能降低或抑制菌体的存活。因加基质成分过多、不当，微生物肥料有效活菌数过低或有效活菌数测不出来的而不达标者，则该产品不是微生物肥料。

④ 微生物肥料应由生产厂的技术检验部门进行检验，生产厂应保证所有出厂的微生物肥料都达到本标准要求，每批出厂的微生物肥料都应附有一定格式的质量合格证明。

⑤ 微生物肥料按批检验，以每一发酵罐生产的产品为一批。

⑥ 取样方法，随机抽样，以箱或袋为抽样单位。每批固体菌剂抽样 5～10 箱。每箱中抽 1 袋，无菌操作取样 100g，混匀用四分法缩分到 500g，供检验用。颗粒菌剂每批抽样 5 袋或 10 袋，无菌操作，每袋取样 0.5kg，仔细混匀后，用四分法缩分到 500g，以供检验用。

液体菌剂每批抽样 5 箱或 10 箱，每箱抽 1 瓶，无菌操作，每瓶吸取 5mL 一同放入无菌的锥形瓶中，摇均匀，瓶上粘贴标签，标明产品名称、取样日期、批号、取样人，以供检验用。

⑦ 如果检验结果不符合标准规定时，应以加倍数量按规定选取试样进行检验，如仍不符合标准规定，该批产品判为不合格。

（十）包装、标志、运输与储存

① 微生物肥料固体菌剂内包装材料用聚乙烯薄膜袋，外用纸箱包装。液体菌剂小包装用玻璃质疫苗瓶或塑料瓶，外包装纸箱。颗粒菌剂用编织袋内衬塑料薄膜袋包装，袋口须密封牢固。

② 包装箱（袋）上应印有产品名称、商标、标准号、生产许可证号、生产厂名、厂址、生产日期、有效期、批号、净重、防晒、防潮、易碎、防倒置等标记。内包装袋上应印有产品名称、商标、标准号、有效细菌含量，研制、生产单位，产品性能及使用说明。

③ 每箱（袋）产品中附有产品合格证和使用说明书。

④ 适用于常用运输工具，运输过程中应有遮盖物，防雨淋、防日晒及 35℃以上高温。气温低于 0℃时需用保温车（8～10℃）运输。轻装轻卸，避免破损。

⑤ 微生物肥料应贮存在常温、阴凉、干燥、通风的库房内，不得露天堆放，以防雨淋和日晒，防止长时间 35℃以上高温。码放高度≤130cm。

附录 A
有效活菌数测定的选择培养基
（补充件）

A1 根瘤菌培养基

K_2HPO_4	0.5g	$MgSO_4 \cdot 7H_2O$	0.2g	1%H_3BO_3	2mL	酵母膏 1.0g	
NaCl	0.1g	$C_6H_{14}O_6$	10g			(或酵母粉 0.8g)	
$CaCO_3$	1.5g	1%$Na_2MoO_4 \cdot 2H_2O$	2mL	0.5%刚果红	5mL	pH	7.0

A2 固氮菌用阿须贝氏（Ashby）培养基

KH_2PO_4	0.2g	$MgSO_4 \cdot 7H_2O$	0.2g	$CaCO_3$	5.0g	$C_6H_{14}O_6$	10g
NaCl	0.2g	pH	7.0	$CaSO_4 \cdot 2H_2O$	0.1g		

A3 联合固氮菌培养基
（1）培养基：

γ-$C_6H_{11}O_7Na$	5g	KH_2PO_4	0.4g	$CaCl_2$	0.02g	$FeCl_3$	0.01g
K_2HPO_4	0.1g	$MgSO_4 \cdot 7H_2O$	0.2g	$Na_2MoO_4 \cdot 2H_2O$	0.002g	pH	7.0
酵母膏	1.0g	NaCl	0.1g				

（2）培养基：

$C_4H_4O_5Na_2$	5g	K_2HPO_4	0.1g	$Na_2MoO_4 \cdot 2H_2O$	0.002g	$FeCl_3$	0.01g
KH_2PO_4	0.4g	$MgSO_4 \cdot 7H_2O$	0.2g	BTB(0.5g/L)	5mL	pH	7.0
NaCl	0.1g	$CaCl_2$	0.02g				

A4 硅酸盐细菌培养基

$C_{12}H_{22}O_{11}$	5.0g	$MgSO_4 \cdot 7H_2O$	0.5g	Na_2HPO_4	2.0g	$FeCl_3$	0.005g
$CaCO_3$	0.1g	pH	7.0	玻璃粉	1.0g		

A5 解磷细菌培养基
（1）有机磷细菌培养基：

$C_6H_{12}O_6 \cdot H_2O$	10g	NaCl	0.3g	$FeSO_4 \cdot 7H_2O$	0.03g	$MnSO_4 \cdot 4H_2O$	0.03g
$MgSO_4 \cdot 7H_2O$	0.3g	卵磷脂	0.2g	$CaCO_3$	5.0g	pH	7.0～7.5
$(NH_4)_2SO_4$	0.5g	KCl	0.3g				

（2）无机磷细菌培养基：

$C_6H_{12}O_6 \cdot H_2O$	10g	NaCl	0.3g	KCl	0.3g	$FeSO_4 \cdot 7H_2O$	0.03g
$MgSO_4 \cdot 7H_2O$	0.3g	$MnSO_4 \cdot 4H_2O$	0.03g	$Ca_3(PO_4)_2$	5.0g		
pH	7.0～7.5	$(NH_4)_2SO_4$	0.5g				

A6 马丁培养基（测霉菌数）

KH_2PO_4	1.0g	$C_6H_{12}O_6 \cdot H_2O$	10.0g
$MgSO_4 \cdot 7H_2O$	0.5g	蛋白胨	5.0g
1%孟加拉红水溶液	3.3mL		

A7 放线菌培养基（改良高氏 1 号）

KNO_3	1.0g	KH_2PO_4	0.5g	$FeSO_4 \cdot 7H_2O$	0.01g	可溶性淀粉（先加少量冷水调成糊状加入）	20.0g
$MgSO_4 \cdot 7H_2O$	0.5g	pH	7.2～7.4	NaCl	0.5g		

临用时在已融化的高氏 1 号培养基中加入重铬酸钾溶液，以抑制细菌和霉菌生长，每 300mL 培养基中加 3‰重铬酸钾 1mL（100mg/kg）。

注：以上各培养基均需加入蒸馏水 1000mL，琼脂 18～20g。

A8 刚果红染液（0.5%）

刚果红（Congored）	0.5g
蒸馏水	100mL

二、中华人民共和国农业行业标准——生物有机肥（NY 884—2004）

（一）范围

本标准规定了生物有机肥的要求、检验方法、检验规则、标识、包装、运输和贮藏。

本标准适用于生物有机肥。

（二）规范性引用文件

下列文件中的条款通过本标准的引用而成为本标准的条款。凡是注日期的引用文件，其随后所有的修改单（不包括勘误的内容）或修订版均不适用于本标准，然而，鼓励根据本标准达成协议的各方研究是否可使用这些文件的最新版本。凡是不注日期的引用文件，其最新版本适用于本标准。

GB 8170—1987　数值修约规则

GB 18877—2002　有机-无机复混肥料

GB/T 1250—1989　极限数值的表述方法和判定方法

GB/T 19524.1—2004　肥料中粪大肠菌群的测定

GB/T 19524.2—2004　肥料中蛔虫卵死亡率的测定

NY 525—2002　有机肥料

NY/T 798—2004　复合微生物肥料

（三）术语和定义

下列术语和定义适用于本标准。

生物有机肥　指特定功能微生物与主要以动植物残体（如畜禽粪便、农作物秸秆等）为来源并经无害化处理、腐熟的有机物料复合而成的一类兼具微生物肥料和有机肥效应的肥料。

（四）要求

1. 菌种

使用的微生物菌种应安全、有效，有明确来源和种名。

2. 外观（感官）

粉剂产品应松散、无恶臭味；颗粒产品应无明显机械杂质、大小均匀、无腐败味。

3. 技术指标

生物有机肥产品的各项技术指标应符合表 11-4 的要求。

表 11-4　生物有机肥产品技术要求

项　目	粉剂	颗粒	项　目	粉剂	颗粒
有效活菌数(cfu)/(亿个/g)	≥0.20	0.20	粪大肠菌群数/[个/g(mL)]	≤100	100
有机质(以干基计)/%	≥25.0	25.0	蛔虫卵死亡率/%	≥95	95
水分/%	≤30.0	15.0	有效期/月	≥6	6
pH 值	5.5～8.5	5.5～8.5			

4. 生物有机肥产品中 As、Cd、Pb、Cr、Hg 含量指标应符合 NY/T 798—2004 中
4.2.3 的规定。

5. 若产品中加入无机养分，应明示产品中总养分含量，以（N+P_2O_5+K_2O）总量表示。

（五）抽样方法

对每批产品进行抽样检验，抽样过程应避免杂菌污染。

1. 抽样工具

抽样前预先备好无菌塑料袋（瓶）、金属勺、剪刀、抽样器、封样袋、封条等工具。

2. 抽样方法和数量

在产品库中抽样，采用随机法抽取。抽样以袋为单位，随机抽取 5～10 袋。在无菌条件
下，从每袋中取样 200～300g，然后将所有样品混匀，按四分法分装 3 份，每份不少
于 500g。

（六）试验方法

1. 外观

用目测法测定：取少量样品放在白色搪瓷盘（或白色塑料调色板）中，仔细观察样品的
形状、质地，应符合（四）2. 的要求。

2. 有效活菌数测定

应符合 NY/T 798—2004 中 5.3.2 的规定。

3. 有机质的测定

应符合 NY 525—2002 中 5.2 的规定。

4. 水分测定

应符合 NY/T 798—2004 中 5.3.5 的规定。

5. pH 值测定

应符合 NY/T 798—2004 中 5.3.7 的规定。

6. 粪大肠菌群数的测定

应符合 GB/T 19524.1—2004 的规定。

7. 蛔虫卵死亡率的测定

应符合 GB/T 19524.2—2004 的规定。

8. As、Cd、Pb、Cr、Hg 的测定

应符合 GB 18877—2002 中 5.12～5.17 的规定。

9. N+P_2O_5+K_2O 含量测定

应符合 NY 525—2002 中 5.3～5.5 的规定。

（七）检验规则

1. 检验分类

（1）出厂检验（交收检验）

产品出厂时，应由生产厂的质量检验部门按表 11-4 进行检验，检验合格并签发质量合
格证的产品方可出厂。出厂检验时不检有效期。

（2）型式检验（例行检验）

一般情况下，一个季度进行一次。有下列情况之一者，应进行型式检验。

① 新产品鉴定；

② 产品的工艺、材料等有较大更改与变化；

③ 出厂检验结果与上次型式检验有较大差异时；

④ 国家质量监督机构进行抽查。

2. 判定规则

本标准中产品技术指标的数字修约应符合 GB 8170 的规定；产品质量合格判定应符合 GB/T 1250 中修约值比较法的规定。

（1）具下列任何一条款者，均为合格产品

① 产品全部技术指标都符合标准要求；

② 在产品的外观、pH 值、水分检测项目中，有 1 项不符合标准要求，而产品其他各项指标符合标准要求。

（2）具下列任何一条款者，均为不合格产品

① 产品中有效活菌数不符合标准要求；

② 有机质含量不符合标准要求；

③ 粪大肠菌群数不符合标准要求；

④ 蛔虫卵死亡率不符合标准要求；

⑤ As、Cd、Pb、Cr、Hg 中任一含量不符合标准要求；

⑥ 产品的外观、pH 值、水分检测项目中，有 2 项以上不符合标准要求。

（八）标识、包装、运输和贮藏

生物有机肥的标识、包装、运输和贮藏应符合 NY/T 798—2004 中第 7 章的规定。

第二节　生物肥料登记资料要求

为了规范肥料标识，国家质量监督检验检疫局于 2001 年 7 月 26 日发布了《肥料标识·内容和要求》（Fertilizer marking—presentation and declaration）国家标准（GB 18382—2001）。自 2002 年 1 月 1 日起，肥料生产企业生产的肥料销售包装上的肥料标识应符合该标准；自 2002 年 7 月 1 日起，市场上停止销售肥料标识不符合该标准的肥料。该标准为强制执行性标准，由全国肥料和土壤调理剂标准化技术委员会归口并负责解释。其主要内容如下。

一、范围

本标准规定了肥料标识的基本原则、一般要求及标识内容等。

本标准适用于中华人民共和国境内生产、销售的肥料。

二、引用标准

下列标准所包含的条文，通过在本标准中引用而构成为本标准的条文。本标准出版时，所示版本均为有效。所有标准都会被修订，使用本标准的各方应探讨使用下列标准最新版本的可能性。

GB 190—1990　危险货物包装标志

GB 191—2000　包装储运图示标志

GB/T 14436—1993　工业产品保证文件　总则

三、定义

本标准采用下列定义。

1. 标识（marking）

用于识别肥料产品及其质量、数量、特征和使用方法所做的各种表示的统称。标识可以

用文字、符号、图案以及其他说明物等表示。

2. 标签（label）

供识别肥料和了解其主要性能而附以必要资料的纸片、塑料片或者包装袋等容器的印刷部分。

3. 包装肥料（packed fertilizer）

预先包装于容器中，以备交付给客户的肥料。

4. 容器（container）

直接与肥料相接触并可按其单位量运输或贮存的密闭储器（例如袋、瓶、槽、桶）。

注：个别国家肥料超大尺寸包装的产品称为散装。

5. 肥料（fertilizer）

以提供植物养分为其主要功效的物料。

6. 缓效肥料（slow-release fertilizer）

养分所呈的化合物或物理状态，能在一段时间内缓慢释放供植物持续吸收利用的肥料。

7. 包膜肥料（coated fertilizer）

为改善肥料功效和（或）性能，在其颗粒表面涂以其他物质薄层制成的肥料。

8. 复混肥料（compound fertilizer）

氮、磷、钾三种养分中，至少有两种养分标明量的由化学方法和（或）掺混方法制成的肥料。

9. 复合肥料（complex fertilizer）

氮、磷、钾三种养分，至少有两种养分标明量的仅由化学方法制成的肥料，是复混肥料的一种。

10. 有机-无机复混肥料（organic-inorganic compound fertilizer）

含有一定量有机质的复混肥料。

11. 单一肥料（straight fertilizer）

氮、磷、钾三种养分中，仅具有一种养分标明量的氮肥、磷肥或钾肥的通称。

12. 大量元素（主要养分）（primary nutrient；macronutrient）

对元素氮、磷、钾的通称。

13. 中量元素（次要养分）（secondary element；nutrient）

对元素钙、镁、硫等的通称。

14. 微量元素（微量养分）（trace element；micronutrient）

植物生长所必需的，但相对来说是少量的元素，例如硼、锰、铁、锌、铜、钼或钴等。

15. 肥料品位（fertilizer grade）

以百分数表示的肥料养分含量。

16. 配合式（formula）

按 N-P_2O_5-K_2O（总氮-有效五氧化二磷-氧化钾）顺序，用阿拉伯数字分别表示其在复混肥料中所占百分比含量的一种方式。

注："0"表示肥料中不含该元素。

17. 标明量（declarable content）

在肥料或土壤调理剂标签或质量证明书上标明的元素（或氧化物）含量。

18. 总养分（total primary nutrient）

总氮、有效五氧化二磷和氧化钾含量之和，以质量百分数计。

四、原理

规定标识的主要内容及定出肥料包装容器上的标识尺寸、位置、文字、图形等大小，以使用户鉴别肥料并确定其特性。这些规定因所用的容器不同而异：

——装大于 25kg（或 25L）肥料的，或
——装 5～25kg（或 5～25L）肥料的，或
——装小于 5kg（或 5L）肥料的。

五、基本原则

① 标识所标注的所有内容，必须符合国家法律和法规的规定，并符合相应产品标准的规定。

② 标识所标注的所有内容，必须准确、科学、通俗易懂。

③ 标识所标注的所有内容，不得以错误的、引起误解的欺骗性的方式描述或介绍肥料。

④ 标识所标注的所有内容，不得以直接或间接暗示性的语言、图形、符号导致用户将肥料或肥料的某一性质与另一肥料产品混淆。

六、一般要求

标识所标注的所有内容，应清楚并持久地印刷在统一的并形成反差的基底上。

1. 文字

标识中的文字应使用规范汉字，可以同时使用少数民族文字、汉语拼音及外文（养分名称可以用化学元素符号或分子式表示），汉语拼音和外文字体应小于相应汉字和少数民族文字。

应使用法定计量单位。

2. 图示

应符合 GB 190 和 GB 191 的规定。

3. 颜色

使用的颜色应醒目、突出、易使用户特别注意并能迅速识别。

4. 耐久性和可用性

直接印在包装上，应保证在产品的可预计寿命期内的耐久性，并保持清晰可见。

5. 标识的形式

分为外包装标识、合格证、质量证明书、说明书及标签等。

七、标识内容

（一）肥料名称及商标

① 应标明国家标准、行业标准已经规定的肥料名称。对商品名称或者特殊用途的肥料名称，可在产品名称下以小 1 号字体（见十、标识印刷）予以标注。

② 国家标准、行业标准对产品名称没有规定的，应使用不会引起用户、消费者误解和混淆的常用名称。

③ 产品名称不允许添加带有不实、夸大性质的词语，如"高效×××"、"××肥王"、"全元素××肥料"等。

④ 企业可以标注经注册登记的商标。

（二）肥料规格、等级和净含量

① 肥料产品标准中已规定规格、等级、类别的，应标明相应的规格、等级、类别。若仅标明养分含量，则视为产品质量全项技术指标符合养分含量所对应的产品等级要求。

② 肥料产品单件包装上应标明净含量。净含量标注应符合《定量包装商品计量监督规定》的要求。

（三）养分含量

应以单一数值标明养分的含量。

1. 单一肥料

① 应标明单一养分的百分含量。

② 若加入中量元素、微量元素，可标明中量元素、微量元素（以元素单质计，下同），应按中量元素、微量元素两种类型分别标明各单养分含量及各自相应的总含量，不得将中量元素、微量元素含量与主要养分相加。微量元素含量低于 0.02％或（和）中量元素含量低于 2％的不得标明。

2. 复混肥料（复合肥料）

① 应标明 N、P_2O_5、K_2O 总养分的百分含量，总养分标明值应不低于配合式中单养分标明值之和，不得将其他元素或化合物计入总养分。

② 应以配合式分别标明总氮、有效五氧化二磷、氧化钾的百分含量，如氮磷钾复混肥料 15-15-15。二元肥料应在不含单养分的位置标以"0"，如氮钾复混肥料 15-0-10。

③ 若加入中量元素、微量元素，不在包装容器和质量证明书上标明（有国家标准或行业标准规定的除外）。

3. 中量元素肥料

① 应分别单独标明各中量元素养分含量及中量元素养分含量之和。含量小于 2％的单一中量元素不得标明。

② 若加入微量元素，可标明微量元素，应分别标明各微量元素的含量及总含量，不得将微量元素含量与中量元素相加。其他要求同 1. 单一肥料。

4. 微量元素肥料

应分别标出各种微量元素的单一含量及微量元素养分含量之和。

5. 其他肥料

参照 1. 和 2. 执行。

（四）其他添加含量

① 若加入其他添加物，可标明其他添加物，应分别标明各添加物的含量及总含量，不得将添加物含量与主要养分相加。

② 产品标准中规定需要限制并标明的物质或元素等应单独标明。

（五）生产许可证编号

对国家实施生产许可证管理的产品，应标明生产许可证的编号。

（六）生产者或经销者的名称、地址

应标明经依法登记注册并能承担产品质量责任的生产者或经销者地址。

（七）生产日期或批号

应在产品合格证、质量证明书或产品外包装上标明肥料产品的生产日期或批号。

（八）肥料标准

① 应标明肥料产品所执行的标准编号。

② 有国家或行业标准的肥料产品，如标明标准中未有规定的其他元素或添加物，应制定企业标准，该企业标准应包括所添加元素或添加物的分析方法，并应同时标明国家标准（或行业标准）和企业标准。

（九）警示说明

运输、储存、使用过程中不当，易造成财产损坏或危害人体健康和安全的，应有警示说明。

（十）其他

① 法律、法规和规章另有要求的，应符合其规定。

② 生产企业认为必要的，符合国家法律、法规要求的其他标识。

八、标签

1. 粘贴标签及其他相应标签

如果容器的尺寸及形状允许，标签的标识区最小应为 120mm×70mm，最小文字高度至少为 3mm，其余应符合本标准十、标识印刷的规定。

2. 系挂标签

系挂标签的标识区最小应为 120mm×70mm，最小文字高度至少为 3mm，其余应符合本标准十、标识印刷的规定。

九、质量证明书或合格证

应符合 GB/T 14436 的规定。

十、标识印刷

（一）装大于 25kg（或 25L）肥料的容器

1. 标识区位置及区面积

一块矩形区间，其总面积至少为所选用面的 40%，该选用面应为容器的主要面之一，标识内容应打印在该面积内。区间的各边应与容器的各边相平行。

区内所有标识，均应水平方向按汉字顺序印刷，不得垂直或斜向印刷标识内容。

2. 主要项目标识尺寸

根据打印标识区的面积（1.），应采用三种标识尺寸，以使标识标注内容能清楚地布置排列，这三种尺寸应为 $X/Y/Z$ 比例，它仅能在如表 11-5 所示范围内变化，最小字体的高度至少应为 10mm。

表 11-5　三种标识尺寸比例

最小字体尺寸 /mm	尺寸比例 小(X)/中(Y)/大(Z)	
	最小比例	最大比例
≤20	1/2/4	1/3/9
>20	1/1.5/3	1/2.5/7

3. 标识区内主要项目和文字尺寸

标识标注内容应用印刷文字，标识项目的尺寸应符合表 11-6 要求。

（二）装 5～25kg（或 5～25L）肥料的容器

最小文字高度至少为 5mm，其余应符合本标准十、（一）条的规定。

表 11-6 标识区内主要项目和文字尺寸

序号	标识标注主要内容	文字			序号	标识标注主要内容	文字		
		小(X)	中(Y)	大(Z)			小(X)	中(Y)	大(Z)
1	肥料名称及商标		*		4	产品标准编号	*	*	
2	规格、等级及类型		*	*	5	生产许可证号(适用于实施生产许可证管理的肥料)	*	*	
3	组成								
	作为主要标识内容的养分或总养分		*	*	6	净含量		*	*
	配合式(单养分标明值)	*	*		7	生产或经销单位名称		*	
	产品标准规定应单独标明的项目,如氯含量、枸溶性磷等	*	*		8	生产或经销单位地址	*	*	
	作为附加标识内容的元素、养分或其他添加物	*			9	其他	*	*	

注:进口肥料可不标注表中第 4、5 项,但应标明原产国或地区(指香港、澳门、台湾)。

(三)装 5kg(或 5L)以下肥料容器

如容器尺寸及形状允许,标识区最小尺寸应为 12mm×70mm,最小文字高度至少为 3mm,其余应符合本标准十、(一)条的规定。

该标准非等效采用 ISO 7409:1984。与 ISO 7409:1984 相比,本标准增加了相关的术语定义,同时根据国家的有关法律、法规和规章,增加了相应的标识内容和要求。ISO(国际标准化组织)是一个世界性的国家标准团体(ISO 成员团体)的联合机构。国际标准的制定工作通常通过 ISO 各技术委员会进行。每个成员团体均有机会加入,与 ISO 有联系的各政府的或非政府的国际组织也可参加。经技术委员会采纳的国际标准草案,在由 ISO 理事会批准为国际标准之前,要先发给各成员团体通过。ISO 7409 国际标准是由 ISO/TC 134 肥料和土壤调理剂技术委员会制定的,并于 1981 年发给各成员单位。此标准已由下列国家的成员单位通过:奥地利、意大利、罗马尼亚、捷克斯洛伐克、肯尼亚、南非、埃及、朝鲜、斯里兰卡、西德、墨西哥、英国、匈牙利、荷兰、美国、伊拉克、挪威、苏联、以色列、波兰、葡萄牙。

国家标准 GB 18382—2001 从 2002 年 1 月 1 日起实施。

[本章小结]

生物肥料标准规定了生物肥料产品的分类、技术要求、试验方法、检验规则、包装、标志、运输与储存。本标准适用于有益微生物制成的,能改善作物营养条件(又有刺激作用)的活体微生物肥料制品。引用标准包括:GB 8172 蛔虫卵测定方法、GB 4789 大肠菌值测定方法、GB 7468 总汞测定方法、GB 7471 总镉测定方法、GB 7466 总铬测定方法、GB 7485 总砷测定方法、GB 7470 总铅测定方法。

生物肥料检验规则:①生产微生物肥料所使用的菌种,须在本标准菌种规定范围之内。若使用规定之外的菌种,必须经过国家级科研单位的鉴定,包括菌种属及种的学名,形态,生理生化特性,效力,安全性等完整资料。以杜绝一切植物检疫对象,传染病病源作为菌种生产的产品。②本标准规定中的成品无害化指标和有效活菌数、杂菌数及有效期,是生物肥料质量安全、有效的重要依据,一切生物肥料的产品必须达到的指标。成品无害化检验可委托省市以上环境监测机构进行,并提供检验证明。有效活菌数、杂菌数,由农业部指定检测机构检验。本标准所规定的外观、水分、细度、有机质和 pH 值等指标,作为生物肥料质量检验参考指标。③复合微生物肥料，是指两种以上微生物菌种的复合。不论使用何种微生物菌种、几种菌种生产，其菌种必须符合本标准（6.1）规定，而且有效活菌数：液体型不得低于10亿个/mL 固体型不得低于2亿个/g，颗粒型不得低于1亿个/g。复合微生物肥料的成分中，除主体微生物外，含有其他基质成分的，其基质成分应有利于微生物肥料中的菌体生存，绝不能降低或抑制菌体的存活。因加基质成分过多、不当，生物肥料有效活菌数过低或有效活菌数测不出来的而不达标者，则该产品不是生物肥料。④生物肥料应由生产厂的技术检验部门进行检验，生产厂应保证所有出厂的生物肥料都达到本标准要求，每批出厂的生物肥料都应附有一定格式的质量合格证明。⑤生物肥料按批检验，以每一发酵罐生产的产品为一批。⑥取样方法，随机抽样，以箱或袋为抽样单位。每批固体菌剂抽样5～10箱。每箱中抽1袋，无菌操作取样100g，混匀用四分法缩分到500g，供检验用。颗粒菌剂每批抽样5袋或10袋，无菌操作，每袋取样0.5kg，仔细混匀后，用四分法缩分到500g，以供检验用。液体菌剂每批抽样5箱或10箱，每箱抽1瓶，无菌操作，每瓶吸取5mL一同放入无菌的三角瓶中，摇均匀，瓶上粘贴标签，标明产品名称、取样日期、批号、取样人，以供检验用。⑦如果检验结果不符合标准规定时，应以加倍数量按规定选取试样进行检验，如仍不符合标准规定，该批产品判为不合格。

生物肥料包装、标志、运输与贮存：①生物肥料固体菌剂内包装材料用聚乙烯薄膜袋，外用纸箱包装。液体菌剂小包装用玻璃质疫苗瓶或塑料瓶，外包装纸箱。颗粒菌剂用编织袋内衬塑料薄膜袋包装，袋口须密封牢固。②包装箱（袋）上应印有产品名称、商标、标准号、生产许可证号、生产厂名、厂址、生产日期、有效期、批号、净重、防晒、防潮、易碎、防倒置等标记。内包装袋上应印有产品名称、商标、标准号、有效细菌含量，研制、生产单位，产品性能及使用说明。③每箱（袋）产品中附有产品合格证和使用说明书。④适用于常用运输工具，运输过程中应有遮盖物，防雨淋、防日晒及35℃以上高温。气温低于0℃时需用保温车（8～10℃）运输。轻装轻卸，避免破损。⑤微生物肥料应贮存在常温、阴凉、干燥、通风的库房内，不得露天堆放，以防雨淋和日晒，防止长时间35℃以上高温。码放高度≤130cm。

生物肥料标识的一般要求包括：文字、图示、颜色、耐久性和可用性、标识的形式。生物肥料标识的内容包括：肥料名称及商标；肥料规格、等级和净含量；养分含量；其他添加剂含量；生产许可证编号；生产者或名称、经销者的名称、地址应标明经依法登记注册并能承担产品质量责任的生产者或经销者地址；生产日期或批号；肥料标准；警示说明；其他。

生物肥料的标签包括：粘贴标签及其他相应标签；系挂标签。标识印刷对装大于25kg（或25L）肥料的容器和装5～25kg（或5～25L）肥料的容器的标识区位置及区面积和主要项目标识尺寸都有相应的规定。

[复习思考题]

1. 合格的微生物肥料、生物有机肥有哪些技术指标？
2. 生物肥料检测的主要项目有哪些？
3. 生物肥料的检验类型有哪些？
4. 生物肥料登记时对各项资料有哪些具体要求？

实训一　微生物肥料、生物有机肥、海藻肥市场调查

一、目的要求

使学生掌握国际和国内微生物肥料、生物有机肥、海藻肥市场的现状，了解当地生物肥料的发展。学会开发研究具有推广价值的肥料品种，启发他们的创业意识，提高学生为农业可持续发展的素质。

二、原理

开发微生物肥料、生物有机肥、海藻肥市场需要大量信息，调查研究是进行实践的科学指导。

三、材料与用具

调查本和笔，移动便携式笔记本，投影仪，演讲桌椅，演示板，长尺，粉笔。多媒体教学网络。有关专业书刊杂志检索情报。

四、内容和方法

（1）告知　由教师告知本节实训的目的，介绍微生物肥料、生物有机肥、海藻肥的知识，学生对微生物肥料、生物有机肥、海藻肥有一定的了解。教师交代任务给学生。

（2）实训前准备　分组进行，学生可自由组合，方式灵活。可通过网络或社会调查等多种方式，获得有关信息。并将有关内容记录下来。整理汇总讨论。

（3）市场调查及决策。

（4）实训展示　设立评价指标，分组汇报，打分。每组选出负责人进行评价效果。

五、实训报告

分组递交实训报告，内容应包括：①综述国内外微生物肥料、生物有机肥、海藻肥市场情况；②现今（某区域）微生物肥料、生物有机肥、海藻肥发展概况和行业发展趋势，生产现状及存在问题；③前景预测等几方面内容。

实训二　微生物肥料外观、菌种类型及特征观察

一、目的要求

掌握微生物肥料外观检查技术，观察微生物肥料常用微生物菌种的基本形态特征。了解

微生物肥料菌种类型，为今后检验和生产打下基础。

二、原理

采用感官检验与显微镜检验是微生物菌肥的检测的基本项目，各种微生物采用合理染色就可以观察到目的微生物的形态。简单染色、复染色、荚膜染色等用于褐球固氮菌、大豆根瘤菌、钾细菌的观察，插片法或玻璃纸法可用于细黄链霉菌（"5406"）的观察。

三、材料与用具

1. 材料

革兰染色剂；荚膜染色剂，过滤的沪光墨汁、冰醋酸结晶紫、20%CuSO$_4$·5H$_2$O、蒸馏水、吸水毛边纸、擦镜纸等；含有褐球固氮菌、大豆根瘤菌、钾细菌、植物促生根际细菌（PGPR），细黄链霉菌的菌种或微生物肥料若干；高氏1号培养基一瓶；0.1%美蓝染色液；石炭酸复红染色液；玻璃纸。

2. 用具

显微镜（油镜）；白瓷盘若干个；接种环；洁净载玻片；培养皿；盖玻片；镊子；玻片搁架；染色缸；烧杯；接种环；洗瓶；干净滴管；油镜瓶；接种环显微镜；涂布器；打孔器。

四、内容和方法

① 微生物肥料外观检查　感官检验，将微生物肥料放在白色瓷盘内，通过气味或颜色等检查。

② 观察褐球固氮菌、大豆根瘤菌、钾细菌、植物根圈促生细菌（PGPR）、细黄链霉菌（"5406"）的形态。

1. 褐球固氮菌、大豆根瘤菌、植物根圈促生细菌（PGPR）

可用简单染色法或复染色法后油镜观察。

2. 钾细菌通过荚膜染色法观察

涂片：用接种环挑两环蒸馏水于干净的载玻片上，再以无菌操作方式挑取钾细菌，在玻片上和水混匀，自然干燥。染色：往玻片上滴加冰醋酸结晶紫染色液，染色5～7min。洗脱：染好以后，用20%CuSO$_4$·5H$_2$O洗去剩留的结晶紫。镜检：洗好后，用毛边纸吸干未染色一面的水分（注意：不能吸去已染色一面的水分）。吸干后立即放在低倍镜下观察。深紫色者为菌体，未染上颜色的一圈为荚膜。

3. 细黄链霉菌（"5406"）的形态观察

（1）插片法制平板接种　用冷却至50℃的高氏一号琼脂培养基侧平板每皿20mL，可用两种方法接菌。

① 先接种后插片：冷凝后用接种环挑取少量斜面上的"5406"孢子，用平板培养基的一半面和来回划线接种（接种可适当加大）。

② 先插片后接种：用平板培养基的另一半面积进行。插片及培养：用无菌镊子取无菌盖玻片，在已接种平板上以45℃角斜插入培养基内，插入深度约占盖玻片1/2长度，同时，在另一半未经接种的部位以同样方式插入数块盖玻片，然后接种少量"5406"菌孢子至盖玻片一侧的基部，且仅接种于其中央位置约占盖玻片长度的另一侧。将插片平板倒置于28℃，培养3～7d。

③ 观察自然生长状态的放线菌：用镊子小心取出用插片法培养的"5406"菌丝体擦净。然后将长有菌的一面向上放在洁净的载玻片上。用低倍镜和高倍镜观察。找出菌丝及其分生孢子。并绘图注意放线菌的基内菌丝气生菌丝的粗细和色泽差异。

④ 水封片观察：取一滴美蓝染色液置于载玻片中央，将用搭片法培养。

（2）玻璃纸法的镜检观察

① 直接玻璃法观察：用"5406"的玻璃纸制片观察，制片时于载玻片上放一滴蒸馏水，将含有玻璃纸片小心剪下一小块，移至载玻片上，并使有菌面向上。在玻璃纸与载玻片间不能气泡，以免影响观察。将制片在显微镜下观察，先用低倍镜观察菌的整体生长状况。再用高倍镜仔细观察。注意区分"5406"菌的基内菌丝，气生菌丝和弯曲状或螺旋状的孢子丝。绘图。

② 印片染色法观察：用镊子取洁净载玻片并微微加热。然后用这微热载玻片盖在长"5406"平皿上，轻轻压一下，注意将载玻片微微加热固定，用石炭酸复红染色 1min，水洗，晾干。用油镜观察。绘图。

五、实训报告

根据实训结果，描述微生物肥料常用微生物菌种的基本形态特征。

六、思考题

为什么各种菌肥在观察其特征时须采用不同的方法？

实训三　微生物肥料有效活菌数和杂菌含量测定

一、目的要求

学习平板计数法规范操作技术。掌握微生物肥料有效活菌数和杂菌含量测定。

二、原理

平板计数法是检测微生物菌肥有效活菌数和杂菌含量的有效方法。

三、材料与用具

试剂和溶液　无菌水、蒸馏水；选择培养基；刚果红染液（0.5%）。

仪器　显微镜 1000×；摇床：旋转式 200r/min；恒温培养箱；恒温烘干箱；灭菌锅；扭力天平（分度值 0.01g）；玻璃仪器（灭菌的 9cm 平皿，10mL、5mL、1mL 吸管，锥形瓶，玻璃刮刀）。

四、内容和方法

1. 测定步骤

① 采样应不少于 500g，从中称取 10～20g（精确 0.01g），加入带玻璃珠的 100～200mL 的无菌水中（液体菌剂取 10～20mL，加入 90～180mL 的无菌水中），静置 20min 后在旋转式摇床上 200r/min 充分振荡 30min，即成母液的菌悬液。

② 用无菌吸管吸取 5mL 上述母液的菌悬液加入 45mL 无菌水中，混匀成 1∶10 稀释的菌悬液，这样依次稀释，分别得到 1∶1×10^2，1∶1×10^3 和 1∶1×10^4，1∶1×10^5 等浓度（每个稀释度必须更换无菌吸管）。

③ 用 1mL 无菌吸管分别吸取不同稀释度菌悬液 0.1mL，加至直径为 9cm 平皿的琼脂培养基表面，用无菌玻璃刮刀将菌悬液均匀地涂于琼脂表面。或取 1mL 不同稀释度菌悬液加

入培养皿内，与琼脂培养基混匀。每个样品取 3 个连续适宜稀释度，每一稀释度重复 3 次，同时加无菌水的空白对照，培养 2～5d，每个稀释度取 5～10 个菌落的菌体，涂片染色，显微镜观察识别后计数菌落。

2. 计算

统计算出同一稀释度三个平皿上菌落的平均数。

根据式（12-1）和式（12-2）计算：

$$菌剂含菌数＝菌落平均数×稀释倍数×（母液菌悬液的体积/菌剂数） \quad (12-1)$$

$$杂菌率＝\frac{杂菌数}{有效菌数＋杂菌数}×100\% \quad (12-2)$$

根据菌落特征判定，分别计算出制品中的特定微生物及杂菌数率。固体（包括颗粒）菌剂含菌数以亿个/g 表示，液体菌剂含菌数以亿个/mL 表示。

3. 菌落计数

① 以平板上出现 30～300 个菌落数的稀释度平板为计数标准。

② 当只有一个稀释度，其平均菌落数在 30～300 之间时，则以该平均菌落数乘以其稀释倍数（见表 12-1 例 1）。

③ 若有两个稀释度，其平均菌落数均在 30～300 之间，应按两者菌落总数之比值来决定。若其比例小于 2 应计数两者的平均数，若大于 2 则计数其中稀释较小的菌落总数（见表 12-1 例 2 及例 3）。

④ 若三个稀释度的平均菌落数均大于 300，则应按稀释度最高的平均菌落数乘以稀释倍数（见表 12-1 例 4）。

⑤ 若三个稀释度的平均菌落数均小于 30，则应按稀释度最低的平均菌落数乘以稀释倍数（见表 12-1 例 5）。

⑥ 若三个稀释度的平均菌落数均不在 30～300 之间，则以最接近 300 或 30 的平均菌落数乘以稀释倍数（见表 12-1）。

表 12-1　计算菌落总数方法的示例

例　　次	不同稀释度的平均菌落数			两个稀释度菌落数之比	菌落总数/[(个/mL)或(个/g)]
	10^{-5}	10^{-6}	10^{-7}		
1	1431	159	22	—	$1.6×10^8$
2	2760	235	31	1.3	$2.7×10^8$
3	2676	136	34	2.5	$1.4×10^8$
4	无法计数	1142	312	—	$3.1×10^9$
5	28	12	5	—	$2.8×10^6$
6	无法计数	303	18	—	$3.0×10^8$

五、实训报告

根据实训结果，记录所检测的微生物菌肥有效活菌数和杂菌含量。

六、思考题

进行微生物有效活菌数和杂菌的含量测定时应注意哪些问题？怎样提高检测的准确性？

实训四 微生物肥料细度检测

一、目的要求

根据微生物菌肥的标准进行微生物肥料细度指标检测。

二、原理

将微生物肥料样品通过特定的标准筛，通过的样品量占试验样品量的百分比即为样品的细度参数。

三、材料与用具

细度检验仪器 扭力天平（分度值0.01g）；标准筛（孔径规格有0.18mm、1.0mm和4.75mm）；恒温干燥箱。

四、内容和方法

1. 粉剂样品

称取样品50g（精确到0.01g），放入300mL烧杯中，加入200mL水浸泡10~30min后倒入0.18mm孔径的标准筛中，然后用水冲洗，严防样品溅出筛外，冲洗时可用刷子轻轻地刷筛面上的样品，直至筛下流出清水为止（刷子上的样品应洗到筛面上）。将标准筛连同筛上样品放入干燥箱中，在105℃±2℃烘干4~6h，冷却后称量筛上样品质量。

2. 颗粒样品

称取样品50g（精确到0.01g），将两个不同孔径的标准筛（1.0mm和4.75mm）摞在一起放在底盘上（大孔径标准筛放在上面）。样品放入大孔径标准筛内筛样品，然后称小孔径标准筛上的样品质量。

3. 结果计算

粉剂样品细度S，按式（12-3）计算：

$$S = \frac{1 - m_1}{m_0(1 - w)} \times 100\%$$ （12-3）

式中 S——筛下样品质量分数，%；

m_0——样品质量，g；

w——样品含水量，%；

m_1——筛上干样品质量，g。

颗粒细度g，按式（12-4）计算：

$$g = \frac{m_1}{m_0} \times 100\%$$ （12-4）

式中 g——样品质量分数，%；

m_1——小孔径标准筛上样品质量，g；

m_0——样品质量，g。

五、实训报告

根据实训结果，记录所检测的微生物肥料细度指标值，并计算其细度参数。

六、思考题

微生物肥料细度检测的基本原理是什么？

实训五　微生物肥料有机质测定

一、目的要求

微生物肥料有机质测定是微生物肥料的指标之一，通过测定方法的使用，改善微生物肥料的有机质的有效性。

二、原理

灼烧减重法是对微生物有机质测定的简单有效方法。

三、材料与用具

瓷坩埚；烘箱；高温电炉；干燥器；扭力天平（分度值 0.01g）。

四、内容和方法

采用灼烧减重法测定。称取样品 10g，置已称重的瓷坩埚中，于 60℃烘箱中烘 4～6h，冷却称重（m_0）。然后在 550～600℃高温电炉中灼烧 2h，用坩埚钳取至干燥器中，放冷至室温，称重（m_1）。

计算公式

$$有机质质量分数 = \frac{m_0 - m_1}{m} \times 100\%$$ (12-5)

式中　m_0——坩埚加烘干样品重，g；

　　　m_1——坩埚加灼烧后样品重，g；

　　　m——风干后样品重，g。

五、实训报告

根据实训结果，记录所检测的微生物肥料的有机质含量。

六、思考题

在微生物菌肥有机质的测定中应注意哪些问题？

实训六　微生物肥料 pH 值和含水量测定

一、目的要求

根据微生物肥料指标要求微生物肥料应具备适宜的 pH 值和含水量，准确测定是关键。

二、原理

被测溶液中氢离子浓度（pH 值）和含水量的测定（分别采用酸度计法和烘干法），测定的误差取决所用天平和样品的代表性。

三、材料与用具

(1) 微生物肥料 pH 值测定　去离子水。烧杯；酸度计；扭力天平（分度值 0.01g）。

(2) 微生物肥料含水量测定　土壤铝盒；扭力天平（分度值 0.01g）；恒温烘干箱；干燥器。

四、内容和方法

1. 微生物肥料 pH 值的测定步骤

随机称取样品 8g，将样品置于干净烧杯内，按 1∶2 加入无离子水，浸泡振荡均匀。预热酸度计，用标准溶液（pH6.86）校正仪器后，测定样品悬液 pH 值，边测边搅拌，仪器读数稳定后记录。每个样品重复三次。

2. 微生物肥料的含水量测定步骤

称取样品 30～40g（精确到 0.01g）二份放入铝盒中，于 105℃ 条件下烘烤 4h 直至恒重，取出后放入干燥器内冷却，一般冷却 20min，再称其残重和铝盒重，损失量即为水分含量。

计算公式：

$$水分含量 = \frac{m_0 - m_1}{m_0} \times 100\% \tag{12-6}$$

式中　m_0——烘干前样品重，g；

m_1——烘干后样品重，g。

五、实训报告

根据实训结果，记录所检测的微生物肥料的 pH 值和含水量。

实训七　微生物肥料的田间肥效试验

一、实验目的

掌握微生物肥料田间肥效试验的工作程序，学会科学进行微生物肥料的肥效评价。学生可开展自主的微生物肥料田间肥效试验兴趣小组活动，锻炼并提高自身进行科学试验的可持续能力。

二、原理

微生物肥料田间肥效试验是通过不同的肥效试验得出的科学依据。

三、材料与用具

供试植物（旱地作物、水田作物、设施农业种植作物和多年生果树）；微生物肥料（若干克）；常规氮、磷、钾肥（若干克）；基质；微波或一定剂量 ^{60}Co。

四、内容和方法

(1) 告知　实验教师应告知试验的任务，组织学生教学。强调进行微生物肥料田间肥效试验的必要性。

（2）实训准备 学生分组进行自主的试验准备，学生先进行微生物肥料田间试验的方案设计。实验教师提供试验材料及用具。微生物肥料田间试验设计及要求见表12-2。

表 12-2 微生物肥料田间试验设计及要求

项 目	产品种类	
	微生物菌剂类产品①	复合微生物肥料和生物有机肥
处理设计	①供试肥料＋常规施肥 ②基质＋常规施肥 ③常规施肥 ④空白对照	①供试肥料＋减量施肥② ②基质＋减量施肥② ③常规施肥 ④空白对照
试验面积	①旱地作物（小麦、谷子等密植作物除外）小区面积 30m² ②水田作物，小麦、谷子等密植旱地作物小区面积 20m² ③设施农业种植作物小区面积 15m²，并在一个大棚内安排整个区组试验 ④多年生果树每小区不少于 4 株，要求土壤地力差异小的地块和树龄相同、株形和产量相对一致的成年果树	
重复次数	不少于 3 次	
区组配置及小区排列	小区采用长方形，随机排列	
施用方法	按样品标注的使用说明或试验委托方提供的试验方案执行	
试验点数或试验年限	一般作物试验不少于 2 季或不少于 2 种不同地区，果树类不少于 2 年	

① 根瘤菌菌剂产品可设减少氮肥用量的处理。

② 减量施肥是根据产品特性要求，适当减少常规施肥用量。

（一）任务一 试验准备

1. 试验地选择

试验地的选择应具有代表性，地势平坦，土壤肥力均匀，前茬作物一致，浇排水条件良好。试验地应避开道路、堆肥场所、水沟、水塘、溢流、高大建筑物及树木遮阴等特殊地块。

2. 试验地处理

① 整地，设置保护行、试验地区划（小区、重复间尽量保持一致）；

② 小区单灌单排，避免串灌串排；

③ 测定土壤的有机质、全氮、速效磷、速效钾、pH；

④ 微生物种类和含量、土壤物理性状指标等其他项目根据试验要求测定。

3. 供试肥料准备

按试验设计准备所需的试验肥料样品，供试肥料经检验合格后方可使用。

4. 供试基质准备

将供试的微生物肥料样品，经一定剂量^{60}Co 照射或微波灭菌后，随机取样进行无菌检验，确认样品达到灭菌要求后，留存该样品做基质试验。

5. 试验作物品种选择

应选择当地主栽作物品种或推广品种。

（二）任务二 试验实施

按照试验要求执行，并做好田间管理、记录、分析和计产等工作。

1. 田间管理及试验记录

各项处理的管理措施应一致，并进行试验记录。

① 供试作物名称、品种；

② 注明试验地点、试验时间、方法设计、小区面积、小区排列、重复次数（采用图标的形式）；

③ 试验地地形、土壤质地、土壤类型、前茬作物种类；

④ 施肥时间、方法、数量及次数等；

⑤ 试验期间的降水量及灌水量；

⑥ 病虫害防治情况及其他农事活动等；

⑦ 作物的生长状况田间调查，包括出苗率、移苗成活率、长势、生育期及病虫发生情况等。

2. 收获和计产

① 先收保护行；

② 每个小区单收、单打、单计产；

③ 分次收获的作物，应分次收获、计产，最后累加；

④ 室内考核种样本应按试验要求采样，并系好标签，记录小区号、处理名称、取样日期、采样人等。

3. 作物品质、土壤肥力和抗逆性等记录

根据试验要求，记录供试肥料对农产品品质、土壤肥力及抗逆性等效应。

4. 效果评价

产量效果评价、试验结果的统计分析按 NY/T 497—2002《肥料效应鉴定田间试验技术规程》附录 B 执行。

进行供试微生物肥料处理与其他各处理间的产量差异分析。增产差异显著水平的试验点数达到总数的 2/3 以上者，判定该产品有增产效果。

（三）任务三 品质效果评价

1. 产量效果评价

① 试验结果的统计分析按 NY/T 497—2002 附录 B 执行；

② 进行供试微生物肥料处理与其他各处理间的产量差异分析；

③ 增产差异显著水平的试验点数达到总数的 2/3 以上者，判定该产品有增产效果。

2. 品质效果评价

评价指标如下几点。

① 外观指标 包括外形、色泽、口感、香气、单果重/千粒重、大小、耐储运性能等。

② 内在品质指标

a. 粮食作物测定淀粉及蛋白质含量；

b. 叶菜类作物测定硝酸盐含量、维生素含量；

c. 根（茎）类作物测定淀粉、蛋白质、氨基酸、维生素等含量；

d. 瓜果类作物主要以糖分、维生素、氨基酸等测定为主；

e. 具体作物品质指标及测试方法参见 NY/T 497—2002 附录 B。

3. 效果评价

根据农产品的种类选择相应的标准进行评价。

（1）抗逆性效果评价 抗逆性包括抑制病虫害发生（病情指数记录）、抗倒伏、抗旱、抗寒及克服连作障碍等方面。抗逆性指标比对照应提高 20％以上的效果。

（2）土壤改良效果评价 若经过同一地块两季以上的肥料施用，可测定土壤中的微生物种群与数量、有机质、速效养分、pH、土壤容重（团粒结构）等。

（3）安全指标评价 对试验作物或土壤进行农药残留、重金属等有毒有害物质含量的测定，以评价试验样品对其是否具有降解和转化功能。

五、实训报告

根据实训结果，记录并计算所试验的微生物肥料田间肥效。

六、思考题

如何设计微生物肥料田间肥效试验？

实训八 生物有机肥粪大肠菌群数和蛔虫卵死亡率的测定

一、生物有机肥粪大肠菌群数的测定

（一）目的要求

1. 了解肥料中粪大肠菌群测定的意义和基本原理。

2. 学习和掌握肥料中粪大肠菌群测定的方法，以评价生物有机肥的质量。

（二）材料与用具

1. 用具

高压蒸汽灭菌器、显微镜、恒温水浴或隔水式培养箱、恒温旋转式摇床、干燥箱、天平、酸度计或精密 pH 试纸、接种环、试管（15mm×150mm）、小套管（杜兰管）、移液管、锥形瓶、培养皿、载玻片、玻璃珠、酒精灯、试管架。

2. 材料

（1）培养基

① 乳糖胆盐发酵培养基 将 20.0g 蛋白胨、5.0g 猪胆盐及 10.0g 乳糖溶解于1000mL 蒸馏水中，校正 pH 为 7.2~7.4，加入 0.004 ％ 溴甲酚紫水溶液 25.0mL，然后分装试管，每管 9mL，并放入一支倒置的小套管，高压灭菌 115℃、15min。

注：1. 初发酵培养基。

2. 粪大肠菌群细菌发酵乳糖产酸产气使培养液由紫色变成黄色，套管内充有气体。

② 伊红美蓝琼脂培养基 将 10.0g 蛋白胨、10.0g 乳糖、2.0g 磷酸氢二钾(K$_2$HPO$_4$·3H$_2$O) 溶解于1000mL 蒸馏水中，校正 pH 为 7.2~7.4，投入 20.0g 琼脂并加热溶解，分装于锥形瓶中，高压灭菌 115℃、15min 备用。取 2％伊红 Y 水溶液 20.0mL 和 0.65％美蓝水溶液 10.0mL，分别高压灭菌 121℃、20min。临用时加热熔化培养基，冷却至 50~55℃，加入无菌的伊红和美蓝溶液，摇匀，倾注平板。

③ 乳糖发酵培养基 将 20.0g 蛋白胨及 10.0g 乳糖溶于1000mL 蒸馏水中，校正 pH 为 7.2~7.4，加入指示剂 0.004％ 溴甲酚紫水溶液 25.0mL，按检验要求分装 3~5mL，并放入 1 支倒置的小套管，高压灭菌 115℃、15min。

（2）革兰染色液

① 结晶紫染色液 将 2g 结晶紫研细后，加入 95％ 乙醇 20mL 使之溶解，配成甲液。将 0.8g 草酸铵溶于 80mL 蒸馏水中配成乙液，甲液与乙液混合，静置 48h 后使用。

② 卢哥氏（Lugol）碘液 取 300mL 蒸馏水，先将 2.0g 碘化钾（KI）溶解在少量蒸馏水（3~5mL）中，再将 1g 碘（I$_2$）完全溶解在碘化钾溶液中，然后加入余下的蒸馏水。置于棕色瓶中可保存数月。

③ 脱色液　95%的乙醇。

④ 复染液　0.5%的番红水溶液：取2.5g番红花红，溶于100mL无水乙醇中。取番红乙醇溶液20mL，加入80mL蒸馏水，即成0.5%番红水溶液。

（三）方法原理

多管发酵法是以最可能数（Most probable number，MPN）来表示试验结果的。实际上它是根据统计学理论，估计样品中的大肠杆菌密度的一种方法。如果从理论上考虑，并且进行大量的重复检定，可以发现这种估计有大于实际数字的倾向。不过只要每一稀释度试管重复数目增加，这种差异便会减少，对于细菌含量的估计值，大部分取决于那些既显示阳性又显示阴性的稀释度。因此在实验设计上，样品检验所要求重复的数目，要根据所要求数据的准确度而定。

（四）分析步骤

1. 样品稀释

在无菌操作下称取样品10.0g或吸取样品10mL，加入到带玻璃珠的90mL无菌水中，置于摇床上200r/min充分振荡30min，即成1/10稀释液。

用无菌移液管吸取5.0mL上述稀释液加入到45mL无菌水中，混匀成1/100稀释液。这样依次稀释，分别得到1/1000、1/10000等浓度稀释液（每个稀释度须更换无菌移液管）。

2. 乳糖发酵试验

选取3个连续的适宜稀释液，分别吸取不同稀释液1.0mL加入到乳糖胆盐发酵管内，每一稀释度接种3支发酵管，置44.5℃±0.5℃恒温水浴或隔水式培养箱内，培养24h±2h。如果所有乳糖胆盐发酵管都不产酸不产气，则为粪大肠菌群阴性；如果有产酸、产气或只产酸的发酵管，则按步骤3进行分离培养。

3. 分离培养

从产酸、产气或只产酸的发酵管中分别挑取发酵液在伊红美蓝琼脂平板上划线，置36℃±1℃条件下培养18～24h。

4. 证实试验

从分离平板上挑取可疑菌落，进行革兰染色。染色反应阳性者为粪大肠菌群阴性；如果为革兰阴性无芽孢杆菌则挑取同样菌落接种在乳糖发酵管中，置44.5℃±0.5℃条件下培养24h±2h。观察产气情况，不产气为粪大肠菌群阴性；产气为粪大肠菌群阳性。

5. 结果

证实实验为粪大肠菌群阳性的，根据粪大肠菌群阳性发酵管数，查MPN检索表，得出每克（毫升）肥料样品中的粪大肠菌群数。

附：1g检样中最近似值（MPN）表

用三管法，接种量分别为0.1g，0.01g和0.001g

阳性管数	MPN值			阳性管数	MPN值		
	0.1	0.01	0.001		0.1	0.01	0.001
0	0	0	<3	0	1	2	9.2
0	0	1	3	0	1	3	12
0	0	2	6	0	2	0	6.2
0	0	3	9	0	2	1	9.3
0	1	0	3	0	2	2	12
0	1	1	6.1	0	2	3	16

续表

阳性管数			MPN值	阳性管数			MPN值
0.1	0.01	0.001		0.1	0.01	0.001	
0	3	0	9.4	2	1	2	27
0	3	1	13	2	1	3	34
0	3	2	16	2	2	0	21
0	3	3	19	2	2	1	28
1	0	0	3.6	2	2	2	35
1	0	1	7.2	2	2	3	42
1	0	2	11	2	3	0	29
1	0	3	15	2	3	1	36
1	1	0	7.3	2	3	2	44
1	1	1	11	2	3	3	53
1	1	2	15	3	0	0	23
1	1	3	19	3	0	1	39
1	2	0	11	3	0	2	64
1	2	1	15	3	0	3	95
1	2	2	20	3	1	0	43
1	2	3	24	3	1	1	75
1	3	0	16	3	1	2	120
1	3	1	20	3	1	3	160
1	3	2	24	3	2	0	93
1	3	3	29	3	2	1	150
2	0	0	9.1	3	2	2	210
2	0	1	14	3	2	3	290
2	0	2	20	3	3	0	240
2	0	3	26	3	3	1	460
2	1	0	15	3	3	2	1100
2	1	1	20	3	3	3	>1100

注：1. 本表采用3个稀释度[0.1g（mL）、0.01g（mL）和0.001g（mL）]，每个稀释度接种3管。

2. 表内所列检样量如改用1g（mL）、0.1g（mL）和0.01g（mL）时，表内数字应相应降为原数值的1/10；如改用0.01g（mL）、0.001g（mL）和0.0001g（mL）时，则表内数字应相应增加10倍，其余类推。

（五）实训报告

根据查MPN表得出结果，判断出肥料中粪大肠菌群数是否超标。

二、蛔虫卵死亡率的测定

（一）目的要求

1. 了解肥料中蛔虫卵死亡率测定的意义和基本原理。

2. 学习和掌握肥料中蛔虫卵死亡率的方法，以评价生物有机肥的质量。

（二）方法原理

将碱性溶液与肥料样品充分混合，分离蛔虫卵，然后用密度较蛔虫卵密度大的溶液为漂浮液，使蛔虫卵漂浮在溶液的表面，从而收集检验。

（三）材料及用具

1. 用具

往复式振荡器；天平；离心机；金属丝圈（约$\phi1.0cm$）；高尔特曼氏漏斗；微孔火棉胶滤膜（$\phi35mm$、孔径$0.65\sim0.80\mu m$）；抽滤瓶；真空泵；显微镜；恒温培养箱及其他试验室常用仪器、物品等。

2. 材料

① $50.0\ g/L\ NaOH$ 溶液；

② 饱和 $NaNO_3$ 溶液（相对密度 $1.38\sim1.40$）；

③ $500mL/L$ 甘油溶液；

④ $20\sim30mL/L$ 甲醛溶液或甲醛生理盐水。

（四）分析步骤

1. 样品处理

称取 $5.0\sim10.0g$ 样品（颗粒较大的样品应先进行研磨），放于容量为 $50mL$ 离心管中，注入 $NaOH$ 溶液 $25\sim30mL$，另加玻璃珠约 10 粒，用橡皮塞塞紧管口，放置在振荡器上，静置 30min 后，以 $200\sim300r/min$ 频率振荡 $10\sim15min$。振荡完毕，取下离心管上的橡皮塞，用玻璃棒将离心管中的样品充分搅匀，再次用橡皮塞塞紧管口，静置 $15\sim30min$ 后，振荡 $10\sim15min$。

2. 离心沉淀

从振荡器上取下离心管，拔掉橡皮塞，用滴管吸取蒸馏水，将附着于橡皮塞上和管口内壁的样品冲入管中，以 $2000\sim2500r/min$ 速度离心 $3\sim5min$ 后，弃去上清液。然后加适量蒸馏水，并用玻璃棒将沉淀物搅起，按上述方法重复洗涤三次。

3. 离心漂浮

往离心管中加入少量饱和 $NaNO_3$ 溶液，用玻璃棒将沉淀物搅成糊状后，再徐徐添加饱和 $NaNO_3$ 溶液，随加随搅，直加到离管口约 $1cm$ 为止，用饱和 $NaNO_3$ 溶液冲洗玻璃棒，洗液并入离心管中，以 $2000\sim2500r/min$ 速度离心 $3\sim5min$。

用金属丝圈不断将离心管表层液膜移于盛有半杯蒸馏水的烧杯中，约 30 次后，适当增加一些饱和 $NaNO_3$ 溶液于离心管中，再次搅拌、离心及移置液膜，如此反复操作 $3\sim4$ 次，直到液膜涂片观察不到蛔虫卵为止。

4. 抽滤镜检

将烧杯中混合悬液，通过覆以微孔火棉胶滤膜的高尔特曼氏漏斗抽滤。若混合悬液的浑浊度大，可更换滤膜。

抽滤完毕，用弯头镊子将滤膜从漏斗的滤台上小心取下，置于载玻片上，滴加二三滴甘油溶液，于低倍显微镜下对整张滤膜进行观察和蛔虫卵计数。当观察有蛔虫卵时，将含有蛔虫卵的滤膜进行培养。

5. 培养

在培养皿的底部平铺一层厚约 $1cm$ 的脱脂棉，脱脂棉上铺一张直径与培养皿相适的普通滤纸。为防止霉菌和原生动物的繁殖，可加入甲醛溶液或甲醛生理盐水，以浸透滤纸和脱脂棉为宜。

将含蛔虫卵的滤膜平铺在滤纸上，培养皿加盖后置于恒温培养箱中，在 28～30℃条件下培养，培养过程中经常滴加蒸馏水或甲醛溶液，使滤膜保持潮湿状态。

6. 镜检

培养 10～15d，自培养皿中取出滤膜置于载玻片上，滴加甘油溶液，使其透明后，在低倍镜下查找蛔虫卵，然后在高倍镜下根据形态，鉴定卵的死活，并加以计数。镜检时若感觉视野的亮度和膜的透明度不够，可在载玻片上滴一滴蒸馏水，用盖玻片从滤膜上刮下少许含卵滤渣，与水混合均匀，盖上盖玻片进行镜检。

7. 判定

凡含有幼虫的，都认为是活卵，未孵化或单细胞的都判为死卵。

8. 结果计算

$$K = \frac{100\% \times (N_1 - N_2)}{N_1}$$

式中　　K——蛔虫卵死亡率，%；

　　　　N_1——镜检总卵数；

　　　　N_2——培养后镜检活卵数。

（五）实训报告

根据实训结果，判断出肥料中蛔虫卵死亡率是否符合标准要求，重点分析实训中可能出现误差处及避免方法。

实训九　生物有机肥 As、Cd、Pb、Cr、Hg 含量测定

本实训中除另有说明，均使用分析纯试剂，所使用的水应符合 GB 6682 中三级水规格。

盐酸（GB 622）；含量：36%～38%。

硝酸（GB 626）；65.0%～68.0%。

盐酸：1+5 溶液。

样品制备方法介绍如下。

（1）实验室样品制备　按 GB 8571 规定制备实验室样品。

① 四分法缩分　用铲子或油灰刀将肥料在清洁、干燥、光滑的表面上堆成一圆锥形，压平锥顶，沿互成直角的两直径方向将肥料样品分成四等份，移去并弃去对角部分，将留下部分混匀。重复操作直至获得所需的样品量。缩分操作应尽可能快，以免样品失水或吸湿。

将缩分后样品装入密封容器中密封，贴上标签，一部分作物理分析，一部分经研磨后作化学分析。

② 样品研磨　将缩分样品用研磨器或研钵研磨至所有样品都通过 500μm 孔径筛（对干湿肥料可通过 1000μm 孔径筛），研磨操作要迅速，以免在研磨过程中失水或吸湿，并要防止样品过热。对易吸湿样品应在干燥手套箱中进行。为使样品均匀，可将全部研磨后样品放在可折卷的釉光纸片上或光滑油布片上，按不同方向慢慢滚动样品直到充分混匀为止。将样品放入密闭的广口容器中，样品放入后，容器应留有一定空间，密封，贴上标签并标明样品名称、取样日期、制样人姓名。

（2）试样溶液的制备　称取 5g 实验室样品（1），精确到 0.001g，置于 250mL 烧杯中，加入 30mL 盐酸和 10mL 硝酸，盖上表面皿，在电热板上煮沸约 30min 后，移开表面皿继续

加热，使酸全部蒸发至干，以赶尽硝酸。冷却后，加 50mL 盐酸溶液，加热溶解，用水完全洗入 200mL 容量瓶中，冷却后加水至刻度，混匀。干过滤，弃去最初数毫升滤液，保留滤液（此为试样溶液）供砷、镉、铅含量测定用。

一、生物有机肥 As 含量测定（二乙基二硫代氨基甲酸银分光光度法）

（一）目的要求

1. 了解二乙基二硫代氨基甲酸银分光光度法测定砷的基本原理。
2. 掌握测定肥料样品中微量砷的方法。

（二）方法原理

在酸性介质中，+5 价砷通过碘化钾、氯化亚锡及初生态氢还原为砷化氢（AsH_3），用二乙基二硫代氨基甲酸银的吡啶溶液吸收，生成红色可溶性胶态银，在波长 540 nm 处测定其吸光度，吸光度的大小与砷含量成正比。

（三）试剂和材料

① 盐酸。

② 抗坏血酸。

③ 无砷金属锌粒。

④ 碘化钾溶液：150g /L。

⑤ 二乙基二硫代氨基甲酸银[Ag(DDTC)]吡啶溶液：5g/L。溶解 1.25g 二乙基二硫代氨基甲酸银于吡啶中，并用同样吡啶稀释至 250mL 棕色量瓶中，避免光线照射，可在两周内保持稳定。

⑥ 氯化亚锡-盐酸溶液：溶解 40g 氯化亚锡 [$SnCl_2 \cdot 2H_2O$] 在 25mL 水和 75mL 盐酸的混合液中。

⑦ 乙酸铅棉花：溶解 50g 乙酸铅[$Pb(C_2H_3O_2) \cdot 3H_2O$]于 250mL 水中，用此溶液将脱脂棉浸透，取出挤干以除去多余溶液，储存在密闭容器中。

⑧ 0.1mg/mL 砷标准储备液。

⑨ 0.0025mg/mL 砷标准溶液：吸取 2.50mL 0.1mg/mL 砷标准储备液置于 100mL 容量瓶中，用水稀释至刻度，混匀。此溶液 1mL 含砷 2.5μg，使用时制备。

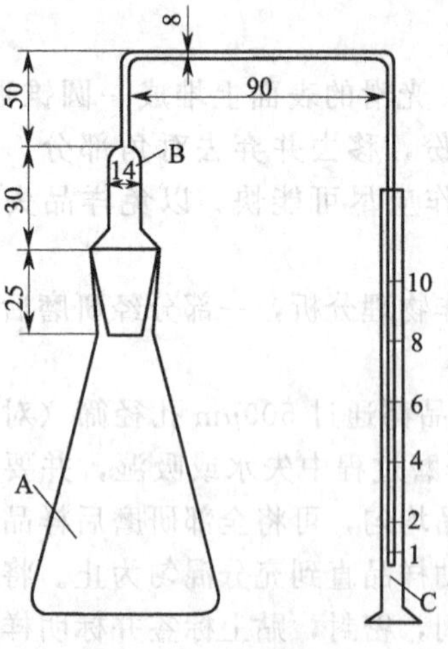

图 12-1　定砷仪
A—100mL 锥形瓶，用于发生砷化氢；
B—连接管，用于捕集砷化氢；
C—10mL 量筒，吸收砷化氢用

（四）装置

测定砷的所有玻璃容器，必须用浓硫酸-重铬酸钾洗液洗涤，再以水清洗干净，干燥备用。

① 通常实验室仪器。

② 定砷仪：按 GB/T 7686 规定的 15 球定砷仪装置，并将其中的 15 球吸收管改为 10mL 量筒，如图 12-1 所示，或其他经实验证明，在规定的检验条件下，能给出相同结果的定砷仪。

③ 分光光度计：带有光程为 1cm 的吸收池。

（五）分析步骤

① 由于吡啶有恶臭，操作应在通风橱中进行。

② 工作曲线的绘制：按表 12-3 所示，吸取砷标准溶液（0.0025mg/mL）分别置于 7 个锥形瓶（图 12-1 中 A）

中。于各锥形瓶中加 10mL 盐酸和一定量水，必须使体积约为 40mL，此时溶液酸度为 c(HCl) = 3mol/L。然后加入 2.0mL 碘化钾溶液和 2.0mL 氯化亚锡溶液，混匀，放置 15min。置少量乙酸铅棉花于玻璃管（图 12-1 中 B）内以吸收硫化氢、二氧化硫等。吸取 5.0mL 二乙基二硫代氨基甲酸银吡啶溶液置于 10mL 量筒内，按图 12-1 连接仪器，磨口玻璃吻合处在反应过程中应保持密封。

称量 5g 锌粒加入锥形瓶中，迅速连接好仪器，使反应进行约 45min。移去量筒，充分摇匀溶液所生成的紫红色胶态银。用 1cm 吸收池，在波长 540nm 处，以砷含量为 0 的标准溶液为参比溶液，调节分光光度计吸光度为零后，测定各标准溶液的吸光度。

显色溶液在暗处可稳定 2h，测定应在此期间进行。

以标准溶液的砷含量（μg）为横坐标，相应的吸光度为纵坐标，绘制工作曲线。

表 12-3　砷工作曲线所用砷标准溶液体积及相应砷含量

砷标准溶液体积/mL	相应含砷量/μg	砷标准溶液体积/mL	相应含砷量/μg
0	0	4.0	10.0
1.0	2.5	6.0	15.0
2.0	5.0	8.0	20.0
3.0	7.5		

③ 测定：吸取一定量的试液（使其砷含量小于 20μg，体积在 30mL 以下）于 100mL 锥形瓶（图 12-1 中 A）中，加 10mL 盐酸；补充水使其体积约为 40mL，加入 1g 抗坏血酸。然后加入 2.0mL 碘化钾溶液和 2.0mL 氯化亚锡溶液，混匀，放置 15min。置少量乙酸铅棉花于玻璃管（图 12-1 中 B）内以吸收硫化氢、二氧化硫等。吸取 5.0mL 二乙基二硫代氨基甲酸银吡啶溶液置于 10mL 量筒内，按图 12-1 连接仪器，磨口玻璃吻合处在反应过程中应保持密封。称量 5g 锌粒加入锥形瓶中，迅速连接好仪器，使反应进行约 45min。移去量筒，充分摇匀溶液所生成的紫红色胶态银。用 1cm 吸收池，在波长 540nm 处，以砷含量为 0 的标准溶液为参比溶液，调节分光光度计吸光度为零后，测定溶液的吸光度。

④ 空白试验：采用空白溶液，其他步骤同样品测定。

（六）结果计算及允许差

1. 结果计算

砷（As）含量 w_{As} 以质量分数（%）表示，按下式计算：

$$w_{As} = \frac{(c_{As} - c_{0As}) \times 250}{m_{As} V_{As} \times 10^6} \times 100\%$$

式中　c_{As}——由工作曲线查出的试样溶液中砷的含量，μg；

　　　c_{0As}——由工作曲线查出的空白溶液中砷的含量，μg；

　　　250——试样溶液总体积，mL；

　　　m_{As}——试料的质量，g；

　　　V_{As}——测定时所取试液体积，mL。

取平行测定结果的算术平均值为测定结果。

2. 允许差

平行测定结果的相对偏差应符合表 12-4 要求：

表 12-4　砷平行测定结果的相对偏差要求

砷的质量分数	允许相对偏差/%
≤0.0001	100
0.0001~0.0020	50
≥0.0020	25

（七）实训报告

根据实训结果，判断出肥料中砷含量是否符合产品质量要求，重点分析工作曲线线性情况及测定结果平行相对偏差情况。

二、生物有机肥 Cd 含量测定（原子吸收分光光度法）

（一）目的要求

1. 了解原子吸收分光光度法测定镉的基本原理，掌握原子吸收分光光度计的使用方法。

2. 掌握测定肥料样品中重金属镉的方法与技术。

（二）方法原理

试样溶液中的镉，经原子化器将其转变成原子蒸气，产生的原子蒸气吸收从镉空心阴极灯射出的特征波长 228.8nm 的光，吸光度的大小与镉基态原子浓度成正比。

（三）试剂和材料

① 盐酸溶液：$c(HCl) = 0.5$ mol/L。

② 镉标准储备液：1mg/mL。

③ 镉标准溶液：0.01mg/mL。吸取 10.0mL 镉标准溶液（1mg/mL）于 1000mL 容量瓶中，用盐酸溶液稀释至刻度，混匀。

④ 溶解乙炔或惰性气体（石墨炉法使用）。

（四）装置

① 通常实验室仪器。

② 原子吸收分光光度计（有背景校正装置），配有镉空心阴极灯和空气-乙炔燃烧器或石墨炉。

（五）分析步骤

1. 工作曲线的绘制

按表 12-5 所示，吸取镉标准溶液（0.01mg/mL）置于 6 个 100mL 容量瓶中，用盐酸溶液稀释至刻度，混匀。

表 12-5　镉工作曲线所用镉标准溶液体积及相应镉浓度

镉标准溶液体积/mL	相应镉的浓度/(μg/mL)	镉标准溶液体积/mL	相应镉的浓度/(μg/mL)
0	0	2.0	0.2
0.5	0.05	4.0	0.4
1.0	0.1	8.0	0.8

进行测定前，根据待测元素性质，参照仪器使用说明书，进行最佳工作条件选择。然后，于波长 228.8nm 处，使用空气-乙炔氧化火焰或石墨炉，以镉含量为 0 的标准溶液为参比溶液，调节原子吸收分光光度计的吸光度为零后，测定各标准溶液的吸光度。

以各标准溶液的镉的浓度（μg/mL）为横坐标，相应的吸光度为纵坐标，绘制工作曲线。

2. 测定

将试样溶液不经稀释或根据镉含量吸取一定量试样溶液置于 100mL 容量瓶中经用盐酸溶液稀释至刻度，混匀，作为测定用试液（镉浓度必须小于 0.8μg/mL）。在与测定标准溶液相同的条件下，测得试样溶液的吸光度，在工作曲线上查出相应的镉浓度（μg/mL）。

3. 空白试验

采用空白溶液，其他步骤同样品测定。

（六）结果计算及允许差

1. 结果计算

① 试样溶液不经稀释直接进行测定时，镉（Cd）含量 w_{Cd} 以质量分数（%）表示，按下式计算：

$$w_{Cd} = \frac{(c_{Cd} - c_{0Cd}) \times 250}{m_{Cd} \times 10^6} \times 100\%$$

式中　c_{Cd}——由工作曲线查出的试样溶液中镉的浓度，μg/mL；

　　　c_{0Cd}——由工作曲线查出的空白溶液中镉的浓度，μg/mL；

　　　250——试样溶液总体积，mL；

　　　m_{Cd}——试料的质量，g。

② 吸取一定量试样溶液稀释至 100mL 后进行测定时，镉（Cd）含量 w'_{Cd} 以质量分数（%）表示，按下式计算：

$$w'_{Cd} = \frac{(c'_{Cd} - c'_{0Cd}) \times 100}{\left(m'_{Cd} \times \dfrac{V'_{Cd}}{250}\right) \times 10^6} \times 100\%$$

式中　c'_{Cd}——由工作曲线查出的试样溶液中镉的浓度，μg/mL；

　　　c'_{0Cd}——由工作曲线查出的空白溶液中镉的浓度，μg/mL；

　　　100——试样溶液稀释后的总体积，mL；

　　　m'_{Cd}——试料的质量，g；

　　　V'_{Cd}——吸取一定量试样溶液体积，mL；

　　　250——试样溶液总体积，mL。

取平行测定结果的算术平均值为测定结果。

2. 允许差

平行测定结果的相对偏差应符合表 12-6 要求。

表 12-6　镉平行测定结果的相对偏差要求

镉的质量分数	允许相对偏差/%
≤0.0001	100
0.0001~0.0020	50
≥0.0020	25

（七）实训报告

根据实训结果，判断出肥料中镉含量是否符合产品质量要求，重点分析工作曲线线性情况及平行测定结果相对偏差情况。

三、生物有机肥 Pb 含量测定（原子吸收分光光度法）

（一）目的要求

1. 了解原子吸收分光光度法测定铅的基本原理，掌握原子吸收分光光度计的使用方法。

2. 掌握肥料样品中重金属铅的测定方法与技术。

（二）方法原理

试样溶液中的铅，经原子化器将其转变成原子蒸气，所产生的原子蒸气吸收从铅空心阴极灯射出的特征波长 283.3nm 的光，吸光度的大小与铅基态原子浓度成正比。

（三）试剂和材料

① 盐酸溶液：$c(HCl) = 0.5mol/L$。

② 铅标准储备液：1mg/mL。

③ 铅标准溶液：0.1mg/mL。吸取 10.0mL 铅标准储备液（1mg/mL）于 100mL 容量瓶中，用盐酸溶液稀释至刻度，混匀。

④ 溶解乙炔或惰性气体（石墨炉法使用）。

（四）装置

① 通常实验室仪器。

② 原子吸收分光光度计，配有铅空心阴极灯和空气-乙炔燃烧器或石墨炉。

（五）分析步骤

1. 工作曲线的绘制

按表 12-7 所示，吸取铅标准溶液（0.1mg/mL）分别置于 5 个 100mL 容量瓶中，用盐酸溶液稀释至刻度，混匀。

表 12-7　铅工作曲线所用铅标准溶液体积及相应铅浓度

铅标准溶液体积/mL	相应铅的浓度/(μg/mL)	铅标准溶液体积/mL	相应铅的浓度/(μg/mL)
0	0	4.0	4.0
1.0	1.0	8.0	8.0
2.0	2.0		

进行测定前，根据待测元素性质，参照仪器使用说明书，进行最佳工作条件选择。然后，于波长 283.3nm 处，使用空气-乙炔氧化火焰或石墨炉，以铅含量为 0 的标准溶液为参比溶液，调节原子吸收分光光度计的吸光度为零后，测定各标准溶液的吸光度。

以各标准溶液的铅的浓度（μg/mL）为横坐标，相应的吸光度为纵坐标，绘制工作曲线。

2. 测定

将试样溶液不经稀释或根据铅含量吸取一定量试样溶液置于 100mL 容量瓶中用盐酸溶液稀释至刻度，混匀，作为测定用试液（铅浓度必须小于 8.0μg/mL）。在与测定标准溶液相同的条件下，测得试样溶液的吸光度，在工作曲线上查出相应的铅浓度（μg/mL）。

3. 空白试验

采用空白溶液，其他步骤同样品测定。

（六）结果计算及允许差

1. 结果计算

① 试样溶液不经稀释直接测定时，铅（Pb）含量 w_{Pb} 以质量分数（%）表示，按下式计算：

$$w_{Pb} = \frac{(c_{Pb} - c_{0Pb}) \times 250}{m_{Pb} \times 10^6} \times 100\%$$

式中　c_{Pb}——由工作曲线查出的试样溶液中铅的浓度，$\mu g/mL$；

c_{0Pb}——由工作曲线查出的空白溶液中铅的浓度，$\mu g/mL$；

250——试样溶液总体积，mL；

m_{Pb}——试料的质量，g。

② 吸取一定量试样溶液稀释至 100mL 后进行测定时，铅（Pb）含量 w'_{Cd} 以质量分数（%）表示。按下式计算：

$$w'_{Pb} = \frac{(c'_{Pb} - c'_{0Pb}) \times 100}{\left(m'_{Pb} \times \dfrac{V'_{Pb}}{250}\right) \times 10^6} \times 100\%$$

式中　c'_{Pb}——由工作曲线查出的试样溶液中铅的浓度，$\mu g/mL$；

c'_{0Pb}——由工作曲线查出的空白溶液中铅的浓度，$\mu g/mL$；

100——试样溶液稀释后的总体积，mL；

m'_{Pb}——试料的质量，g；

V'_{Pb}——吸取一定量试样溶液体积，mL；

250——试样溶液总体积，mL。

取平行测定结果的算术平均值为测定结果。

2. 允许差

平行测定结果的相对偏差应符合表 12-8 要求。

表 12-8　铅平行测定结果的相对偏差要求

铅的质量分数	允许相对偏差/%
≤0.0001	100
0.0001~0.0020	50
≥0.0020	25

（七）实训报告

根据实训结果判断出肥料中铅含量是否符合产品质量要求，重点分析工作曲线线性情况及平行测定结果的相对偏差情况。

四、生物有机肥 Cr 含量测定（原子吸收分光光度法）

（一）目的要求

1. 了解原子吸收分光光度法测定铬的基本原理，掌握原子吸收分光光度计的使用方法。

2. 掌握肥料样品中重金属铬的测定方法与技术。

（二）方法原理

试样溶液中的铬，经原子化器将其转变成原子蒸气，产生的原子蒸气吸收从铬空心阴极灯射出的特征波长 357.9nm 的光，吸光度的大小与铬基态原子浓度成正比。

（三）试剂和材料

① 盐酸溶液：$c(HCl) = 0.5mol/L$。

② 焦硫酸钾溶液：100g/L。

③ 铬标准储备液：1mg/mL。

④ 铬标准溶液：0.01mg/mL。吸取 10.0mL 铬标准溶液（1mg/mL）于 1000mL 容量瓶中，用盐酸溶液稀释至刻度，混匀。

⑤ 溶解乙炔或惰性气体（石墨炉法使用）。

（四）装置

① 通常实验室仪器。

② 原子吸收分光光度计，配有铬空心阴极灯和空气-乙炔燃烧器或石墨炉。

（五）分析步骤

1. 工作曲线的绘制

按表 12-9 所示，吸取铅标准溶液（0.01mg/mL）分别置于 5 个 100mL 容量瓶中，加入焦硫酸钾溶液 10mL，用盐酸溶液稀释至刻度，混匀。

表 12-9　铬工作曲线所用铬标准溶液体积及相应铬浓度

铬标准溶液体积/mL	相应铬的浓度/(μg/mL)	铬标准溶液体积/mL	相应铬的浓度/(μg/mL)
0	0	20.0	2.0
5.0	0.5	40.0	4.0
10.0	1.0		

进行测定前，根据待测元素性质，参照仪器使用说明书，进行最佳工作条件选择。然后，于波长 357.9nm 处，使用空气-乙炔氧化火焰或石墨炉，以铬含量为 0 的标准溶液为参比溶液，调节原子吸收分光光度计的吸光度为零后，测定各标准溶液的吸光度。

以各标准溶液的铬的浓度（μg/mL）为横坐标，相应的吸光度为纵坐标，绘制工作曲线。

2. 测定

吸取一定量的试样溶液于 100mL 容量瓶中，加入焦硫酸钾溶液 10mL，用盐酸溶液稀释至刻度，混匀，作为测定用试液（铬浓度必须小于 4.0μg/mL）。在与测定标准溶液相同的条件下，测得试样溶液的吸光度，在工作曲线上查出相应的铬浓度（μg/mL）。

3. 空白试验

采用空白溶液，其他步骤同样品测定。

（六）结果计算及允许差

1. 结果计算

铬（Cr）含量 w_{Cr} 以质量分数（%）表示，按下式计算：

$$w_{Cr} = \frac{(c_{Cr} - c_{0Cr}) \times 100}{\left(m_{Cr} \times \dfrac{V_{Cr}}{250}\right) \times 10^6} \times 100\%$$

式中　c_{Cr}——由工作曲线查出的试样溶液中铬的浓度，μg/mL；

c_{0Cr}——由工作曲线查出的空白溶液中铬的浓度，μg/mL；

100——试样溶液稀释后的总体积，mL；

m_{Cr}——试料的质量，g；

V_{Cr}——吸取一定量试样溶液体积，mL；

250——试样溶液总体积，mL。

取平行测定结果的算术平均值为测定结果。

2. 允许差

平行测定结果的相对偏差应符合表 12-10 要求。

表 12-10　铬平行测定结果的相对偏差要求

铬的质量分数	允许相对偏差/%
≤0.0001	100
0.0001~0.0020	50
≥0.0020	25

（七）实训报告

根据实训结果判断出肥料中铬含量是否符合产品质量要求，重点分析工作曲线线性情况及平行测定结果相对偏差情况。

五、生物有机肥 Hg 含量测定（氢化物发生-原子吸收分光光度法）

（一）目的要求

1. 了解氢化物发生-原子吸收分光光度法测定汞的基本原理，掌握原子吸收分光光度计的使用方法。

2. 掌握肥料样品中重金属汞的测定方法与技术。

（二）方法原理

试样溶液中的汞，用硼氢化钾将其还原成金属汞，用氮气流将汞蒸气载入冷原子吸收仪，汞原子蒸气对波长 253.7nm 的紫外光具有强烈的吸收作用，吸光度的大小与汞蒸气浓度成正比。

（三）试剂和材料

① 硝酸。

② 硝酸溶液：1+1。

③ 硫酸溶液：4%。

④ 重铬酸钾溶液：5g/L。

⑤ 硼氢化钾碱性溶液：1.25g/L。称取 0.50g 硼氢化钾和 0.50g 氢氧化钾于 500mL 烧杯中，用水溶解并配制成 400mL 溶液。

⑥ 汞标固定液：将 0.5g 重铬酸钾溶于 950mL 水中，再加 50mL 硝酸。

⑦ 0.1mg/mL 汞标准溶液：称取 0.1354g 氯化汞（$HgCl_2$）于 250mL 烧杯中，用汞标固定液溶解后移入 1000mL 棕色容量瓶中，再用汞标固定液稀释至刻度，混匀。

⑧ 5μg/mL 汞标准溶液：吸取 25.0mL 0.1mg/mL 汞标准溶液于 500mL 棕色容量瓶中，用汞标固定液稀释至刻度，混匀。

⑨ 0.5μg/mL 汞标准溶液：吸取 10.0mL 5μg/mL 汞标准溶液于 100mL 棕色容量瓶中，用汞标固定液稀释至刻度，混匀。

（四）装置

① 通常实验室仪器。

② 原子吸收分光光度计，配有氢化物发生器和汞空心阴极灯。

（五）分析步骤

1. 工作曲线的绘制

按表 12-11 所示，吸取 0.5μg/mL 汞标准溶液分别置于 5 个 100mL 容量瓶中，分别加入重铬酸钾溶液和硝酸溶液 10mL，用水稀释至刻度，混匀。

表 12-11　汞工作曲线所用铬标准溶液体积及相应汞浓度

汞标准溶液体积/mL	相应汞的浓度/(ng/mL)	汞标准溶液体积/mL	相应汞的浓度/(ng/mL)
0	0	2.0	10
0.5	2.5	4.0	20
1.0	5		

　　进行测定前，根据待测元素性质，参照仪器使用说明书，进行最佳工作条件选择，硼氢化钾碱性溶液作为还原剂，硫酸溶液作为载流，于波长 253.7nm 处，以汞含量为 0 的标准溶液为参比溶液，测定各标准溶液的吸光度。

　　以各标准溶液的汞的浓度（ng/mL）为横坐标，相应的吸光度为纵坐标，绘制工作曲线。

　　2. 测定

　　吸取一定量的试样溶液于 100mL 容量瓶中，加入重铬酸钾溶液和硝酸溶液各 10mL，用水稀释至刻度，混匀，作为测定用试液（汞浓度必须小于 20ng/mL）。在与测定标准溶液相同的条件下，测得试样溶液的吸光度，在工作曲线上查出相应的汞浓度（ng/mL）。

　　3. 空白试验

　　采用空白溶液，其他步骤同样品测定。

　　（六）结果计算及允许差

　　1. 结果计算

　　汞（Hg）含量 w_{Hg} 以质量分数（%）表示，按下式计算：

$$w_{Hg} = \frac{(c_{Hg} - c_{0Hg}) \times 100}{\left(m_{Hg} \times \dfrac{V_{Hg}}{250}\right) \times 10^9} \times 100\%$$

式中　c_{Hg}——由工作曲线查出的试样溶液中汞的浓度，ng/mL；

　　　　c_{0Hg}——由工作曲线查出的空白溶液中汞的浓度，ng/mL；

　　　　100——试样溶液稀释后的总体积，mL；

　　　　m_{Hg}——试料的质量，g；

　　　　V_{Hg}——吸取一定量试样溶液体积，mL；

　　　　250——试样溶液总体积，mL。

　　取平行测定结果的算术平均值为测定结果。

　　2. 允许差

　　平行测定结果的相对偏差应符合表 12-12 要求。

表 12-12　汞平行测定结果的相对偏差要求

汞的质量分数	允许相对偏差/%
≤0.0001	100
0.0001~0.0020	50
≥0.0020	25

　　（七）实训报告

　　根据实训结果，判断出肥料中汞含量是否符合产品质量要求，重点分析工作曲线线性情况及平行测定结果相对偏差情况。

实训十　生物有机肥 N、P₂O₅、K₂O 含量测定

一、生物有机肥全 N 含量测定（半微量凯氏定氮法）

（一）目的要求

1. 了解肥料中全氮含量测定的意义，了解半微量凯氏定氮法测定氮的基本原理。
2. 掌握肥料样品中全氮含量测定的方法与技术。

（二）方法原理

有机肥料中的有机氮经硫酸-过氧化氢消煮，转化为铵态氮。碱化后蒸馏出来的氨用硼酸溶液吸收，以标准酸溶液滴定，计算样品中氮含量。

（三）试剂

① 硫酸（$\rho=1.84$）。

② 30%过氧化氢。

③ 氢氧化钠：质量浓度为 40%的溶液。称取 40g 氢氧化钠（化学纯）溶于 100mL 水中。

④ 硼酸：质量浓度为 2%的溶液。称取 2g 硼酸溶于 100mL 约 60℃热水中，冷却，用稀碱在酸度计上调节溶液 pH=4.5。

⑤ 定氮混合指示剂：称取 0.5g 溴甲酚绿和 0.1g 甲基红溶于 100mL 95%乙醇中。

⑥ 硫酸[$c(\frac{1}{2}H_2SO_4)=0.05mol/L$]或盐酸[$c(HCl)=0.05mol/L$]标准溶液：配制和标定，按照 GB/T 601 进行。

（四）仪器、设备

① 通常实验室仪器设备。

② 定氮蒸馏装置（见图 12-2）。

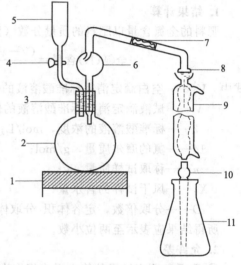

图 12-2　定氮蒸馏装置
1—电炉（1kW）；2—蒸馏瓶（圆底烧瓶 1000mL）；
3—橡皮塞；4—活塞；5—筒形漏斗（50mL）；
6—定氮球；7—橡皮管；
8—球形磨砂接口或橡皮塞；
9—冷凝管；10—球泡；11—接受器（锥形瓶 250mL）

（五）分析步骤

1. 试样溶液制备

称取过 $\phi0.5mm$ 筛的风干试样 0.5g（精确至 0.0001g），置于开氏烧瓶底部，用少量水冲洗沾附在瓶壁上的试样，加 5.0mL 硫酸（$\rho=1.84$）和 1.5mL 过氧化氢（30%），小心摇匀，瓶口放一弯颈小漏斗，放置过夜。在可调电炉上缓慢升温至硫酸冒烟，取下，稍冷加 15 滴过氧化氢，轻轻摇动开氏烧瓶，加热 10min，取下，稍冷后分次再加 5~10 滴过氧化氢并分次消煮，直至溶液呈无色或淡黄色清液后，继续加热 10min，除尽剩余的过氧化氢。取下稍冷，小心加水至 20~30mL，加热至沸。取下冷却，用少量水冲洗弯颈小漏斗，洗液收入原开氏烧瓶中。将消煮液移入 100mL 容量瓶中，加水定容，静置澄清或用无磷滤纸干过滤到具塞锥形瓶中，备用。

2. 空白试验

除不加试样外，试剂用量和操作同试样溶液制备。

3. 测定

① 蒸馏前检查蒸馏装置是否漏气，并进行空蒸馏清洗管道。

② 吸取消煮清液 50.0mL 于蒸馏瓶内，加入 200mL 水。于 250mL 锥形瓶加入 10mL 硼酸溶液（质量浓度为 2％）和 5 滴混合指示剂（定氮混合指示剂）承接于冷凝管下端，管口插入硼酸液面中。由筒形漏斗向蒸馏瓶内缓慢加入 15mL 氢氧化钠溶液（质量浓度为 40％），关好活塞。加热蒸馏，待馏出液体积约为 100mL，即可停止蒸馏。

③ 用硫酸标准溶液或盐酸标准溶液 $[c(\frac{1}{2}H_2SO_4)=0.05mol/L$ 或 $c(HCl)=0.05mol/L]$ 滴定馏出液，由蓝色刚变至紫红色为终点。记录消耗酸标准溶液的体积。空白测定所消耗酸标准溶液的体积不得超过 0.1mL。

（六）结果计算及允许差

1. 结果计算

肥料的全氮含量以肥料的质量分数（％）表示，按下式计算：

$$全氮(N)含量=\frac{(V-V_0)\times c\times 14\times 10^{-3}\times D}{m\times(1-X_0)}\times 100\%$$

式中　V_0——空白滴定消耗标准酸溶液的体积，mL；

　　　V——试液滴定消耗标准酸溶液的体积，mL；

　　　c——标准酸溶液的浓度，mol/L；

　　　14——氮的摩尔质量，g/mol；

　　　m——称取试样质量，g；

　　　X_0——风干试样的含水量；

　　　D——分取倍数，定容体积/分取体积，100/50。

所得结果应表示至两位小数。

2. 允许差

① 取平行测定结果的算术平均值作为测定结果。

② 两个平行测定结果允许相对偏差值应符合表 12-13 要求。

表 12-13　氮平行测定结果的允许相对偏差要求

氮(N)含量/%	允许相对偏差/%
<0.50	<0.02
0.50~1.00	<0.04
>1.00	<0.06

（七）实训报告

根据实训结果，判断出肥料中氮含量是否符合产品质量要求，分析测定结果平行相对偏差情况。

二、生物有机肥全 P 含量测定（钼黄光光度法）

（一）目的要求

1. 了解肥料中全磷含量测定的意义，了解钼黄光光度法测定全磷的基本原理。

2. 掌握肥料样品中全磷含量测定的方法与技术。

（二）方法原理

有机肥料试样采用硫酸和过氧化氢消煮，在一定酸度下，待测液中的磷酸根离子与偏钒酸和钼酸反应形成黄色三元杂多酸。在一定浓度范围 [$1\sim20\mathrm{mg/L}$：磷（P）] 内，黄色溶液的吸光度与含磷量呈正比例关系，用分光光度法定量磷。

（三）试剂

① 硫酸（$\rho1.84$）。

② 硝酸。

③ 30%过氧化氢。

④ 钒钼酸铵试剂

A 液：称取 25.0g 钼酸铵溶于 400mL 水。

B 液：称取 1.25g 偏钒酸铵溶于 300mL 沸水，冷却后加 250mL 硝酸，冷却。在搅拌下将 A 液缓缓注入 B 液中，用水稀释至 1L，混匀，储于棕色瓶中。

⑤ 氢氧化钠：质量浓度为 10%的溶液。

⑥ 硫酸（$\rho1.84$）：体积分数为 5%的溶液。

⑦ 磷标准溶液（$50\mu\mathrm{g/mL}$）：称取 0.2195g 经 105℃烘干 2h 的磷酸二氢钾（优级纯），用水溶解后，转入 1L 容量瓶中，加入 5mL 硫酸（$\rho1.84$），冷却后用水定容至刻度。该溶液 1mL 含磷（P）$50\mu\mathrm{g}$。

⑧ 2,4-（或 2,6-）二硝基酚指示剂：质量浓度为 0.2%的溶液。称取 0.2g 2,4-（或 2,6-）二硝基酚溶于 100mL 水中（饱和）。

⑨ 无磷滤纸。

（四）仪器、设备

通常实验室仪器设备。

（五）分析步骤

1. 试样溶液制备

称取过 $\phi0.5\mathrm{mm}$ 筛的风干试样 0.3~0.5g（精确至 0.0001g），置于开氏烧瓶底部，用少量水冲洗沾附在瓶壁上的试样，加 5.0mL 硫酸（$\rho1.84$）和 1.5mL 过氧化氢（30%），小心摇匀，瓶口放一弯颈小漏斗，放置过夜。在可调电炉上缓慢升温至硫酸冒烟，取下，稍冷加 15 滴过氧化氢，轻轻摇动开氏烧瓶，加热 10min，取下，稍冷后分次再加 5~10 滴过氧化氢并分次消煮，直至溶液呈无色或淡黄色清液后，继续加热 10min，除尽剩余的过氧化氢。取下稍冷，小心加水至 20~30mL，加热至沸。取下冷却，用少量水冲洗弯颈小漏斗，洗液收入原开氏烧瓶中。将消煮液移入 100mL 容量瓶中，加水定容，静置澄清或用无磷滤纸干过滤到具塞锥形瓶中，备用。

2. 空白溶液制备

除不加试样外，应用的试剂和操作同试样溶液制备。

3. 测定

吸取 5.00~10.00mL 试样溶液（含磷 0.05~1.0mg）于 50mL 容量瓶中，加水至 30mL 左右，与标准溶液系列同条件显色、比色，读取吸光度。

4. 校准曲线绘制

吸取磷标准溶液（$50\mu\mathrm{g/mL}$）0，1.0mL，2.5mL，5.0mL，7.5mL，10.0mL，15.0mL 分别置于 50mL 容量瓶中，加入与吸取试样溶液等体积的空白溶液，加水至 30mL 左右，加 2 滴 2,4-（或 2,6-）二硝基酚指示剂溶液，用氢氧化钠溶液（质量浓度为 10%）和硫酸溶液（体积分数为 5%）调节溶液刚呈微黄色，加 100mL 钒钼酸铵试剂，摇匀，用水定容。此溶液为 1mL 含磷（P）0，$1.0\mu\mathrm{g}$，$2.5\mu\mathrm{g}$，$5.0\mu\mathrm{g}$，$7.5\mu\mathrm{g}$，$10.0\mu\mathrm{g}$，$15.0\mu\mathrm{g}$ 的标准溶液系列。在室温下放置 20min 后，在分光光度计波长 440nm 处用 1cm 光程比色皿，

以空白溶液调节仪器零点，进行比色，读取吸光度。根据磷浓度和吸光度绘制标准曲线或求出直线回归方程。

（六）结果计算及允许差

1. 结果计算

肥料的全磷含量以肥料的质量分数（%）表示，按下式计算：

$$全磷（P_2O_5）含量 = \frac{cVD}{m(1-X_0)} \times 2.29 \times 10^{-4} \times 100\%$$

式中　c——由校准曲线查得或由回归方程求得显色液磷浓度，$\mu g/mL$；

　　　V——显色体积，50mL；

　　2.29——将磷（P）换算成五氧化二磷（P_2O_5）的因数；

　　10^{-4}——将 $\mu g/g$ 换算为质量分数的因数；

　　　m——称取试样质量，g；

　　　X_0——风干试样的含水量；

　　　D——分取倍数，定容体积/分取体积，100/50 或 100/10。

所得结果应表示至两位小数。

2. 允许差

① 取两个平行测定结果的算术平均值作为测定结果。

② 两个平行测定结果允许的相对偏差应符合表 12-14 要求。

表 12-14　磷平行测定结果的相对偏差要求

磷（P_2O_5）含量/%	允许差/%
<0.50	<0.02
0.50～1.00	<0.03
>1.00	<0.04

（七）实训报告

根据实训结果，判断出肥料中磷含量是否符合产品质量要求，分析测定结果平行相对偏差情况。

注：波长的选择可根据磷浓度：

磷浓度/(mg/L)	0.75～5.5	2～15	4～17	7～20
波长/nm	400	440	470	490

三、生物有机肥全 K 含量测定（火焰光度法）

（一）目的要求

1. 了解肥料中全钾含量测定的意义，了解火焰光度法测定全钾的基本原理。

2. 掌握肥料样品中全钾含量测定的方法与技术。

（二）方法原理

有机肥料试样经硫酸和过氧化氢消煮，稀释后用火焰光度计测定。在一定浓度范围内，溶液中钾浓度与发光强度呈正比关系。

（三）试剂

① 硫酸（ρ1.84）。

② 30%过氧化氢。

③ 钾标准储备溶液：1mg/mL。

称取 1.9067g 经 100℃ 烘 2h 的氯化钾，用水溶解后定容至 1L。该溶液 1mL 含钾（K）1mg，储于塑料瓶中。

④ 钾标准溶液：100μg/mL。

吸取 10.00mL 钾（K）标准储备溶液（1mg/mL）于 100mL 容量瓶中，用水定容，此溶液 1mL 含钾（K）100μg。

（四）仪器、设备

通常实验室仪器设备。

（五）分析步骤

1. 试样溶液制备

制备方法参照全 P 含量测定试样溶液制备方法。

2. 空白溶液制备

除不加试样外，应用的试剂和操作同试样溶液制备。

3. 测定

吸取 5.00mL 试样溶液于 50mL 容量瓶中，用水定容。与标准溶液系列同条件在火焰光度计上测定，记录仪器示值。每测定 5 个样品后须用钾标准溶液校正仪器。

4. 校准曲线绘制

吸取钾标准溶液（100μg/mL）0，2.50mL，5.00mL，7.50mL，10.00mL 分别置于 5 个 50mL 容量瓶中，加入与吸取试样溶液等体积的空白溶液，用水定容，此溶液为 1mL 含钾（K）0，5.00μg，10.00μg，15.00μg，20.00μg 的标准溶液系列。在火焰光度计上，以空白溶液调节仪器零点，以标准溶液系列中最高浓度的标准溶液调节满度至 80 分度处。再依次由低浓度至高浓度测量其他标准溶液，记录仪器示值。根据钾浓度和仪器示值绘制标准曲线或求出直线回归方程。

（六）结果计算及允许差

1. 结果计算

肥料的全钾含量以肥料的质量分数（%）表示，按下式计算：

$$全钾（K_2O）含量 = \frac{cVD}{m(1-X_0)} \times 1.20 \times 10^{-4} \times 100\%$$

式中　c——由校准曲线查得或由回归方程求得测定液钾浓度，μg/mL；

　　　V——测定体积，本操作为 50mL；

　1.20——将钾（K）换算成氧化钾（K_2O）的因数；

　10^{-4}——将 μg/g 换算为质量分数的因数；

　　　m——称取试样质量，g；

　　　X_0——风干试样的含水量；

　　　D——分取倍数，定容体积/分取体积，100/5。

所得结果应表示至两位小数。

2. 允许差

① 取两个平行测定结果的算术平均值作为测定结果。

② 两个平行测定结果允许相对偏差应符合表 12-15 要求。

表 12-15　钾平行测定结果的相对偏差要求

钾（K_2O）含量/%	允许差/%	钾（K_2O）含量/%	允许差/%
＜0.60	＜0.05	1.20～1.80	＜0.09
0.6～1.20	＜0.07	＞1.80	＜0.12

（七）实训报告

根据实训结果，判断出肥料中钾含量是否符合产品质量要求，分析平行测定结果相对偏差情况。

实训十一　生物有机肥的田间肥效试验

一、目的要求

1. 了解肥效试验的重要意义，掌握肥料田间试验的一般方法和各种操作技术。

2. 通过试验验证生物有机肥在作物上的田间肥效和增产、抗病等相关功能；为确定当地作物生产的适宜施肥量以及生物有机肥料的推广应用提供依据。

二、材料与用具

1. 材料

① 收集有关试验的资料，并编写田间试验计划。在计划中要写清试验题目、目的要求、实验方案（实验因素及其水平）、田间小区设计、主要农业技术措施、观察记载项目与标准等。

② 供试生物有机肥料、供试栽培作物（选择本地有代表性的作物如水稻、玉米、黄瓜等，每个产品试验作物不少于 2 种，每种作物不少于 2 个试验点）、作物栽培过程中所需用药品。

2. 用具

实验室常用仪器、测绳、皮尺、记载本、试验小区的编号木牌等。

3. 选择试验地

试验地要符合下列条件：

① 试验地要有代表性；

② 选择气候条件、土壤类型、土壤肥力等方面基本一致的田块；

③ 试验地要求尽量选择地势平坦、形状整齐、土壤肥力均匀的地块；

④ 实验地要能够保证试验生长发育所必需的条件，如试验地遇涝能排、遇旱能灌、旱涝保收；

⑤ 在坡地进行试验时，要选择坡度平缓、上下土地差异较小、灌溉条件较好的田块；

⑥ 试验地要开阔，不能荫蔽，一般离林地 200～300m，离建筑物 200m 左右；

⑦ 试验地要避免原先是道路、堆肥场所等，以免由这些影响而造成的土壤肥力差异。

三、内容和方法

1. 试验处理设计

一般设四个处理，即处理 1（常规施肥＋生物有机肥料）、处理 2［常规施肥＋灭活后的生物有机肥料（基质）］和处理 3（常规施肥）、处理 4 空白对照（不施肥）。

2. 试验方法设计

本试验的田间排列采用随机区组法，重复 3 次。

3. 试验小区的设计、排列与制作

（1）小区形状　小区理想的形状为长方形。但不是长宽比越大越好，小区过长，边际效应增加，误差增大。小区长宽比一般为（2～5）:1，一般小区面积较大时，长宽比（3～5）:1，小区面积较小时，多用（2～3）:1。玉米等中耕作物确定小区形状时，要保证小区宽度能留下足够的计产行数或计产面积。

（2）小区面积　大田作物小区的面积一般为 20～40m²，蔬菜作物小区面积为 5～10m²，

果树 3～4 株为一个小区，小区间留 1 株作保护行。处理较少，小区面积可适当增大；处理较多，小区面积适当减少。在丘陵、山地、坡地做试验，小区面积宜小；平原地区，小区面积可大些。

（3）小区排列　田间试验小区排列的基本原则是随机排列。

（4）区组配置　小区设计采用长方形，小区的排列方向与土壤肥力递变方向垂直。

根据上述要求，绘制田间小区排列示意图，标出重复和小区的编号。

4. 田间实施

（1）划分小区　试验地土壤耕翻整细之后，用测绳量出试验区范围，打好基线，插上标记，然后按田间小区示意图划分小区。分区划线、开沟或作埂，沟与埂的宽度一致，小区面积大小与设计相符。小区作好后，插上小区编号牌。

（2）施肥　整个小区按设计施入作底肥的肥料，再按处理小区施入作基肥施用的参试生物有机肥。将底肥与基肥均匀施入土壤，整平小区，使土肥混匀。

（3）作物播种或移栽　作物播种或移栽的规格，可根据具体情况确定，但各小区的播种或移栽密度要求一致，每穴播种量或每蔸苗数大致相等，并要保证种子和秧苗的质量，以减少试验误差。

（4）田间管理　遵循"最适"和"一致"的原则，小区施肥、播种、灌水、中耕除草等都要在一天之内完成，实在不可能也要保证一个区组的管理措施当天完成。

5. 观察与记载

田间观察记载内容大致包括以下几个方面（见表 12-16～表 12-21，作物田间试验调查表以水稻为例）。

① 试验点基本情况　试验落实地点、试验管理人或农户姓名，地势高低，土壤类型；土壤质地，土壤肥力水平，前茬作物，供试作物品种，种植密度等；有条件或必要时，还应提供试验地理化性质和分析数据，并绘制小区分布图。

② 栽培管理经过　整地、播种、移栽、施肥、灌水、排水、中耕、防治病虫害等田间操作的方法和时间。

③ 生育时期、生育性状和产量调查　按照调查表格中项目进行田间调查记载。

④ 自然环境因素。

表 12-16　肥料试验基本情况

供试肥料名称：

试验地点：

供试作物：　　　　　　　　　　　　　　作物品种：

土壤类型：　　　　　　　　　　　　　　肥力水平：

地势情况：　　　　　　　　　　　　　　前茬作物：

试验设计　　　　　　　　　　　　　　　小区分布图：
(1)处理数：
(2)重复数：
(3)小区面积：

田间作业内容：

	肥料类型	品种	有效养分含量	施肥量	施用方法
施肥水平					

表 12-17　土壤分析项目及指标

类别	项　　目
物理性质	容重(g/cm³)，总孔隙度(%)
化学性质	有机质(%)，全氮(%)，碱解氮(PPM)，有效磷(PPM)，速效钾(PPM)，pH 值，微量元素(PPM)：Cu、Fe、Zn、Mn、Mo、B 等

表 12-18　水稻（某作物）秧苗调查情况

处理	基本苗/(万株/亩)	最高苗/(万株/亩)	有效分蘖率/%	株高/cm	茎基粗/cm	根数/(个/株)	白根数/(个/株)	地上百株干重/g	青枯病/%、
Ⅰ									
Ⅱ									
Ⅲ									

表 12-19　水稻生育时期调查

处理 \ 生育时期	播种期	移栽期	返青期	分蘖期	拔节期	抽穗期	成熟期
Ⅰ							
Ⅱ							
Ⅲ							

表 12-20　水稻主要农艺性状调查

处理 \ 农艺性状	株高/cm	有效穗数/(万穗/亩)	穗长/cm	成穗率/%	每穗总粒/个	结实率/%	千粒重/g	理论产量/(kg/亩)
Ⅰ								
Ⅱ								
Ⅲ								

表 12-21　水稻产量调查

处理	小区产量/kg			小区平均产量/kg	亩产量/kg	亩增产/kg	增产率/%
	1	2	3				
Ⅰ							
Ⅱ							
Ⅲ							

注：1. 株高、根数、茎基粗为 20 株平均值。

2. 发病率按发病面积百分比计算。

四、实训数据分析及肥效评价

1. 实训数据的分析

① 对生育时期、生育性状的调查数据进行分析比较。分析不同处理对生育时期和生育性状的不同影响，并排出名次。

② 对小区的产量结果进行统计分析。两个处理时采用 T 检验，判断 2 个处理的差异是否显著；三个（或三个以上）处理采用方差分析，如果差异显著，用新复极差法（即 LSR 法）进行多重比较，表示各处理间的差异显著性。

③ 经济效益分析。根据当时农产品价格、化肥价格、试材和劳动力投入以及增产结果

等计算投入成本和产值，进行经济效益分析。

2. 肥效评价

① 肥效评价方法：通过供试肥料的试验处理与空白对照、常规对照等处理综合比较来进行。

② 肥效评价指标包括有对作物生育时期影响、对各农艺性状的影响、对产量和品质的影响，还包括对土壤环境的影响以及经济效益等。其中产量、品质和经济效益是考核的主要指标。

③ 供试肥料的处理与空白处理比较，产量平均增产在5％以上，增产5％以上的试验点数占试验点总数的2/3以上，增产达显著水平的试验点占试验点总数的1/3以上，具有改善作物品质和改良土壤的效果，为可推广使用的产品。

④ 微生物肥料既要考核微生物的作用，又要考核肥料中基质的作用。

五、实训报告

1. 实训目的、意义。

2. 实训材料和方法

① 供试土壤；

② 供试肥料；

③ 供试作物；

④ 实训方法。

3. 实训结果

① 不同处理对作物生育时期的影响；

② 不同处理对作物生育性状的影响；

③ 不同处理对作物产量影响；

④ 不同处理经济效益分析比较。

4. 讨论（存在问题和需要继续研究的问题）。

实训十二　海藻肥的田间肥效试验

一、目的要求

学会制订田间肥效试验方案，验证海藻肥在粮食、蔬菜、果树、花卉等作物上的田间肥效和增产、抗病等相关功能。

二、材料与用具

（1）海藻肥　雷力、海状元等海藻肥。

（2）供试作物　选择本地有代表性的作物，如玉米、黄瓜、苹果等。每个产品试验作物不少于2种，每种作物不少于2个试验点。

三、内容和方法

（1）试验处理　用于喷施、浸种、灌根、蘸根的海藻肥，设三个处理，即处理1（常规施肥＋新型肥料）、处理2常规对照（常规施肥）和处理3空白对照（常规施肥＋等量清水）。

（2）试验小区　大田作物小区的面积一般为 20～40m²，蔬菜作物小区面积为 5～10m²，果树 3～4 株为一个小区，小区间留 1 株作保护行。肥效试验的重复次数不少于 3 次。各试验点要求地势平坦，土壤肥力中等均匀，有排灌条件，其他栽培管理措施一致。

（3）田间管理与收获　田间观察记载内容大致包括以下几个方面（见表 12-22～表 12-24）。

① 试验点基本情况　试验落实地点、试验管理人或农户姓名，地势高低，土壤类型；土壤质地，土壤肥力水平，前茬作物，供试作物品种，种植密度等，有条件或必要时，还应提供试验地理化性质和分析数据，并绘制小区分布图。

② 栽培管理经过　整地、播种、移栽、施肥、灌水、排水、中耕、防治病虫害等田间操作的方法和时间。

③ 生育时期、生育性状和产量调查　按照调查表格中项目进行田间调查记载。

④ 自然环境因素。

每次收获时各小区的产量都要单独记录，并注明收获时间，最后累加。

（4）实训数据分析及肥效评价

① 实训数据的分析

a. 对生育时期、生育性状的调查数据进行分析比较。分析不同处理对生育时期和生育性状的不同影响，并排出名次。

b. 对小区的产量结果进行统计分析。两个处理时采用 T 检验，判断 2 个处理的差异是否显著；三个（或三个以上）处理采用方差分析，如果差异显著，用新复极差法（即 LSR 法）进行多重比较，表示各处理间的差异显著性。

c. 经济效益分析。根据当时农产品价格、化肥价格、试材和劳动力投入以及增产结果等计算投入成本和产值，进行经济效益分析。

② 肥效评价

a. 肥效评价方法：通过供试肥料的试验处理与空白对照、常规对照等处理综合比较来进行。

b. 肥效评价指标：对作物生育时期影响、对各农艺性状的影响、对产量和品质的影响，还包括对土壤环境的影响以及经济效益等。其中产量、品质和经济效益是考核的主要指标。

c. 供试肥料的处理与空白处理比较，产量平均增产在 5％以上，增产 5％以上的试验点数占试验点总数的 2/3 以上，增产达显著水平的试验点占试验点总数的 1/3 以上，具有改善作物品质和改良土壤的效果，为可推广使用的产品。

（5）试验报告的撰写　试验报告的内容主要包括：试验来源和试验目的，试验执行时间和地点、试验地土壤条件、气候条件、农业生产条件和水平、试验方案和试验处理、试验管理、试验原始数据及分析结果、试验数据统计分析和结果检验、结论和建议、试验执行单位、试验主持人及职称、报告完成时间，并加盖单位公章。

① 实训报告格式　采用科技论文格式编写。

a. 材料与方法：供试土壤；供试肥料；供试作物；试验方法。

b. 实训结果与分析：不同处理对作物生育时期的影响；不同处理对作物生育性状的影响；不同处理对作物产量影响；不同处理经济效益分析比较。

c. 实训结论和建议。

② 实训报告要求　实训报告必须于作物收获考种后 10 日内完成，试验人签名，一式三份报委托试验单位。

瓜菜类蔬菜（西红柿、茄子、青椒、黄瓜、苦瓜等）田间试验调查表见表 12-22～表12-24。

表 12-22　生育时期调查　　　　　单位：　月　日

处理＼生育性状	移栽期	开花期	坐果期	始收期
I				
II				
III				

表 12-23　生育性状调查

处理＼生育性状	株高/cm	果肉颜色	单个果实平均			单株果数/个
			长度	宽度	重量	
I						
II						
III						

表 12-24　产量调查

处理	小区产量/kg			小区平均产量/kg	亩产量/kg	亩增产量/kg	增产率/%
	1	2	3				
I							
II							
III							

四、作业

选择当地有代表性的农作物品种，制订合理的田间肥效试验方案，验证海藻肥的田间肥效，并完成实训报告。

参 考 文 献

[1] 吴文君. 农药学原理. 北京：中国农业出版社，2000.

[2] 赵善欢. 植物化学保护. 北京：中国农业出版社，2000.

[3] 李勇. 微生物农药的研究和应用进展. 贵州农业科学，2003，31（2）：62-63.

[4] 施跃峰. 微生物杀虫剂研究进展. 植物保护，2000，26（5）：32-34.

[5] 范玲. 微生物农药研究进展及产业发展对策. 中国生物工程杂志，2002，22（5）：83-86.

[6] 杜华，王玲，孙炳剑等. 防治植物病害的生物农药研究开发进展. 河南农业科学，2004，9：39-42.

[7] 刘萍萍，闫艳春. 微生物农药研究进展. 山东农业科学，2005，2.

[8] 朱昌雄，丁振华等. 微生物农药剂型研究发展趋势. 现代化工，2003，23（3）：4-8.

[9] 安田康. 新杀菌剂的靶标和先导化合物的探索. 农药译丛，2000，13（3）：1-6.

[10] 闫春秀，赵长山等. 微生物降解长残效除草剂的研究进展. 东北农业大学学报，2005（36）：5.

[11] 蔡国贵. 23株白僵菌菌株生物学特性的研究. 福建林业科技，2005，3.

[12] 詹祖仁，张龙华. 白僵菌防治松毛虫的应用. 湖南林业，2005，6.

[13] 冯玉元. 白僵菌微生物杀虫剂基本特性及应用研究. 玉溪师范学院学报，2004，3.

[14] 徐斌. 白僵菌在马尾松毛虫控制中的应用及存在问题. 安徽林业科技，2004，4.

[15] 赵文琴，樊美珍. 不同绿僵菌、白僵菌菌株对铜绿丽金龟幼虫的毒力生物测定. 生物学杂志，2005，5.

[16] 杨敏芝，谭云峰. 不同温、湿度和光照对白僵菌孢子活力的影响. 吉林农业科学，2005，3.

[17] 何余容，吕利华. 不同温湿度下球孢白僵菌对小猿叶甲的致病力. 昆虫学报，2005，5.

[18] 卢永洁. 环境因子对白僵菌除治松毛虫效果的影响. 河北林业科技，2005，5.

[19] 张丽靖，冯明光. 基于球孢白僵菌的真菌杀虫剂生产工艺与剂型述评. 浙江农业学报，2004，6.

[20] 卓根. 几种生物源新型杀虫剂. 湖南农业，2006，1.

[21] 李冬生，王金华. 僵蚕白僵菌生物学特性的基础研究. 湖北农业科学，2004，4.

[22] 龙明华，唐小付. 蜡蚧轮枝菌和球孢白僵菌对小菜蛾药效试验. 长江蔬菜，2005，10.

[23] 杨新跃，刘志勇. 生物农药白僵菌原药急性毒性实验. 毒理学杂志，2005，1.

[24] 李首昌. 生物农药的开发与应用. 现代化农业，2002，7.

[25] 高菊芳. 生物农药的作用、应用与功效（三）——活体微生物农药. 世界农药，2001，3.

[26] 张权炳. 生物源农药在柑桔等果树病虫害无公害防治中的应用. 中国南方果树，2005，3.

[27] 张少雷，臧壮望等. 细菌生物杀虫剂使用六忌. 上海蔬菜，2009，1.

[28] 周汝德. 微生物杀虫剂的杀虫原理及其应用. 云南农业科技，2002，5.

[29] 吴燕榕. 微生物杀虫剂的种类和应用. 福建农业科技，2000，S1.

[30] 黄敏. 微生物源杀虫剂的研究进展概况. 广东轻工职业技术学院学报，2005，4.

[31] 周传恩. 我国杀虫微生物的应用研究进展及发展前景. 农药，2001，7.

[32] 陈红军. 我国生物农药的研究应用近况. 新疆农业科技，2000，3.

[33] 罗于洋. 我国生物农药应用研究的现状及展望. 内蒙古草业，2002，3.

[34] 谭云峰. 我国微生物杀虫剂研究应用及展望. 农药市场信息，2005，16.

[35] 吴文君，高希武. 生物农药及其应用. 北京：化学工业出版社，2004.

[36] Koul O，Dhaliwal G S. Microbial Biopesticides. London & New York：Taylor & Francis，2002.

[37] 沈寅初，张一兵. 生物农药. 北京：化学工业出版社，2000.

[38] 徐汉虹. 杀虫植物与植物性杀虫剂. 北京：中国农业出版社，2001.

[39] 万树青. 生物农药及使用技术. 金盾出版社，2003.

[40] 沈宾初，张一宾. 生物农药. 北京：化学工业出版社，2001.

[41] 葛诚. 微生物肥料生产及其产业化. 北京：化学工业出版社，2007.

[42] 周连仁，姜佰文. 肥料加工技术. 北京：化学工业出版社，2007.

[43] 柴晓利，张华，赵由才等. 固体废物堆肥原理与技术. 北京：化学工业出版社，2005.

[44] 李国学，张福锁. 固体废物堆肥与有机复混肥生产. 北京：化学工业出版社，2000.

[45] 中国化工信息中心等. 中国肥料手册. 北京：中国化工信息增刊，2002.

[46] 刘健，李俊，葛诚. 微生物肥料作用机理的研究新进展. 微生物学杂志，2001，21（1）：33-36.

[47] 陈文新，陈文新论文集. 北京：中国农业大学出版社，2006.

[48] 董昌全，蒋宝贵. 复合微生物肥料高效菌株的筛选. 安徽农业科学，2005，33（1）：56-57.

［49］ 褚天铎等．化肥科学使用指南．北京：金盾出版社，2005.

［50］ 倪治华，薛智勇，陆若辉．专性微生物在不同复混造粒工艺和存放期内的存活率变化．浙江农业学报，2006，18（3）：155-158.

［51］ 武志杰，陈利军．缓释/控释肥料原理与应用．北京：冶金工业出版社，2003.

［52］ 葛诚．微生物肥料生产应用基础．北京：中国农业科学技术出版社，2000.

［53］ 中国农业科学院土壤肥料研究所．中国肥料．上海：上海科学技术出版社，1994.

［54］ 周连仁等．肥料加工技术．北京：化学工业出版社，2008.

［55］ 徐凤花等．微生物制品技术及应用．北京：化学工业出版社，2007.

［56］ 刘爱民．生物肥料应用基础．南京：东南大学出版社，2007.

［57］ 宋志伟．土壤肥料学．北京：高等教育出版社，2009.

［58］ 王强．海藻液肥生物学效应及其应用机理研究［D］．杭州：浙江大学，2003.

［59］ 保万魁，王旭，封朝晖等．海藻提取物在农业生产中的应用．中国土壤与肥料，2008（05）.

［60］ 周二峰，宋秀红，胡国强等．天然有机海藻肥的功效及应用前景．安徽农业科学，2007（09）.

［61］ 高瑞杰，宋国通，王少杰．新型海藻酸肥料肥效试验．山东农业科学，2004（03）.

［62］ 吴永沛，吴光斌，李少波等．海藻液体肥对蔬菜产量及品质的影响．北方园艺，2006（05）.

［63］ 孙锦，韩丽君，于庆文．海藻提取物（海藻肥）在蔬菜上的应用效果研究．土壤肥料，2006（02）.

［64］ 郑敏．高效绿色增产的活性海藻肥．中国农资，2008（08）.

［65］ 韩丽君等．抗逆型海藻肥的制备方法．CN1569755.2005-01-26.

［66］ 单俊伟等．微生物发酵法处理浒苔生产海藻肥的方法．CN101486612.2009-07-22.

［67］ 中华人民共和国农业行业标准．NY 525—2002，NY 884—2004，NY 227—94，NY/T 798—2004，NY 410—2000，NY 411—2000，NY 412—2000，NY 413—2000.

［68］ 孙秀梅，王福海．农业生物技术，北京：中国农业出版社，2006.

［69］ 李宗义．工业微生物．北京：中国科学技术出版社，2001.

［70］ 战忠玲．农业微生物．北京：化学工业出版社，2009.

［71］ 张文治．微生物学．北京：高等教育出版社，2004.

［72］ 方国斌，余红．农药科学与管理．安徽农学通报，2002（02）.

［73］ 王以燕，袁善奎，李富根．国内生物农药的规范管理．农药，2009（02）.

［74］ 张嵩．英国生物农药的生产和应用情况．全球科技经济了望，2001（02）.

［75］ 卢颖．植物化学保护．北京：化学工业出版社，2009.

［76］ 张慎举，卓开荣．土壤肥料．北京：化学工业出版社，2009.

［77］ 李涛．植物保护技术．北京：化学工业出版社，2009.